系統思考
實作篇

一眼看清
規律背後的結構和邏輯，
解決現實世界中的
複雜問題

Dennis Sherwood
丹尼斯・舍伍德 | 著

邱昭良、劉昕 | 譯

Seeing the Forest
for the Trees

A Manager's Guide to
Applying Systems Thinking

經營管理 186

系統思考實作篇：

一眼看清規律背後的結構和邏輯，解決現實世界中的複雜問題

作　　　　者	丹尼斯‧舍伍德（Dennis Sherwood）
譯　　　　者	邱昭良、劉昕
封 面 設 計	陳文德
內 頁 排 版	唯翔工作室
企 畫 選 書	文及元
責 任 編 輯	文及元
行 銷 業 務	劉順眾、顏宏紋、李君宜
總 編 輯	林博華
事業群總經理	謝至平
發 行 人	何飛鵬
出　　　　版	經濟新潮社
	115台北市南港區昆陽街16號4樓
	電話：(02) 2500-0888　傳真：(02) 2500-1951
	經濟新潮社部落格：http://ecocite.pixnet.net
發　　　　行	英屬蓋曼群島商家庭傳媒股份有限公司城邦分公司
	115 台北市南港區昆陽街 16 號 8 樓
	客服服務專線：(02) 2500-7718；(02) 2500-7719
	24小時傳真專線：(02) 2500-1990；(02) 2500-1991
	服務時間：週一至週五上午09:30~12:00；下午13:30~17:00
	劃撥帳號：19863813　戶名：書虫股份有限公司
	讀者服務信箱：service@readingclub.com.tw
香港發行所	城邦（香港）出版集團有限公司
	香港九龍九龍城土瓜灣道 86 號順聯工業大廈 6 樓 A 室
	電話：(852)25086231　傳真：(852)25789337
	E-mail: hkcite@biznetvigator.com
馬新發行所	城邦（馬新）出版集團Cite（M）Sdn. Bhd.（458372 U）
	41, Jalan Radin Anum, Bandar Baru Sri Petaling,
	57000 Kuala Lumpur, Malaysia.
	電話：+6 (03)-90563833　傳真：+6 (03)-90576622
	E-mail: services@cite.my
印　　　　刷	漾格科技股份有限公司
初 版 一 刷	2024年7月11日

城邦讀書花園

www.cite.com.tw

ISBN：978-626-7195-70-3、978-626-7195-71-0（EPUB）　　　版權所有‧翻印必究

定價：520元

【越洋專訪】
關於幾個關鍵問題的對話

　　譯者邱昭良（以下簡稱譯者）：舍伍德教授，您好！很榮幸能夠將您的大作《系統思考實作篇》翻譯為中文，使之惠及更多有志於提高決策能力和學習能力的組織和個人。

　　您的大作以真實的案例為基礎，一步步清晰地闡釋了系統思考的相關理念、工具和方法，令人受益匪淺。

　　現在，我有幾個問題希望向您請教。

　　作者舍伍德教授（以下簡稱作者）：昭良，你好！很高興能有機會和你交流，並謝謝你的辛苦翻譯！得知你很喜歡這本書，並有所獲益，我深感欣慰。我非常樂意和你討論相關問題。

關於系統思考與心智模式

　　譯者：首先，根據彼得・聖吉（Peter M. Senge）及其五項修練理論，系統思考和系統循環圖表有助於浮現個體的心智模式，並有機會加以改善，同時，也有助於建立團隊共用的心智模式。這也被認為是激發團隊學習和組織學習的關鍵因素。不知您對這個問題怎麼看？

　　作者：你提到的問題很好。誠如你所說，系統思考確實有助於改善心智模式。對我而言，繪製系統循環圖表是我所知釐清個人思考的最有力方法，因為它迫使我們深究各種複雜的因果關係鏈的來龍去脈。同時，這也有助於向別人展現自己對一個複雜問題的思考。一幅好的系統循環圖表會

無聲地對別人訴說：「這就是我如何看待這個世界的。」因此，當不同人繪製的系統循環圖表相互比較時，這是一種禮貌地向別人描述自己世界觀的穩妥方式，從而也提供了形成共同世界觀的基礎。如果一幅系統循環圖表能夠讓團隊中每個人看到它都會說，「對，我也是這麼看的」，大家就會在解決問題、制定政策和一致行動方面處於非常有利的位置。這就是聖吉所稱的「團隊心智模式」。雖然我在書中談到這一問題主要是第 9 章，但我相信全書都貫穿了這一思想。

事實上，本書所有案例，從第 1 章中提及的投資銀行的後勤系統到第 11 章中的全球暖化，都取自我的工作經歷。在這個過程中，我和團隊一起繪製系統循環圖表，其目的就是找到一幅讓每個人都覺得豁然開朗的圖畫。在我的心目中，這是系統思考最基本的好處。為確保這一點，按照我們西方的話來說，最有力的方式，就是讓每個人的目光都匯聚到同一張紙上。

我曾經不止一次地猜想，對於東方哲學思想而言，這一概念是否更加和諧自然？按照我的理解，西方的世界觀更加注重個人主義，東方哲學的世界觀則蘊涵著整體的觀點、宇宙的一體性以及陰陽的平衡，與系統思考所強調的系統的整體觀念更加吻合。因此，可以想像，共用心智模式的觀念以及由此產生的和諧，是深深根植於東方哲學和文化之中的自然結果。

我喜歡的一項工作是閱讀那些沒受過正規的系統思考訓練，但卻是天生的系統思考者的著作——他們生來就能全面地看待事物，並能洞察長期的因果關係。我一直渴望但還沒有時間去做的一件事，就是寫一本「莎士比亞戲劇系統思考指南」，把莎士比亞每一部偉大的戲劇作品都用一系列系統循環圖表來展現。我想這可能同樣適用於中國的孔子。

關於系統思考與基模

譯者：丹尼斯教授，謝謝您的回答！確實，我認為在中國古代文化中

包含著大量的系統思考智慧。從古至今，中國社會與經濟活動中，存在著大量的系統思考實踐，顯而易見，它們都根源於東方文化與哲學中的系統思考思想。希望有機會深入研究一下這個課題。您關於莎士比亞和孔子的想法非常吸引人。

　　我想問的第二個問題是，彼得・聖吉在《第五項修練》等書中提到了「系統基模」（archetypes）的概念，並給出了九個系統基模。在您的書中，也提到其中之一即「成長上限」。那麼，我想瞭解您如何看待系統基模？它們和系統循環圖表是什麼樣的關係？應該如何應用它們？

　　作者：就我個人而言，我並不認為彼得・聖吉和其他一些人（如Daniel Kim）描繪的系統基模對人們特別有幫助。當我初次知道這個概念時，我想：「啊哈，一些基本的構造模組，這一定會使事情變得更簡單。」但在實際應用中，事實並非如此。我認為原因之一是這些基本結構的出現是不可避免的。讓我來詳細解釋一下。

　　我們知道，系統思考最基本的構成元件是增強迴路（R）和調節迴路（B），而它們本身就是兩個最基本的基模。因此，任何包含兩個迴路的系統只能是 B-B、R-R 或 B-R 結構，再沒有其他可能性了。以上三種組合都有特定的一般行為，也能映射到現實生活中的特定情境。所以，這三種組合加上那兩個最基本的基模，使基模的數量達到了五個。同樣，讓我們看一下包含三個迴路的系統，也只有 B-B-B、B-B-R、B-R-R 與 R-R-R 四種組合的可能性。你瞧，我們也有了九個基模！

　　從我的經驗來看，使用基模可能帶來的問題之一是，當人們遇到真實世界裡的一個問題時，他們會不由自主地想：「這種行為符合哪個基模呢？」這樣，就可能傾向於「強迫」真實世界的行為去符合特定的基模，而不是按照真實呈現的現象去解決問題。所以，我傾向於從「基本原理」開始，去尋找準確描述問題的最佳系統循環圖表，然後再以此為基礎進行解釋。每次我這麼做完之後，都會發現基模不能完全與事實相吻合。這就

是為什麼我在本書中甚少涉及基模的原因。

我相信，與其花費力氣去瞭解和掌握基模，還不如把基本概念理解得更深刻，並能熟練地使用它們。從本書後幾章所展示的一些更為複雜的範例中，我堅信這一點。

關於系統思考與學習型組織

譯者：我能理解您提到的這個問題。在中國有個成語來表述這類現象，即「削足適履」。這確實可能是人們在使用基模時容易陷入的一個盲點。由於我個人目前還缺乏大量的系統思考實踐，還無法判斷基模的利弊，只能根據個人主觀判斷和文獻來推斷。既然您基於自己的實踐，給出了這個結論，我一定會認真考慮您的建議。

按照我粗淺的理解，我並不認為系統基模一無是處。事實上，對於很多不太熟悉系統思考技巧的人來說，基模可以提供一個快速參考，也有助於快速釐清一些經常出現的結構。當然，我們要避免您提到的使用基模過程中的盲點。在這方面，我還需要向您多多請教。

第三個問題是，您對中國企業創建學習型組織有何建議？系統思考在這個過程中，能產生什麼作用？

作者：由於沒有機會訪問中國，我對中國及中國企業的瞭解也甚少，因此，我恐怕無法就你這個問題給出什麼有針對性的建議。但我確實對學習型組織的概念有過一些思考，也發表過一些文章。我真誠地相信學習是件好事，我們應該樂於相互傾聽，並轉變自己的思維，以克服驕傲自滿。但我必須坦率地承認，我認為「學習型組織」的概念存在缺陷，它不會揚名太久。

在我的認識中，應該有一個超越「學習」的狀態，我稱之為「忘卻學習」（unlearning）。在這種狀態下，我們不僅更容易獲取全部的學習內容，而

且能夠「忘卻」，以發現新的事物——那些尚未被人們所認識而無法被學習的事物。這就是創造力和創意之所在。因此，對於「學習型組織」來說，一個很大的危險是，人們容易把它解釋為「獲取各種現存知識」的組織，也就是說，一旦我「學」了某個領域（譬如市場行銷）的所有相關問題，我就掌握了一切。但事實並非如此。為了需要探索新的行銷方式，並付諸實施，你就需要「忘卻」舊的一套。

在這方面，你可以參考幾年前我在倫敦商學院主辦的《企業策略評論》（*Business Strategy Review*）雜誌上發表的一篇論文，題為「忘卻型組織」（unlearning organization）。同時，我也希望你關注我的另外一本書，題為《創意管理》（*Smart Things to Know about Innovation and Creativity*）。該書已經在中國翻譯出版。

在我看來，創新、創意和系統思考都是一回事兒，它們都是關於我們如何獲得新的想法的學問。事實上，無論是《系統思考實作篇》還是《創新管理》都源自我更早期的一本書，名為《開啟你的大腦》（*Unlock Your Mind*），其中一半是關於創意，另外一半則是關於系統思考的。

謝謝你和另外一位譯者的共同努力！我希望早日看到譯作出版。如有任何我可以協助的地方，請及時告知。

祝好！

譯者：丹尼斯教授，謝謝您的回饋！您的見解對我有很大啟發，希望能有機會繼續和您探討相關問題，也希望本書中文版的出版能夠有助於更多的人受益於系統思考。

【推薦序】
以系統思考超越隔閡、建立關係

文／劉兆岩｜羽白國際管理顧問公司總經理

　　如今我們已經進入了全球化的時代，幾乎所有事情都是協同運作，甚至需要依賴全球的資源來完成，不論是產品生產、銷售，還是股票市場、城市發展、金融服務、互聯網路、科技競爭，還有黑道犯罪……甚至連病毒都是全球化傳染（透過航空及其他交通運輸管道）。因此，我們所生活的環境已經變得牽一髮而動全身，你永遠不知道你的一舉一動借助媒介的全球傳播，會影響到多少人。例如，阿富汗一位少女的照片成為全球矚目的熱點；一則無中生有的消息，也能造成全球股災。你也難以想像，個人的生活習慣可能引發令全球恐慌的傳染性疾病……總之，在當今時代，幾乎沒有一個人可以置身世外，世界已經變得一體化，彼此間的相互依賴愈來愈深，互動愈來愈多。試問有多少人還能關起門來，對外面的世界不聞不問呢？又有多少人能夠真正置身於全球系統之外，而不關心每年讓地球平均溫度上升的「溫室效應」以及全球恐怖主義呢？即使是養牛的農夫，都該關心一下「狂牛症」對牛肉價格的影響。

　　正因為如此，我更認為身為「地球村」的一員，需要一種新的全球性語言，超越過去語言文化所造成的隔閡，看到彼此之間緊密的聯繫和互動關係——這種全球性的語言就是系統思考。

　　對於在組織中工作的現代上班族來說，系統思考更是你在職場中謀生、發展的必備工具。愈往組織的高層走，你就愈會遭遇到更多複雜而糾纏不清的系統問題，所牽涉的層面之廣、之深，絕非我們用文字描述可以說清

楚的。所以，愈是高層的管理者，愈需要有能力看清並處理高度複雜的系統動態問題，才可以確保你的企業或組織擁有持續的競爭優勢。

　　系統思考是建立學習型組織的關鍵技術。沒有了系統思考，組織將難以改變根深柢固的成見，更遑論集體的學習與創新了！「系統思考」中的「系統」原文為「systemic」，是「整體」的意思，而不是「systematic」（系統化）的意思。很多第一次接觸系統思考的人以為它又是一套邏輯分析工具，其實這完全是一種誤解。系統思考是管理學上劃時代的新方法，是一種整體思考的有效工具，徹底改變了過去在工業社會過於割裂式的世界觀，反而比較接近中國傳統的思考方式。在中國人的社會裡，當你拿到一個物品時，大都會問這是從哪裡來的？把它看作一個完整的東西，來探討它的歷史淵源以及與周遭環境的互動關係，然而在西方人的文化裡，他們會問這是由什麼組成的？把它當作是一些元素的集合體，進而去分析它的組成成分及比例。

　　所以在近代管理史上，我們大都承襲了這種分割式的思考模式，把企業拆解成產（生產）、銷（銷售）、人（人事）、發（研發）、財（財務）五大部分，彼此獨立發展，少有聯繫與互動。這種思考模式不但影響到現有的組織架構，就連教育制度也都根據這種思考方式而分門別類，培養所謂的「專才」，如此則使部門之間的壁壘更加強化分明，諸如達文西等兼具藝術及科學的人才，近代已經少有了。在企業運作上，一個緊密相關的整體又進一步被分割成品質、成本、技術、流程、策略等塊或面，使得管理成本的採購部門毫不關心品質；高級主管整天關在會議室裡想著未來的策略，而忽略了基層員工的心聲；技術歸工程單位負責，單純從技術出發而不管市場的需要；而流程歸管理部門管控，與各個職能部門相互推諉……「各司其職」的「後遺症」使我們幾乎喪失了關照整體的能力，「過度分工」的結果是工作愈努力，公司的利潤就愈低！我們根本無法瞭解整個組織是如何運作的，就連公司的總經理也只是看到一大堆的報表與數字——我們

只看到了樹木,而看不到整個森林!

直到《第五項修練》(*The Fifth Discipline：The Art and Practice of The Learning Organization*)一書問世,才提醒我們不能再埋頭苦幹,在分割式的思考模式下找答案,因為把一頭牛切成兩半是不會成為兩頭小牛的。我們必須停下來徹底檢視我們習以為常的思考方式(這種思考模式可能就是造成問題的源頭),並將視野拉高、拉廣,可能需要改變看事情的角度,而不是改變做事情的方法。在現代企業中,改變經營績效不佳的局面,往往不是一個部門就能解決的,必須靠好幾個部門的通力合作才有機會克服。例如,有一家電腦設備公司,要求其所屬的服務部門每增加 200 單位的維修收入就可增加一名維修人員。乍聽之下這個政策非常合理,其實它並未整體考慮其產品專案與複雜度,將會增加服務部門的人力負擔。若單純以維修收入為人力的決定因素,將會促使服務人員傾向於維修簡單而費用高的產品,而複雜且難度高的新產品將會面臨服務支援不足的窘境。若不將業務部門的產品組合與服務人力放在一起來討論,將難以看清其中複雜的互動關係。又如業務單位只衝業績、服務部門只做維護,而系統部門只負責開發,這樣的組織雖然單個部門績效很好,但企業整體效率會變得很差,彼此的力量相互抵消,而且會造成許多「三不管」地帶,例如物料管理、資訊系統、市場訊息等部分無人關心。長此以往,將會使業績無法成長,甚至衰退!

嘗試重新看待我們所處的環境,以整體而不是以偏概全的角度來思考現實中的複雜問題,對現代企業的上班族來說,並不是一件容易的事。由於工作已經被切割成許許多多的小單元,而績效考評制度也告訴我們:完成自己的小單元後就可拿到獎賞,所以更沒有任何誘因鼓勵我們去看看自己的工作與其他單位的關係,及其對組織整體目標的影響是什麼。受現代分解式策略、目標規畫方法的影響,很多人存在這樣一種邏輯,即認為只要每個人、每個部門都把目標達成,整個公司的目標就會達成。所以,只

要公司目標沒有達到，人們就自然而然地反推一定是某個部門或個人沒有做好，只要將這個「害群之馬」揪出來換掉，問題就會迎刃而解。然而，幾乎所有的案例都很難找到這個罪魁禍首。事實上，沒有一個人會故意去搞破壞，阻礙公司的發展。造成問題的關鍵，是人們把整體當成部分的總和的片段式思考方式，以及由此導致的對部門之間的互動與搭配關係的忽略。我們習以為常的「找出原因、消除原因」（或「找出差距、消除差距」）的做法，並不適用於高度複雜的組織環境。

因此，我們需要一個類似廣角鏡的工具，協助我們打破這麼多年來形成的思考方式，瞭解複雜的組織結構是如何運作的，事件與事件之間有什麼關聯，以及部門間的互動會造成什麼超出我們預期的結果。系統思考的相關工具可以使我們瞭解整個事情的來龍去脈，進一步培養組織成員看清複雜系統的能力。雖然它不會直接告訴我們標準的正確答案，但卻可降低我們因不瞭解系統而做出錯誤決定的比率。更重要的是，它是一種預防問題發生的手法。

《系統思考實作篇》為我們整理出一條學習系統思考的快捷方式。本人從事企管顧問工作十餘年，主要的工作就是教授企業管理者學會系統思考的能力，但我常常發覺他們欠缺一本參考書籍，能夠在上完課後、在沒有老師的環境下繼續自修及練習。因為對於系統思考的工具而言，剛開始接觸時會讓人感覺有些複雜，如果沒有老師的帶領是很難入門的。如今，我很高興看見在華文社會裡，出版了第一本關於系統思考的入門書籍，如此可以讓更多沒有機會上課、接受顧問指導，而又想學習和運用系統思考的廣大主管和各方人士找到簡捷的學習途徑。

這本書從什麼是系統思考開始介紹，讓完全沒有概念的讀者，也可以按部就班地瞭解，而且作者還特別強調了整體的重要性：如果失去了整體的關照，團隊將無法有效運作。作者還指出：借助系統思考，可以對複雜的世界進行瞭解，並做出團隊集體的學習，而非狂妄地想要預測未來。雖

然本書的重點是放在個人角度來應用系統思考，但已經將前提說得很清楚了。

接下來，用一個投資銀行中所發生的內勤人力問題，來說明系統的複雜特性，並且進一步點出很多事情是環環相扣、牽一髮而動全身的。如果沒有根據時間序列來分析這個問題，恐怕難以釐清其中的關聯，於是就介紹了系統思考所用的系統循環圖表（因果關聯圖），如此一來，讓這個內勤人力問題的思考變得更周全，才發覺其中牽涉到的不只是人力問題，而包括培訓、服務品質、交易的種類、資訊系統，但更重要的是其中的惡性循環，才是讓管理難度大幅增加的主因。

在第二部分，詳細描述了系統循環圖表工具的使用，尤其是對增強迴路——系統思考的基本迴路，做了詳細而完整的說明，並且舉出另一個電視製作公司的案例，說明雖然投資銀行與電視製作公司的行業相距甚遠，但它們卻都具有相同的系統結構，也就是增強迴路的結構。所以，即使其中的變數不同，卻擁有共通的惡性循環，而且更以圖表說明迴路具有指數成長的特性。

第三部分是系統思考工具的實際應用，讓我們看到公司的成長結構及城市人口的成長，都不會毫無限制地成長，而是存在著成長上限的系統作用。我最喜歡其中的一個例子，即假如你是十八世紀初歐洲一個小國的國君，你會採取什麼政策來促進經濟的繁榮？答案竟是多喝一杯下午茶！作者在這部分還提及如何找出干預系統的「槓桿解」，其中大部分往往在自己的心智模式，而這也是啟動組織智慧的一把鑰匙。

第四部分更提到系統思考的進階應用，即運用電腦模擬技術，建立更精準的系統模型，並以量化的方式加以分析，如此可以幫助一個大中型企業，快速分析異常複雜的競爭環境及組織動態，然後做出更為高明的系統決策。如果公司的規劃部門及高層管理者能夠應用書中所說的「未來情境實驗室」的做法，將可以大大地減少錯誤決策的風險，其效益將會遠遠超

出現在好幾倍，甚至幾十倍。

　　最後，我想用一個故事當成推薦序的結尾：有兩位和尚分別住在東西相鄰的兩座山上。這兩座山之間有一條小溪，這兩位和尚每天都會在同一時間下山去溪邊挑水。久而久之，他們便成了好朋友。就這樣，時間在每天挑水中不知不覺地過去了五年。

　　突然有一天，東邊這座山的和尚沒有下山挑水，西邊那座山的和尚心想：「他大概是睡過頭了。」便不以為意，哪知第二天，東邊這座山的和尚還是沒有下山挑水，第三天也一樣……直到過了一個月，西邊那座山的和尚終於受不了了。他心想：「我的朋友可能生病了，我要過去拜訪他，看看能幫上什麼忙。」

　　於是，他便爬上了東邊這座山去探望他的老朋友。等他到達東邊這座山上的廟，看到他的老朋友之後，大吃一驚，因為他的老朋友正在廟前打太極拳，一點也不像一個月沒喝水的人。

　　他好奇地問：「你已經一個月沒有下山挑水了，難道你可以不用喝水了嗎？」

　　東邊這座山的和尚說：「來來來，我帶你去看。」

　　於是，他帶著西邊那座山的和尚走到廟的後院，指著一口井說：「這五年來，我每天做完功課後，都會抽空挖這口井。即使有時很忙，也能挖多少算多少。如今，我終於挖出了井水，再也不必下山挑水了。這樣我就有了更多時間練我喜歡的太極拳了。」

　　如果你想更輕鬆且更有效地生活與工作，有機會比別人有更多時間練你喜歡的「太極拳」，系統思考很可能就是你要鑿的那口「井」。

【推薦序】
見樹又見林

文／約翰‧斯皮德（John Speed） ｜歐洲審計師委員會主任

　　本書的副標題，或許也可以叫做「精確的常識在組織策略和政策思考中的應用」。因為丹尼斯‧舍伍德以令人信服而又有趣的方式，向人們展示了如何使用系統循環圖表和系統思考技術，人們所熟知的一些常識得以精確化、結構化，從而使人們有可能以一種易於管理和理解的方式來解決複雜的策略問題。

　　在本書開頭，丹尼斯就指出，在解決經營、組織方面的問題時，採用整體的觀點是重要的。這一條鐵律無論對商業組織，還是公共事務機構的管理者，都是正確的。作為歐盟下屬一家機構的主管，我立刻就意識到本書所闡述的方法對我所在組織的有效性——歐洲審計師委員會具有相對分散的組織結構，甚至在總體目標方面也有一些分歧，各部門對什麼比較重要以及目標之間的優先順序都有自己的認識。在這種情況下，存在著一種各自為政、沒有整體觀念的傾向。隨著組織規模的擴張，我們意識到這一問題更加嚴重。現在，我們正致力於讓整個組織聚焦於一些關鍵性的全域目標，很明顯，我們必須採用整體的方法——這一點現在已經再次成為常識！在幫助組織聚焦於真正重要的目標這一點上，系統思考和系統循環圖表可能是一種強有力的工具，因為它們可以幫助我們「見樹又見林」。

　　我認為本書中最重要的資訊之一就是，以事後諸葛的觀點來看，系統思考似乎是非常顯然的事情。然而，這是一個悖論——人們使用系統循環圖表，花費了大量時間找出來的東西，事後看起來竟然是顯而易見的。就

像丹尼斯所指出的那樣，不停地思考有哪些連接、懸擺，如何表述圖中的要素，考慮因果關係是「同」還是「反」，會讓人頭痛，並讓你的廢紙簍中塞滿了不恰當的廢圖。這就需要將嚴格的方法與常識結合起來，也就是說，要與對被研究系統的深刻認識結合起來。因此，這一方法一個有價值的副產品是，可以確保人們正確地理解當前的業務。

丹尼斯已經證明，本書中所闡述的理念並不局限於商業組織和商業決策範圍。在第 10 章，他透過將這一技術應用於諸如全球暖化等公共政策領域的重大問題而證明了這一點。全球暖化是一個高層次的公共政策問題，也是一個非常有趣、可讀性很強的例子。當然，如果僅僅是出於展示該方法可用性的考慮，丹尼斯完全可以選擇一個非營利組織所面臨的策略問題。只要一個組織具有目標、約束以及影響績效的不同因素之間的複雜連接，無論問題出在何處，都可以應用系統思考的方法並繪製出系統循環圖表。這一切可能很困難，因為存在著很多模糊變數，能夠精確量化的指標很少，但無論如何，系統思考仍然能夠發揮重大作用。

在第 9 章，作者強調了理解不同的心智模式在促成高績效團隊工作中的重要性，這一點在公共事務領域尤為明顯。在歐盟這樣一個特定的機構內，員工具有不同的背景和文化，理解這一點非常重要。即使在一些像我們這樣的專業機構中，雖然我們都被稱為審計師，但不同成員國的審計傳統仍然相去甚遠。因此，將這些不同的傳統融合進一個組織，並形成一種共同的文化，以致能夠通過「電話本測試」，是一項長期的工作。

這是一本非常有用且引人深思的書，你也許會在閱讀過程中就拿出紙和筆，試圖繪製系統循環圖表，以分析自己組織面臨的策略問題。要做到這一點，你需要集思廣益，開始動腦筋，並準備好一個大廢紙簍！當然，如果能請丹尼斯來幫助就更好了！

目次

緒　論　什麼是系統思考

第一部分　處理複雜性

第 1 章　系統視角　　　　　　　　　　　　35

第 2 章　撬起內勤之石　　　　　　　　　　51

什麼是系統思考

0.1　系統思考是個重要概念

這本書主要介紹系統思考（systems thinking）。系統思考是個重要概念——一個能夠幫助你理解並解決現實世界中複雜問題的概念。我們無法坐等複雜問題自動消失，如果我們能夠採用正確的方式來看待這個世界，並且自信地面對複雜問題而不是被它嚇倒，我們就可以真正睿智地處理它、解決它。

系統思考的精髓是，處理真實世界中複雜問題的最佳方式就是用整體的觀點觀察周圍的事物。只有拓寬視野，才能避免「豎井」式思維和組織「近視」這一對孿生併發症的危害——前者的危害經常表現為，對一個問題的補救只是簡單地將問題從「這裡」轉移到了「那裡」；後者的危害則通常表現為，對「現在」一個問題的補救只會導致「未來」一個更大的需要補救的問題。然而，視野的拓寬不能以忽視細節作為代價；大多數時間裡，我們都要理所當然地關注那些非常重要的細節。但是，這也不需要關注所有細節；實際上，這是一個在由恰當的細節構成的環境中保持開闊視野的問題——希望能夠像本書的標題那樣，既見樹木，又見森林。

如果能做到這一點，你就能得到回報，那就是更好、更穩健、更睿智的決策。決策更好，是因為全面地考慮了整個問題的複雜性；決策更穩健，是因為透徹地瞭解整個問題的所有後果，從而不會為意料之外的情況而驚訝；決策更睿智，是因為對整個問題進行考慮時，經歷了最艱巨的驗證——時間的驗證。無論你身處商業組織，抑或非營利機構，無論就何種意義而言，更好的決策總是意味著更好的事業。

為了得到這份回報，必須具備：

1. 敢於面對複雜問題，而不是躲避它。
2. 能夠從容自信地使用系統思考這一工具，從而使你能夠理解、描述、檢查並探究真實世界的複雜性。

而這本書能夠幫助你的是：

1. 它會說服你複雜問題是可以解決的，並將幫助你建立起解決它的信心。
2. 它會逐步為你介紹系統思考的思想，從而幫助你用相關的工具和技術來武裝自己。

0.2 什麼是系統思考

你可能對系統思考很熟悉——尤其是當你讀過彼得・聖吉（Peter Senge）的暢銷書《第五項修練》（*The Fifth Discipline*）或者阿里・德・赫斯（Arie de Geus）的《活水企業》（*The Living Company*），或者參加過他們主持的會議，再或者在商學院學習過系統思考的課程。對於這些情況，我相信本書將會增強你對系統思考的理解，而且基於我過去 15 年間採用系統思考處理形形色色事務的經驗，比如管理繁忙的內勤、協商外包專案、制定業務策略等，我相信這些案例也將使你獲得啟發和樂趣。

對於那些對系統思考知之甚少的讀者，我希望你們同樣能夠從這些真實的案例中得到樂趣。另外，你們會在這本書中發現一些可以用來武裝自己的相關工具和技術。

首先解釋一下「系統思考」的含義。這個詞第一眼看上去可能會有些誤會：「系統」這個詞似乎總讓人想到資訊技術，而「思考」這個詞似乎總是暗示著很理性、高智商的事情。實際並非如此。

在本書中，我使用「系統」來表示「一群相互連接的實體」，這是對構成我們所感興趣的實體事物之間的連接的一種強調式定義。在這種情況下，可以將系統的對立面理解為「堆」（heap），因為儘管「堆」也由很多實體構成，但它們沒有相互連接。因此，碰巧在某個時間待在同一個地點的人的集合（比如湊巧在一輛巴士上旅遊的人們），就構成了一個「堆」

（或者換一種更禮貌的說法，是一個隨機的群體），因為他們之間沒有相互連接；相反地，在一起工作的人，比如在競標的過程中，一旦這些人之間建立連接，就隨時都會出現一種非常特殊的、可以稱之為高效團隊的系統。

因此，對系統的研究實際上就是對系統構成元件之間的連接的研究。當系統中包含人、部門，或者準確地說，包括業務或組織時，對系統的研究就和我們主管的角色息息相關了。這一點在後文中還會有更詳細的介紹。

如果你希望瞭解一個系統，並進而能夠預測它的行為，那麼，就非常有必要將系統作為一個整體來研究。將系統各部分割裂開來研究，很可能會破壞系統內部的連接，從而破壞系統本身。

如果你希望影響或控制系統的行為，你必須將系統作為一個整體來採取行動。在某些地方採取行動，並希望其他地方不受影響的想法注定要失敗——這也就是連接的意義所在。

系統思考根本就不是那種充滿學究氣、象牙塔中的活動，它極其實用而且務實，可以應用到企業和組織生活中的每個側面。本書中囊括了大量的實例，充分展示了系統思考是如何成功地應用於以下問題的：

- 如何確定一個繁忙的內勤辦公室中適當的職員人數？
- 如何以最佳的方式管理「明星」員工？
- 如何保證業務平滑而持續成長，避免陡升和驟降？
- 如何以最佳的方式管理不同部門對於稀缺資源的競爭？
- 如何創建高效的團隊？
- 如何磋商夥伴關係協議、處理跨邊界衝突？
- 如何開發可靠（robust，另譯為健壯、穩健、穩固、強固、強健，簡體中文譯為魯棒）的業務策略？
- 如何為類似全球暖化這樣的大問題設計解決政策？

0.3　連接

正如我剛剛指出的，構成系統的實體之間的連接是系統思考中非常重要、非常基礎的概念，因此我將在此做一個更詳細的解釋。

想像一下，假如你手中正握著一枚硬幣，如果你鬆開手，會發生什麼？很簡單：它會掉到地上。

作為對比，想像一下，假如你扔的不是一枚硬幣，而是將你的一種產品的價格降低了 5%，又會發生什麼呢？這次不是那麼簡單了──你降價這個單一的動作可能會引發無數不同的結果：從導致銷售量的成長（按照最簡單的經濟邏輯）到觸發一場「價格戰」；從讓一些顧客因為花費更少而高興，到讓另外一些顧客因為失去了奢侈品的感覺而疏遠這一產品；從因為你達到本季度的目標而得到晉升，到公司 3 年後的破產（你的成功讓你得到了更多的關注，因此在你升職後不久，你就被你們公司的主要競爭對手挖角，而你同時也帶走了你的團隊，從而剝奪了你原來公司的主要市場力量）。

所有這些都是那個單一事件──產品降價──的可能後果。除此之外，還可能有很多種其他的後果。一個觀測我們這個世界的「火星人」，可能在某種場合發現降價之後緊接著就是銷售量上升；在另外一種場合卻發現銷售量下降；第三種場合裡沒有變化；隨著時間的進行，其他各種後果也有可能發生。那麼，「火星人」能得出什麼結論？可能是銷售量的變化和價格的變動並沒有任何聯繫；也可能是從統計的角度看，降價會增加銷售的可能性為四分之一；可能那個古怪的、由藍色和綠色構成的地方非常反覆無常，行為方式任性而難以預測──因此無法控制，他最好放棄對地球的研究，轉而去研究金星。

我們的世界真的那麼反覆無常、任意、無法預測、無法控制，抑或發瘋了嗎？

　　不！與其說這個世界是個瘋狂的世界，不如說是一個複雜的世界。扔一枚硬幣和降低價格之間的差異就在於，扔掉一枚硬幣所發生的環境非常簡單，而降價這一舉動所處的環境卻極端複雜——一種由連接所引發的複雜。

　　當你扔一枚硬幣時，這一事件所牽涉的實體僅僅包括你自己、那枚硬幣和地面。其他的任何人、任何事物都沒有直接牽涉其中，這一事件所發生的環境非常有限。但是，當你降低產品價格時，整個環境卻迥然不同。很多實體被牽涉其中，它們都被這樣或那樣的聯繫連接在一起。你的客戶和產品價格因他們的購買習慣而連接在一起；你的競爭對手和產品價格因市場行為而連接在一起；你的同事和價格因降價對業務本身的衝擊，以及你因此而獲得的地位優勢而連接在一起；政府和價格因國家干預而連接在一起……不一而足。降價這件事情所牽涉的環境幾乎是沒有邊界的，它以漣漪效應的形式在近乎無限的時間和空間裡傳播著。

　　這種漣漪效應就是牽涉其中的各種不同實體之間連接的直接後果。如果不存在連接，這一因果事件鏈就會受一定的邊界所限而很快停下來。然而，由於連接的存在，因果事件鏈就近乎無限地擴張下去——由一個事件引發下一個事件，然後是再下一個，再再下一個……由於牽涉其中的事件很多，而每個事件都可能有多種行為，從而增加了最終可能出現的結果數目。因此，很快就難有任何信心來估計降價這一小小的動作，能夠引發出什麼樣的後果。我們同樣也開始認識到因果鏈可以回溯。為什麼我們首先考慮降價？是因為一位新的市場進入者所引入的競爭產品嗎？因果鏈從什麼地方開始的？又會在哪裡結束？

　　這就難怪為什麼降價的後果比扔一枚硬幣難解釋多了。歸根結柢，這都是因為連接的存在。只有幾個事件參與、在時間和空間上都受限的事情就易於預測。而那些難以預測的事情通常都涉及很多緊密連接的實體，而且因果事件鏈在時間和空間兩個維度都擴展得很廣。

0.4　為什麼必須從整體上研究系統

我相信你現在已經信服正是系統中存在實體間的連接才表現得像一個系統，使得系統表現出總體大於局部之和的特點。因此，如果我們試圖理解系統及其特性，就必須維持系統內的連接，並從整體上去研究系統。

對於我們中的很多人來說，這種方式非常違背直覺。因為當面臨複雜問題時，我們的直覺反應就是將感興趣的系統劃分成幾塊，研究這些「塊」，最終以對這些塊的知識為基礎來理解整個系統——這是很自然地採用的簡化方式。這種化整為零進行研究的思路確實能夠對這些「塊」有所瞭解，但通常很難針對整個系統得出深刻見地。其原因有二：

1. 將系統分塊通常破壞了你所試圖研究的系統。這當然是由於連接的原因：就像我們已經看到的那樣，如果你破壞了系統內的連接，你就破壞了系統本身。

更奇妙的是，很多系統表現出它們的任何組成部分都不具備的特徵。因此，對任何單一組成部分的研究，無論如何詳細徹底，都不可能辨識出這類系統層次上的特徵，更別提瞭解它們的行為了。比如，就像每一個團隊管理者、運動愛好者，或者是任何業務管理者所瞭解的那樣，對每個個體參與者的知識，並不能幫助你準確預測整個團隊的行為。

2. 系統思考可以說明你避開上述陷阱，因為系統思考的第一課就是要認識到並接受這樣一個概念：複雜系統必須被原封不動地作為一個整體來進行研究。這就維護了所有重要的連接，並保證我們可以觀察到系統層次的特徵。

0.5　系統思考工具箱

那麼，你怎樣才能在一定方法的指引下從整體上研究一個複雜的系統，

並得到深刻的見解，而不是被系統固有的複雜性壓垮呢？

這就需要系統思考工具箱的說明。系統思考作為一種思考問題的方法，同時還提供了一套工具和技術來幫助你腳踏實地地執行。這些工具和技術主要包括兩大類：

1. 系統循環圖表（或稱因果迴路圖，causal loop diagrams），可以幫助你以因果關係鏈的形式來描述系統。

2. 系統動力學建模（system dynamics computer models），幫助你認識在一系列不同的假設下，系統隨時間變化的特性。

本書中大量實用的例子將會向你展示如何使用這些工具和技術，尤其是如何使用系統循環圖表來描述複雜系統，如何清晰而言簡意賅地捕捉系統的本質，從而為討論、溝通和政策制定提供一個平臺。正因為如此，本書中包含了大量的系統循環圖表，每一個都包含了我在前面所列舉的「如何去做……」以及其他一些複雜問題背後的因果關係。我相信你會發現它們清晰而富含資訊，並且確實會說明你們「見樹又見林」。

當然，這些系統結構的圖表有一個缺點，即它們是靜態的，無法描述系統特徵隨時間變化的情況。但是，如果你能將系統循環圖表所展示的邏輯與電腦的模擬能力相結合，電腦模擬模型（我們稱之為系統動力學建模）就可以助你一臂之力，從而真正加速了你的思考。

0.6　系統思考的益處

系統循環圖表和系統動力學建模一起使用，可以用來處理最複雜系統的複雜性問題，從而產生如下非常有價值的用途：

● 透過提供結構化的思考方法，平衡考慮各項因素，並選擇了全面視角，以照顧到細節的合適層次，系統思考可以幫助你處理真實世界中的複雜問題。

- 作為一種用以掌握當前已經處理好的複雜問題的圖示化方法，系統循環圖表是一種有力的交流工具，可以保證你所在的群體能夠真正深刻地共用這一視圖。在構建高績效團隊的工作中，這是一個重要的因素。

- 系統循環圖表還可以成為你分析所感興趣的系統的最睿智的方式。其結果就是，你可避免拙劣的決策，比如那些看起來補上了當前的漏洞卻留下了長期隱患的決策。

- 系統動力學建模是一種允許你對一個複雜系統的運行狀況，進行模擬的電腦建模工具，它和系統循環圖表所隱含的意義一樣，但可以隨著時間的推進而演變。這就為你提供了一種「未來實驗室」，你可以在你最終做出決定之前，用它來測試當前的行動、決策或者是政策的後果。

- 總之，系統思考可以幫助你做出正確的決策，以通過最嚴厲的檢驗——時間的檢驗。

0.7　本書的結構

本書從結構上劃分為四個部分共 13 章，前面有緒論，後面有簡潔的結語。

第一部分闡明了為什麼必須從整體上研究複雜系統，並結合兩個具體的案例進行了研究。第 1 章闡述了我們在緒論中提到的幾個概念。這些概念引發了第一個案例研究；第 2 章就是關於在迅速成長的業務量的無情轟炸下，如何管理一個繁忙的內勤系統來提供高品質的服務。在很多沙文主義盛行的內勤文化中，內勤經理的關鍵績效指標就是在不被壓垮的情況下，所能扛起的石頭的重量。從達爾文的觀點看，這可以保證適者生存，但是從組織的觀點看，這樣是否明智呢？

　　第 3 章同樣也是一個讓很多人感到似曾相識的問題：既面臨著削減成本的壓力，又不能降低品質和創造力。在這種情況下，應該如何處理這個兩難問題呢？上述兩個案例共同展示了系統思考（從一般的意義上看）和系統循環圖表（作為一種特定的技術），是如何用來處理現實世界中的複雜問題的，並將關鍵問題作為焦點，幫助管理團隊採取可能的最佳決策。

　　第二部分展示了系統思考的關鍵基礎。第 4 章引入了回饋迴路的概念——這一概念是系統思考的中心內容，並指明有兩種回饋迴路：增強迴路和調節迴路。

　　首先介紹的是增強迴路，這一部分構成了第 5 章。增強迴路是業務成長的驅動力，但是如果出了差錯，它們也會帶來災難性的衰退。這一事實解釋了我們經常見到的繁榮－衰敗迴圈。另一個主要構造塊，調節迴路，在第 6 章中得到了介紹。這一章將展示調節迴路在制定目標的系統中處於中心地位。這類系統在商業系統中比比皆是，任何時候只要你同意了一項預算或者提交了一項計畫，你就是在事實上創建了一條調節迴路。因此，調節迴路的行為構成了很多商業行為的基礎，這一章將解釋這一切都是如何發生的。

　　第二部分以第 7 章作為結束，其中總結了 12 條黃金法則來幫助你繪製圖表，從而使得你可以使用它們來處理身邊的任何問題。

　　第三部分展示這些工具和技術應用到現實世界中的四種不同情形。第 8 章討論了一個所有主管都關心的話題：如何促進業務平滑而持續地成長——即使在面臨約束的情況下。這個案例同時也揭示了一個看起來不可思議的有趣話題：飲茶是工業革命之所以發生的一個強大的推動力。

　　第 9 章將聚光燈投在決策制定上，並展示了系統思考如何幫助形成睿智的決策。這一章包含兩個案例：第一個案例是對第 3 章所遇問題的進一步拓展，第二個案例則處理一個在所有外包和分包環境下都會產生的重要問題：如何在對供應商的依賴和成本升高的風險之間做出平衡。這一章主

要闡述在幫助主管形成一致意見、構建高績效團隊和進行卓越成效時，系統思考所扮演的角色和系統循環圖表所發揮的威力。

最重要的決策當然是和策略相關的決策，所以，第 10 章就展示了系統思考和系統循環圖表如何用來幫助你形成睿智而創新的企業策略。這一章提出了一個針對企業策略的通用系統思考模型，並描述了這一模型是如何作為情境規畫過程的集成視點而得以應用的。

本書中的大部分實際案例都和商業相關，但是系統思考的功效之一，就是它還可以將思維的聚光燈，投射到任何商業之外的領域中的複雜問題上，比如衛生保健和教育。對於處於公共領域或者非營利組織的讀者（包括那些儘管處於商業世界之中，但其個人興趣已經超越了所在公司的資產利潤表的讀者），第 11 章展示了一個公共領域的系統思考案例，即可能是擺在人們面前的最重要的長期威脅之一——全球暖化。你可以從系統循環圖表中看出政治家所做的一切，是不是最明智的政策，你同樣也可以根據你自己的想法得出一些其他的結論。另一個耐人尋味的地方就是，你會發現我們所畫的、用來表示全球暖化的系統循環圖表，和我們在第 10 章用來表示企業策略的圖表，在結構上驚人的相似。

以上探討的都是「手工工具和心靈工具」——系統循環圖表可以很容易用手在紙上畫出來，它們的作用就是用來激發思考。第四部分則更進一步地展示了如何將上述工具與電腦的模擬能力相結合，從而真正地加倍發揮它們的作用。第 12 章引入了系統動力學建模的概念，這是一種基於電腦的模擬建模技術，可以輸入因果迴路模型，利用電腦的力量去探究系統隨著時間演變的狀況。

對那些使用電子資料工作表的讀者來說，基於電腦的建模當然非常簡單。然而，系統動力學模型的力量、範圍和界限都遠遠超出了電子資料工作表的範疇。系統動力學確實得到了加倍的發揮，假設分析的範圍也得到了大大擴展，從而可以為你提供一個你能想像到的、最複雜的「未來實驗

室」——複雜到甚至能夠為你提供一個控制台，包括所有的旋鈕、槓桿、按鈕等供你轉動、拉動或者按動，從而讓你在這裡運行你的業務。

在引入了系統動力學建模語言之後，第 13 章借助第 12 章的基礎和第 8 章的材料，展示了如何為業務成長建造一個通用的系統動力學模型。

以上構成了本書的全部內容。至此，你將不僅能夠在日常工作中，利用系統循環圖表輔助制定決策，並提高團隊的績效，還可以用系統循環圖表為基礎建立有深刻見解的電腦模型，來增加真正的價值。

我相信你會在本書中找到樂趣——當然，我已經享受了寫出這本書的樂趣了！但是我很明白這本書並不是「速食讀物」，不是那種在每個機場都擺得高高的、宣稱「提升你的業務的五個速效措施！即使不用思考，你也可以在一分鐘內學會」的一般通俗讀物。經營管理是一項複雜的活動，根本不存在什麼真正簡單的速效措施能讓每個人都知道、讓每個人都照著做。處理複雜性也不是一件輕而易舉的事情，因此，理解本書也未必輕而易舉，它需要你的關注和專心。但是我相信，我以適當的章節劃分和逐步加深的案例研究，讓這一切盡量易於處理。

那麼，讓我們開始我們的旅程吧……

第一部分

處理複雜性

　　在本部分，我們將檢驗系統思考的基本原則，並考察其中的關鍵技術之一──如何用系統循環圖表來處理真實世界中的兩個案例。第 1 章討論了系統思考的基本原則；第 2 章討論了如何確定一家繁忙的投資銀行內勤系統中的員工數量；第 3 章探討了一家對品質敏感、需要高度創新的電視製作公司，如何以最佳的方式來削減成本。

第 1 章

系統視角

1.1 系統

一群相互連接的實體構成了系統。以系統的觀點研究系統，構成了本書的主題，尤其對企業中的系統要特別關注這一點。

如何預測系統的行為？

系統由一系列相互連接的實體組成。如果你希望從整體上理解，進而能夠預測、影響，並最終控制系統的行為，僅僅依靠對系統中各個實體的瞭解能實現這一點嗎？

就像我們在緒論中所看到的那樣，對於這個問題，我們禁不住誘惑想回答「是」。歸納起來，主要出自三方面的原因。

第一個原因非常人性化：由於生活在簡單的世界中遠比生活在複雜的世界中來得輕鬆，所以，有時候我們不希望看清楚這種複雜性。我們傾向於否認複雜性的存在，試圖相信我們的行動總是會產生我們想要的效果，而且沒有副作用，即便是存在著強烈的、反方向的證據。

第二個原因則是出於務實的考慮：理解一些小而簡單的事情，肯定要比從整體上理解那些複雜的事情更容易。

最後一個原因則歸因於在過去的四個世紀中，人們大量採用化整為零、各個擊破的科學研究方法。人們精心設計一個實驗，控制特定的條件，細心觀察實驗所產生的結果。這樣可以排除其他干擾因素，以便關注我們最感興趣的內容。這種透過剖析目標物件的某些特殊部分，從而達到對其進行詳細研究的方法，在科學研究中取得了成功。因此，無論什麼時候遇到問題，我們都會試圖使用同樣的方式來解決它，即使這個問題和我們周圍這個明顯反覆無常、任意而又瘋狂的世界密切相關。

然而，確實存在著很多這種方法不能發揮作用的場合。彼得‧聖吉在

《第五項修練》中指出「將一頭大象分成兩半，並不能造出兩頭小象」，就具體地闡明了這一點。如果你的目標是理解大象這個系統是如何運轉的，而你試圖將大象切成塊，並研究每一塊的性質，你很可能達不到目的，因為將大象切成兩半這一舉動本身，只會將一個良好運作的系統變成兩個無法運轉的系統。

造成這種結局的原因，當然是因為大象的後半部分和前半部分之間具有密不可分的聯繫。在你將大象切成兩段的同時，這種聯繫也被破壞掉了。由於系統的本質就是它的連接，因此毫無疑問，切斷這些連接就破壞了這個系統。

所以，如果你想理解一個系統，並試圖進一步影響它的行為，甚至控制它，你必須從整體上理解它。這可能需要詳細瞭解所有組成部分的行為，也可能不需要；然而，可以肯定的是，關於元件的知識對於從整體上理解一個系統，作用非常有限——在某些情況下，這些知識甚至具有相反的效果。

當然，這也是管理的中心問題之一。你所管理的部門是一個相互之間具有高度複雜聯繫的系統的一部分，有些連接侷限在你的組織內部，而很多連接則超出了組織的邊界。你非常瞭解你自己的部門，對於部門內部的決策也非常有信心。然而，一個在你部門內部看起來非常合理的決策，對於組織整體而言，可能未必是最優的。因此，你對系統中屬於你的這部分所採取的局部行動，可能反而會導致無法實現整體目標。

比如，為了留住你的部門中的一些關鍵員工，你給他們臨時漲了工資。這種做法可能實現了你的目的，但是卻可能會使其他人產生嫉妒心理，繼而使得整個團隊無法像以往那樣高效地運作，從而無法完成團隊目標。「當前」或「此處」的一種速效措施，可能會引發「以後」或「彼處」更大的問題，這是一個我們很熟悉的組織問題，而上述情形只是這個組織問題的一個簡單例子。

1.2　湧現與自組織

　　化整為零、各個擊破的方法在應用於系統時不能奏效的另外一個原因是，系統所展示出來的特徵通常是作為一個整體所擁有的特徵，而不是任何一個部件所具有的特徵。由於這些特徵僅僅在系統層次上存在，因而，無論怎樣研究部件，都無法識別出系統特徵的存在。因此，我們將首先關注兩類特殊的、系統層次的屬性：湧現（emergence）與自組織（self-organization）。

　　我所知道的每個組織都將「團隊協作」作為組織的核心價值觀之一，不成為一個好的「團隊參與者」則是一宗重罪。就像我在緒論中所指出的那樣，真正的團隊工作具有功能良好、高度聯繫的系統特徵——我們把這種系統稱為團隊，一個由團隊成員這種元件組成的系統。我們都知道，作為一個團隊，它的績效是不能透過對團隊成員個體績效的瞭解而預測出來的。高效的團隊工作是在所有條件都滿足、像一個團隊時才表現出來的。這只是湧現的一個例子。在這種情況下，整體確實大於局部之和。

　　有時候，複雜系統會表現出一種特別的、與系統自身結構相關的湧現屬性。比如一群鳥，規模比較小的鳥群通常會排成 V 字形佇列，頭鳥飛在 V 字形的頂點，其他鳥兒整齊地排在後面，像一個聽診器。大一些的鳥群會形成更接近球形的佇列。但是，不知道什麼原因，無論鳥兒怎樣在天空中高飛或盤旋，鳥群整體的形狀卻基本保持不變。

　　這些複雜的鳥群系統是如何保持隊形不變的？是頭鳥告訴那些跟隨著的鳥兒，要求它們那樣做的嗎？是不是存在著一種持續的指令流，從而讓鳥兒保持秩序？這些模式是自然形成的嗎？鳥兒可以在彼此之間進行交流，因此不能排除形成某種形式指令的可能性。然而，這種解釋對於其他系統而言基本上就是「天方夜譚」，比如颶風，儘管它們由分離的實體構成，卻仍然表現出大規模的、一致的結構性。颶風是由從海洋中蒸發、在

空氣中混合的水分子組成的。儘管水分子沒有主動交流的方法，可是颶風卻形成了巨大的旋渦，這些巨型旋渦由微小的單個水分子組成，卻透過機制不明的行為，共同形成了一致的、威力驚人的宏觀結構。

這些系統的一個重要特徵就是它們不是靜止的，而是動態的，表現出強烈的生機。動態系統會表現出一些激動人心的屬性。比如一個由騎士和自行車構成的系統。自行車不能自我平衡，而且在靜止的情況下，自行車和騎士在一起也不能平衡。但是，當系統動起來之後，當騎士為系統注入動力，從而讓自行車前進的時候，自行車和騎士就在突然之間與地面垂直，而且沒有任何的搖擺。因此，即使沒有明顯的外力干涉，動態系統仍然能夠展示出某種穩定的結構。這種情況發生得很自然，似乎就像系統自己找到了這種動態的穩定：自行車的運動、颶風的旋渦以及鳥群的盤旋。

這種穩定的動態結構就稱為自組織，是很多複雜系統的另一個重要屬性。

對於一個外部觀察者而言，自組織系統最明顯的屬性之一就是高度的有序。與隨機的人群相比，鳥群具有更好的秩序；颶風形成的旋渦擁有一種特定的而不是隨意的結構；運動中的自行車和騎士保持豎直的姿態，而不是在地面上隨機地倒臥。這種高度有序的結構通常會保持很長的時間。比如，你的心跳就是另一個高度有序的自組織系統，它在你整個一生中持續、有規則地跳動著。

自組織系統能夠保持這種高度有序狀態的原因，在於它們都還擁有另外一項細微的共性：它們之中都存在著能量流——一股將給定系統與周圍環境聯繫起來的能量流。當你騎自行車時，你用腿將能量送入系統，這些能量來自於和吸入氧氣相關的活動；颶風藉由與它周圍環境之間的熱量傳遞，來維持自己的結構；鳥群中的鳥兒則根據相鄰的鳥兒引起的氣流而做出相應動作。同樣，是系統中的元件彼此之間的連接，以及作為整體的系統和周圍環境的連接，構成了維持、創造這種秩序的主要原因。自組織系

統都和周圍的環境交換能量，因此它們都被稱為「開放系統」。

　　這一節的必然結論就是，如果你想創造一個能夠維持一定秩序、不會分解的系統，那麼這個系統必然是一個開放系統，需要為它注入能量，並讓其在系統中流動以維持這種秩序。當能量流停止的時候，系統就開始退化。這就是當你停止踩腳踏板之後，自行車最終會倒下的原因。當你經過了一天的辛苦工作，從辦公室疲憊不堪地回到家中的時候，你所耗費的能量，就是用來創造並保持你的部門的良好秩序的能量流。這種持續為組織注入能量的行為，正是領導能力的核心。

1.3　回饋

　　湧現和自組織，都是系統在作為系統時才能觀察到的屬性。它們是如何出現的？這是一個目前非常活躍的研究領域。該領域中一個最引人注目的成果，就是認識到了回饋具有重要的作用。

　　讓我們思考一個高水準運動團隊的例子，比如說一支足球隊。一支頂級的足球隊由 11 個配合默契、獨立思考、同時追求個人成功的球星組成，每個球星的價值都要比只「做好自己的事」要大。但是，如果每個球星都真的只「做好自己的事」，控球但不傳球，只願意自己站在聚光燈下，不願隊友們得到機會，這樣的球隊肯定會輸得很慘。因此，為了使球隊這個整體聚合湧現出高水準，個體的行為就必須受到約束。這樣，每個球員在任何時刻準備進行選擇時（「我應該自己帶球通過，還是應該傳球？」），他所做出的選擇都會是從球隊的角度出發的最佳選擇（「我還是傳球吧。」）。

　　為了促成這種情況的發生，每個球員都必須不停地接收和處理資訊流：關於對方球員隊形的資訊，以及自己隊友位置的資訊。如果給一名球員戴上眼罩，讓他無法得知什麼球員在什麼位置，他就無法發揮作用。正是這

種對資訊的持續處理，結合各位球員自我約束的個人意願，使得整個球隊
能夠成為一支光芒四射的優秀球隊。

這種系統內部的資訊流被稱為「回饋」。在這裡，這個詞的含義相對
寬泛。然而，回饋的作用並不僅僅是用來控制、限制或者約束；有時候，
回饋也可以產生擴大或者增強的效果。這樣的例子也不少，比如參加公共
集會的人群，在某些情況下會變得愈來愈狂熱，或者愈來愈恐慌。對於股
票市場，這種效果更明顯。

在很多自組織系統中，回饋經常和另一種聚合屬性—— 自修正—— 密
切相關。正如我們所見，在自行車與騎士這一開放自組織系統中，表現出
了維持動態穩定這一聚合屬性，從而保持了自行車和騎士的豎直。這一聚
合屬性的表現之一就是這個系統是豎直的，它不是 27°，也不是其他任何
度數，更不會搖擺不定：系統自然而然穩定地豎直著。只有在拐彎的時候，
自行車才會傾斜（摩托車的效果更明顯），但是即使在這種情況下，這一
傾斜角度仍然是個特定的數值。

如果自行車和騎士的系統遇上了一個小小的顛簸，系統就會搖晃，但
是它很快就會再次穩定下來，因為系統具有自修正的性質，無論外界出
現怎樣的干擾，它都會主動維持有序、自組織的狀態。這一切正是透過
回饋取得的：騎士感受到了搖晃，他就輕微地調整重心來進行調整。這
一自修正機制在處理小顛簸時非常有效，但是如果顛簸非常大，騎士和
自行車就可能會摔倒。用系統的語言來描述這一切，就是：最初處於有序、
動態平衡狀態的自組織系統，受到了其內部自修正機制無法處理的外部
衝擊，系統陷入混沌狀態（自行車和騎士傾斜歪倒），直到系統進入另
一個穩定平衡態—— 通常是靜態平衡，而不是動態平衡（自行車和騎士
橫躺在地上）。

很多生物系統都是自修正的，生物學家和生理學家將其稱之為「體內
平衡」（homoeostasis）。比如，你我身體中都有一系列的機制來維持我們

的體溫穩定在大約 36.9℃。如果太低，我們會開始打戰，從而使體內產生熱量；如果太熱，我們會開始出汗，從而帶走一些熱量。但是，這些天然的機制同樣具有天然的極限：如果寒冷的時間過長，體溫就會降低；如果實在太熱了，我們就可能會犯心臟病。這些機制都是由回饋所驅動的：關於外界環境的資訊被回饋到我們的內部生理過程；在把人體作為一個系統維持的時候，這一切都產生了自組織的作用。

在理解管理系統時，回饋的概念同樣具有重要的作用。在第 9 章、第 10 章，尤其是第 11 章，我們將看到回饋、湧現和自組織是如何結合起來，並指導我們如何構建高水準團隊、如何處理在構建跨組織邊界關係時所產生的複雜問題、如何構建強有力的經營策略，以及如何更深入地理解諸如汙染和全球暖化等重要的公共政策問題。

1.4　系統思考

要從系統的角度研究系統，必須原封不動地從整體上去研究。不幸的是，我們大多數人採用了一種「升降機」式的觀察方式，即我們在教育系統以及職業生涯中所掌握的大多數用來解決問題的工具，都贊成並鼓勵我們將問題分割。此外，我們所處的部門分割、筒倉式的組織結構，也讓我們只能採取一些局部化的、地方主義的措施，除此之外，我們也無能為力。

如果我們希望從系統的角度去研究系統，就必須採用一系列新工具；如果我們希望進行明智的決策，並深刻理解每一個舉措對於系統整體的含義，就必須與我們的同事和諧並進。系統思考就是解決這一問題的工具、技術和方法的集合，也正是我們所急切尋找的武器：它是一套適當的、用來理解複雜系統以及相應屬性的工具包，同時也是一種更好地促使我們協同工作的行動框架。

　　系統思考解決問題的方式就是認識到複雜系統之所以複雜，正是因為系統中各個元件之間的聯繫，從而使我們意識到：如果意圖理解系統，就必須將其作為一個整體來審查。所有的工具、技術和方法的設計目的，都是為了輔助進行這種整體檢驗，理解並記錄這些元件之間的聯繫，解釋和探索它們作為一個整體的動態行為。

　　系統思考的雛形可以追溯到古希臘。比如，亞里斯多德在《形而上學》（*Metaphysica*）中指出：「任何由多個部分組成的事物，都不只是那些組成部分的簡單相加，比如一堆柴，而是作為一種超過各部分的整體而存在的，這中間必有原因。」——這完全是「整體功能大於部分功能之和」這句現代俗語在 2300 多年之前的古老版本。很多東方哲學家都極力推崇整體的觀點，尤其是推崇我們人類只是所處宇宙中的一分子這一觀點，這一主題同樣也是很多宗教和文化傳統的鮮明特徵之一。

　　系統思考的一些原則，尤其是採用回饋去控制機器的原則，在很久以前就已經廣為人知了。假設你想控制一台引擎的速度，使其無論在何種負荷之下都能保持恆定——比如，在爬坡的時候維持一輛汽車的速度。其中的一種方法就是監測引擎的速度，並利用這個資訊來控制引擎的供油量。引擎速度愈慢，供油量就愈多；引擎速度愈快，供油量就愈少。只要這一資訊流和供油調整的週期不算太慢，引擎就會維持在一個恆定的速度上。這正是現代汽車巡航控制的方法；這也正是詹姆斯・瓦特於 18 世紀控制他和馬修・博爾頓所製造的蒸汽引擎速度的方法，他們當時所使用的「旋轉調節器」，現在已經演變為眾所周知的「離心式調速器」，或者叫做「飛球調速器」。從那時起，這種技術一直被用來控制引擎速度，直到最近發展出電子控制技術。

詹姆斯‧瓦特的「雙工」蒸汽機

　　詹姆斯‧瓦特的蒸汽機，其用途是驅動大飛輪轉動。鍋爐裡面出來的蒸汽經過節流閥，通過進氣管進入汽缸，從而推動活塞運動。蒸汽可以從兩個方向進入汽缸，並推動活塞運動，這就是「雙工」的含義。活塞的上下往復運動帶動橫樑運動，從而驅動飛輪轉動。與此同時，一根細繩引起離心式調速器轉動，飛輪轉動得愈快，調速器轉動得也就愈快。隨著調速器轉速加快，啞鈴的位置自然向外、向上移動，從而引發一種機械連接來限制節流閥的進汽量。這將減少進入汽缸的蒸汽，從而降低引擎的轉速，進而讓飛輪轉得慢一些。自然，這將降低調速器的轉速，繼而啞鈴開始下降，從而增加節流閥的開度。這將增加汽缸的進汽量……最終的結果就是，引擎在一個恆定的速度下工作。

　　詹姆斯‧瓦特最初於 1788 年應用了離心式調速器，但是這並不是他發明的。這一榮譽應該歸功於一個叫做湯瑪斯‧米德的人，他於 1787 年為類似的設備申請了專利。該設備最初在風車房中被用於控制磨石之間的距離，從而保證在不同風速下都能保持平滑的碾磨穀物。

　　這裡所發生的事情，就是關於引擎的輸出結果（它的速度）的資訊被回饋回來，用於控制引擎的輸入（汽油流或者蒸汽流），而作為這種回饋的結果，引擎約束了自身的行為，並自組織後運行在一個穩定的速度。當然，詹姆斯‧瓦特完美地理解了工程學，但是他並不認識諸如「回饋」、「自組織」這樣的字眼。而且，實際上，即使是在關於回饋的最早的例子中，古希臘那位於西元前 250 年前後，最早發明了採用浮閥來控制水鐘平滑運行的斯提西比烏斯（Ctesibius）也同樣不知道這兩個術語。順便說一句，浮閥同樣也是一項非常耐久的技術：羅馬人使用它來控制溝渠中的水位，而且，它還是我們現在家用衛浴設備中的一項常用設備！

　　整個工業革命期間及以後，工程師繼續使用回饋來控制日漸複雜、精密的機器，但是，直到 1930 至 1940 年代，系統才正式成為專項研究的對象，從而獲得正確的地位。一個重要的里程碑就是 1948 年發展出來的系統思考。那一年，麻省理工學院的諾伯特·維納（Norbert Wiener）教授出版了《模控學》（*Cybernetics*），這本書仔細分析了控制的基礎，並特別關注了資訊流——我們現在稱之為通信（communication）——在保證控制系統能夠有效、高效工作中的關鍵作用。

　　另一位於 1940 年代晚期任職於麻省理工學院的電子工程師傑·福瑞斯特（Jay W. Forrester），最初參與了電子電腦的早期開發。進入 1950 年代之後，福瑞斯特開始對將控制理論和回饋的概念，應用到諸如商業與社會等更廣闊的領域產生了巨大的興趣，促成三本巨著的誕生。1961 年出版的《工業動力學》（*Industrial Dynamics*），分析了很多商業和管理系統，其中包括庫存控制、物流和決策制定系統等；1969 年出版的《城市動力學》（*Urban Dynamics*）研究了諸如過度擁擠、內城老化等城市社會問題；1973 年出版的《世界動力學》（*World Dynamics*）則從全球的角度考察了人口成長和汙染等問題。這些書都大量地利用電腦模擬，來探索複雜系統的關鍵特徵是如何隨著時間演變的；這種由福瑞斯特所首創的技術被稱為系統動力學。

　　系統思考發展過程中的另一位重要人物並不從事工程領域，而是從事生物科學，他就是奧地利的路德維格·馮·貝塔朗菲（Ludwig von Bertalanffy）。在第一次世界大戰和第二次世界大戰之間，他停留在維也納大學，在那裡，他對生命系統的行為和演化產生了獨特的興趣。他認識到開放系統對於生命組織的重要性——正如我們所見，系統並不是孤立地由自身操縱，而是和周圍的環境密切地聯繫，並因能量流的存在而保持著高度的有序。隨後他於 1949 年移民加拿大，馮·貝塔朗菲繼續從事生物系統的研究，並從中發展出他的通用系統學，清晰地闡述了複雜系統行為的普

遍規則。

從這些先驅開始，在過去的 40 多年裡，系統方法已經形成了大量的規則、子規則、方法、工具、方法論以及學術爭論。這裡是一些主要成就的列表：

系統工程（systems engineering）最初在美國的智囊庫蘭德公司得到了探討，它主要考慮如何設計複雜系統以使其以優化的方式運行：比如對工廠和設備的控制系統，軍隊命令和控制系統。系統工程依靠很多運籌學的知識，而且，對於電腦系統而言，它也是系統分析的基礎。

軟系統方法論（soft systems methodology，SSM）由彼得‧柴克蘭德（Peter Checkland）提出──他由英國蘭卡斯特大學退休──他明確地認識到，幾乎在所有的真實情況下，人都是所感興趣的軟系統中固有的一部分。鑒於人們通常具有多種不同且相互之間存在競爭關係的目標，而且這些目標有時還不清晰，軟系統方法論斷言，最佳的處理方式肯定是一種能夠豐富所有涉及者的知識，從而提高他們對系統和形勢的理解的方式，而不是去「科學」地尋找「最佳」答案。

複雜理論和混沌理論，是當前學術研究所密切關注的兩個關係緊密的領域，比如，在新墨西哥州的聖菲研究院就非常關注這一跨學科課題。這些理論都特別關注對複雜適應性系統（根據周圍環境的變化而諧和地改變自身結構和行為的開放系統）的研究和對其規律的探索，以及對這些現象背後的自組織和湧現等性質的理想化數學解釋。

管理控制論由斯塔福德‧比爾（Stafford Beer）在英國提出。它的特點是提出了可行系統模型（viable systems model），這是一種用來確定以設計一種自組織型組織為目標的可持續系統特徵的框架方法。

自 1950 年代被提出以來，系統動力學持續得到重視，發展勢頭迅猛，而由傑‧福瑞斯特（Jay W. Forrester）於 1956 年在麻省理工史隆管理學院（MIT Sloan School of Management）所創建的系統動力學研究組，仍然

被很多人認為是世界的中心 —— 不僅僅是在電腦模擬領域，也是在廣義的系統思考領域。比如，正是麻省理工的一個小組為羅馬俱樂部（Club of Rome）所開展的研究，為 1972 年出版的《成長的極限》（*Limits to Growth*）提供了基礎，這本基於傑‧福瑞斯特的《世界動力學》（*World Dynamics*）的出版物，在對地球資源的掠奪式開發和汙染問題等關鍵的基本問題上，引發許多激烈且有爭議的公開辯論。

系統思考是一個非常廣闊的領域，很難在一本書中涉及所有的工具、技術、方法和手段。因此，我的選擇就是詳細介紹我發現的非常有用的那些內容。它們主要來自於對麻省理工學院一些理論的繼承，主要由兩大工具組成：使用系統循環圖表來描述真實系統的複雜性，並著重強調元件間的聯繫；系統動力學電腦模擬建模，可以說明你探究任何複雜系統隨時間變化的行為。

對於希望瞭解其他各種方法的讀者，我相信下面的資源列表會對你有所幫助。

一些系統思考資源

有很多關於系統思考及其應用的書，這在本書的參考書目中列舉得很詳細。這裡我想特別介紹一些我認為非常有價值的書。

系統思考的兩本經典：《模控學：動物和機器內部的控制和通信》（*Cybernetics: or Control and Communication in the Animal and the Machine*），諾伯特‧維納著，1948 年首印，並於 1961 年再版；《通用系統論》（*General System Theory*）：路德維格‧馮‧貝塔朗菲著，1968 年首印，1976 年再出修訂版。

《工業動力學》：傑‧福瑞斯特著，1961 年首次出版，書中展示了從整體出發的系統思考方法是如何為大量的問題帶來解決之光的。這些問題包括維持一項生意，管理複雜的供應鏈和市場的動態行為，

有效地制定管理政策以及進行決策。

《成長的極限》：1972 年出版，展示了人類的困境是這一專案的成果。這一專案由羅馬俱樂部的智庫首倡，由來自麻省理工的丹尼斯‧梅多斯（Dennis Meadows）領銜的多學科交叉國際專家組完成。他們的結論就是對耗盡自然資源的警告，這一結論在當時爭議非常大。《成長的極限》和 1962 年由瑞秋‧卡森（Rachel L. Carson）所著的《寂靜的春天》（*Silent Spring*），一起為環保運動做出了巨大的貢獻。

《第五項修練》：彼得‧聖吉著，1990 年首次出版，並很快成為一本商業暢銷書，而且可能是關於系統思考的書中最廣為人知的一部。這本書最大的特點就是將系統思考作為一種管理過程進行強調，而不是一種基於分析或者數學的技術。

《商業動力學》（*Business Dynamics: Systems Thinking and Modeling for a Complex World*）：約翰‧斯特曼（John D. Sterman）著，2000 年出版。這本書是對《第五項修練》的補充。這本書語言優美，對系統思考和系統動力學建模進行了詳盡而嚴格的描述，這充分展現了作者作為當前麻省理工系統動力學研究組主任的實力。

《系統思考與系統實踐》（*Systems Thinking, Systems Practice*）：彼得‧柴克蘭德著，軟系統方法論的主要資源，包括了對系統思考發展過程的詳細回顧，以及軟系統思考在整個系統思考發展史中的地位。1981 年出版，1999 年的版本還加入了對 30 年來系統思考和軟系統方法論發展歷程的回顧。

《企業之魂》（*The Heart of the Enterprise*）：斯塔福德‧比爾著，1978 年發行，是關於可行系統模型的主要資源；關於這一模型在實際中的應用的資訊，在《可行系統模型：斯塔福德‧比爾的 VSM 模型的解釋和應用》（*The Viable Systems Model: Interpretations and Applications of Stafford Beer's VSM*）一書中有相應的介紹，該書由若

爾・艾斯帕傑羅和羅傑・哈恩登編輯，1989 年發行。

《系統思考：管理混沌和複雜》（*Systems Thinking: Managing Chaos and Complexity*）：賈姆希德・格哈拉傑達基（Jamshid Gharajedaghi）著，1999 年發行，對當前系統思考及相關領域所處的藝術狀態進行了頗具啟發的分析，並對未來的發展方向提出了深刻的見解。

《複雜》（第 2 版）（*Complexity*）：羅傑・盧因（Roger Lewin）著，2001 年發行，依靠從物理、化學、生物、經濟、語言學、人類學等各種領域收集的例子，採用數學之外的手段，對至今為止的複雜理論進行了歸結。書中還有一章專門介紹了複雜理論在商業中的應用。

1.5　繼續我們的學習之旅

讓我們繼續我們的系統思考之旅吧。我們將看到如何描述複雜系統，進而透過使用系統循環圖表這種特定的圖示化工具來理解複雜系統。接下來的兩章將介紹我在諮詢工作中遇到的兩個案例，從而演示系統循環圖表的現實作用。第一個案例研究了如何確定一家投資銀行中合適的內勤人員數目，第二個案例則探究了一家媒體公司削減成本計畫所帶來的一系列後果。

第 2 章

撬起內勤之石

2.1　故事

很多組織都有「內勤」（back office）。所謂「內勤」，是相對於面對客戶的「外勤」（front office）工作而言的，是處理「外勤」產生的各項事務的行政管理功能。以下是一個基於我自身經歷的故事，涉及所有內勤支援功能都會面臨的一個兩難問題：應該雇用多少內勤員工？以及如何最佳控制成本？

準確地說，這個故事發生的舞臺是一家投資銀行，其內勤人員的主要工作是根據市場交易商及股票經紀人的指令，處理有價證券、商品和外匯買進、賣出的交易事務。這是一種透明度高、利潤高、壓力大的環境，在麥可·路易士的著作《老千騙局》（*Liar's Poker*）以及麥克·道格拉斯主演的《華爾街》（*Wall Street*）中都有栩栩如生的描述。儘管我們這個故事發生在這種戲劇化的環境下，但它適用於任何提供支援功能的內勤系統。

故事中的人物代表了五個群體：首先是內勤經理，他們負責提供這些服務，還要負責控制不同內勤部門的成本。在投資銀行裡，這些人都是些資深而強硬的傢伙，正是他們的持續工作保證了投資銀行的正常運轉。每天的交易必須當天處理完畢以避免積壓，而在市場繁榮的時候，每天必須處理的交易量可能是非常驚人的。

其次是內勤系統的職員，他們的工作就是保證每筆交易都得到了正確處理，他們的時間主要耗費在輸入資料、更正錯誤、處理異常、應對查詢、追蹤問題以及其他各種雜事上。這些人通常很年輕，沒有什麼經驗，為了豐厚的工資和可能的快速升職而樂於承受工作的壓力。

再次是資訊技術（IT）部門，有價證券交易高度依賴資訊系統——從交易商用來將他們的買賣決策通知給投資銀行的通信設備，到用來記錄交易、支付現金的交易處理系統。在這個快節奏的行業中，先進的資訊系統無疑是競爭優勢的重要來源之一。因此，IT部門的使命就是盡量加強資訊

系統的功能、提高處理容量和速度。

　　然後是人力資源部門，很多投資銀行具有明顯的「大男子主義」傾向，因此，人力資源部門的主要功能就是處理人事行政事務，而不是進行規劃管理和組織發展。

　　最後是總監，投資銀行的總監通常比較年輕，嚴格、果敢而強硬，非常成功，異常富有。他們具有委任和提拔的權力，同時也有快速解雇的權力。因此，每個人都希望取悅總監。

2.2　環境

　　在投資銀行裡，那些進行交易、能帶來收入的「外勤人員」，通常擁有更大的權力和更高的地位，而內勤系統的職員由於對收入沒有直接貢獻，卻直接產生成本，所以在多數情況下被視為「二等公民」。整個內勤系統在公司內部也處於被動防禦的地位。考慮到證券市場不景氣，投資銀行開始考慮從整體上削減成本，尤其是削減那些對年營收沒有直接貢獻的部門。內勤部門因此總是處於持續的削減成本的壓力之下，而這種壓力通常會被具體化為指定員工總人數編制。

　　「你們部門是多少職員的編制？」一位參觀者可能會這樣問一名內勤經理。

　　「二十三名。」

　　「哦。但是你們現在肯定遠遠超出了二十三個人的編制。」

　　「哦，是的。實際上我們部門現在大概一共有六十人。」

　　「六十人？你剛才不是說你們部門的編制是二十三個人嗎？」

　　「對，我確實這樣說了，而且也確實是二十三個人的編制。其他人都是臨時雇用的。」

　　「臨時工？」

「是的，臨時工。當交易量飆升時，我們需要更多的人手，由於人頭費用上限的存在，我們唯一的辦法就是雇用臨時工。當然，當交易量下降時，我們可以在很短的時間裡裁掉這些人……」

「我知道了。那麼，你們雇用這麼多臨時工已經有多長時間了？」

「嗯，市場最近持續繁榮了不短時間了。我想想……大概有四十多個臨時工，他們的雇用期到現在為止大概有三年了吧。」

2.3　問題

這個故事一點都不誇張。我認為你肯定也碰到過類似的情況。將成本控制按人頭分攤的做法，有時候會帶來奇怪的後果：不僅僅是臨時工、外包公司以及顧問的工資，可能會遠高於相同數目全職雇員的成本，而且有可能影響到員工對組織的忠誠度以及組織知識的流失。

因此，一個重要的問題就是：「我們怎樣才能確定合適的部門編制？」然而，對於我來說，這並不是問題的重點。問題的重點是一個更為基礎的問題，這是充斥著「沙文主義」色彩的投資銀行所未能意識到的問題，更不要說對其進行討論了。這就是我稱之為內勤系統「處理能力」的問題。

「處理能力」這個概念準確地抓住了我眼中的內勤系統功能的本質。為了完成自身的功能，內勤系統必須能夠處理任何針對他們的需求：處理交易、查詢、提供有用的管理資訊、總結出改善過程的思路。處理能力愈高，為外勤人員提供的服務就愈好，對整個業務的幫助也就愈大。相反地，如果處理能力下滑，所有事情都會變得一團糟：交易日益積壓，各種查詢堆積如山，人們承受著愈來愈大的壓力，不斷加班，而病假率也可能會上升。最重要的是，人們開始出現愈來愈多的錯誤。

2.4　圖表表示

　　上面這段話是描述該種形勢的一種方法，但是稍顯冗長。一種簡明扼要的表示方式就是採用圖形來描述，如**圖表** 2-1 所示。[*]

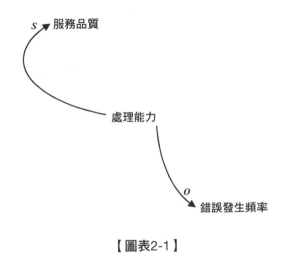

【圖表2-1】

　　圖表 2-1 中所表示的中心概念──「處理能力」──和另外兩個概念發生關聯：「服務品質」和「錯誤發生頻率」。箭頭的方向非常重要，因為每個箭頭都代表著一個因果關係：「處理能力」推動著「服務品質」和「錯誤發生頻率」。同時，你會注意到圖中有兩個符號，S 和 O。這兩個符號也很重要，它們指明了因果關係的作用方式。

　　想像一下因為某種原因而導致處理能力提高的情況。「處理能力」提高後，會對「服務品質」和「錯誤發生頻率」產生什麼影響呢？根據我對

譯注：

[*] 在表述系統循環圖時，也有人用＋與－，或同與反，來表示因果關係的作用方式。我們認為這
　　三種表述方式是可以互相替代的。即「S」＝「＋」＝「同」、「O」＝「－」＝「反」，為尊重
　　原文，以下均以S/O表達。

這個世界的瞭解，我相信在通常情況下「服務品質」會得到改善，而「錯誤發生頻率」則會降低。為了表明兩個變數向同一個方向變動的因果關係，我們在連接這兩個變數的箭頭頭部標注一個 S。而聯繫「處理能力」和「錯誤發生頻率」的因果關係則是另外一種形式：隨著「處理能力」的提高，「錯誤發生頻率」則在下降，兩者朝相反方向變動，我們則在連接這兩個變數的箭頭頭部標注「O」。

如果因為某種原因，「處理能力」下降了，這時會發生什麼事情呢？我們可以從圖中進行推斷，並用我們的常識對結果進行檢驗。**圖表** 2-1 告訴我們，「處理能力」和「服務品質」之間的 S 型連接，指出這兩者向同一個方向變動，即如果「處理能力」下降了，「服務品質」也會下降。這符合常識。「處理能力」與「錯誤發生頻率」之間的 O 型連接，表明它們將向相反方向變動，也就是說，隨著「處理能力」下降，「錯誤發生頻率」將會升高。這同樣符合常識：隨著「處理能力」的下降，我們將承受愈來愈大的壓力，從而更有可能失誤。

無論「處理能力」上升還是下降，這幅圖都能表示出相關的後果，因此只用一張圖就表示出了這兩種可能的情形。

系統循環圖表

圖表 2-1 稱為系統循環圖表或影響圖，這種圖在本書中隨處可見。你要對畫這種圖以及讀這種圖充滿信心，因為它們構成了本書的靈魂。不過，你不必擔心，我將逐步幫助你建立這種信心。現在是一個適合短暫休息的好機會，你不妨確認一下自己是否很欣賞這些箭頭、它們的方向、S 型連接和 O 型連接；並試著理解一下隨著「處理能力」的上升和下降，這張圖所表示出來的含義。順便說一句，有些人習慣用「＋」號表示 S 型連接，用「－」號表示 O 型連接。事實上，採用什麼符號並不是問題，關鍵在於必須清晰地理解和明確辨認出每個因

果聯繫的作用形式。

　　你可能需要考慮一會兒的問題是從「處理能力」到「服務品質」的箭頭方向，它意味著無論在什麼時候，「服務品質」都由當時的「處理能力」決定。你可能會這樣想：「啊哈！這個箭頭的方向錯了！肯定的，如果我確定了我所希望的『服務品質』，那麼我就可以用它來確定我的『處理能力』應該如何。如果是這樣的話，難道箭頭不應該是從『服務品質』指向『處理能力』嗎？只不過仍然是個 S 型連接罷了。」

　　這是一個很好的問題。然而，事實上箭頭的方向並沒有錯──讓我來解釋一下。在繪製系統循環圖表時，所使用的片語應該盡量精簡，它們的含義應該絕對的清晰。**圖表 2-1** 的「服務品質」的意思是當前正在提供的服務的品質。這和我們設立的目標是兩個不同的概念。關於我們所設立的服務品質目標會影響我們如何規畫自己的處理能力這一點，我非常贊同，但是這並不是**圖表 2-1** 所想強調的內容（至少現在還不是）。繪製這幅圖是為了描述當前的現實，而不是服務於我們的志向：我們當前的「處理能力」決定了我們當前所提供的「服務品質」，因此箭頭的方向恰恰如圖所示。

　　目標、預算對於經營而言非常重要，因此我們將使用大量時間來學習如何用系統循環圖表來描述它們，這在第 6 章和第 8 章中將有詳盡的介紹。現在，讓我們繼續原來的問題。

2.5　讓圖表充實起來

　　現在，我們可以藉由檢查「處理能力」的關鍵驅動因素來充實**圖表 2-1** 的內容。這一驅動因素是內勤部門的「工作負荷」，而「工作負荷」又由該部門所需處理的「交易數量和種類」所決定。至於箭頭的方向，我們可

以看到，隨著「交易數量和種類」的增加，「工作負荷」也在上升（意味著是一個 S 型連接）；而隨著「工作負荷」的上升，我們的「處理能力」會同期下降（O 型連接）。這些內容在**圖表 2-2** 中得到了表述。

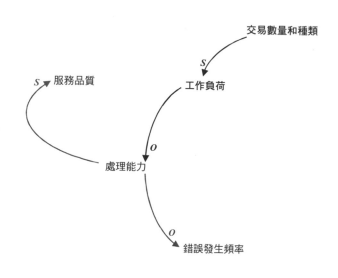

【圖表2-2】

在這幅圖中，**圖表 2-1** 中表示過的內容全都以刷淡的黑色字體表示，而新的內容則採用黑色字體表示。整本書中都將採用這一規則，從而使你在建立系統循環圖表的過程中，可以輕鬆地看清楚各項新加入的內容。

2.6　錯誤帶來的惡果

當錯誤發生的時候，通常會要求所有的職員（尤其是總監和經理）將錯誤找出來，這無形之中加大了他們的工作壓力。比如，由於經驗少的職員可能缺乏解決問題所需的經驗和知識，或者由於他們已經犯過錯誤而失去了領導的信任，總監和部門經理經常會被捲入錯誤排查過程之中。這些

資深的管理人員不僅中止了他們自己手頭上的工作，還中斷了他們下屬
的工作。這增加了管理的壓力，而這種壓力又加重了工作負擔（見**圖表
2-3**）。

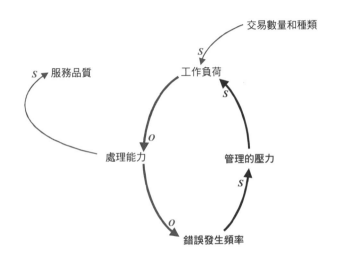

【圖表2-3】

2.7　惡性循環

　　圖表 2-3 中用粗箭頭標出來的中間部分有一個非常特殊的地方：一個
異乎尋常的惡性循環。隨著「工作負擔」的加重，「處理能力」就開始下
降，而「錯誤發生頻率」開始升高。而這又帶動了「管理的壓力」的加重，
從而進一步加重了「工作負擔」，進而推動「錯誤發生頻率」再創新高……
　　如果你曾經在繁忙的內勤系統中工作過，或者曾經見識過這種繁忙的
內勤系統，你會認可這確實是內勤經理生活的世界。這就是他們為什麼會
那麼緊張——他們隨時需要扛起更重的石頭。

2.8 還有哪些處理能力的驅動力

我認為對內勤系統處理能力貢獻最大的因素，就是能否獲得合適數量的、訓練有素的職員。**圖表** 2-4 中「有效員工能力」這一概念代表了「員工總數」和「培訓」兩個因素的結合。單單依靠「員工總數」是不夠的，因為如果員工沒有經過培訓，他們可能一點兒忙都幫不上。

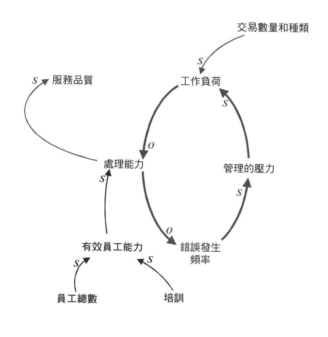

【圖表2-4】

「但是，優秀的 IT 系統有什麼用呢？」你可能會這樣問，「難道它們對處理能力沒有什麼幫助嗎？」

當然，它們是有幫助的。但是，這種幫助是直接的嗎？在我看來，優秀的 IT 系統當然有助於提高「處理能力」，但這主要是透過降低「工作負荷」而形成的。由於優秀的IT系統不需人工干預就可以自動處理大量交易，

因此，對高品質、「有效的 IT 系統」應用得愈多，「工作負擔」就愈輕（見圖表 2-5）。

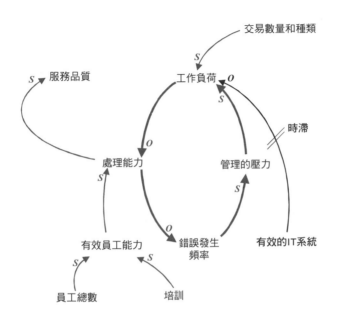

【圖表2-5】

這幅圖引入了一道新標記：由優秀 IT 系統的開發和交付使用所帶來的時滯。

時滯

很多因果關係都和時滯有關，這是由於很多行為都不具有立竿見影的效果。你可能會想培訓員工需要時間（也就是說，在「培訓」和「有效員工能力」之間也存在著一個時滯），甚至招募到優秀的職員會花費更多的時間（也就是說，在「員工總數」和「有效員工能力」之間存在著另外一個時滯）。這種理解並沒有錯，但我為什麼僅僅在「有效的 IT 系統」和「工作負荷」之間明確加上了一個時滯環節呢？

答案是：這只是一個強調——時滯處處存在，不過這一個特別重要。

2.9　成本如何

　　這幅圖還沒有完成，因為還有一項很重要的東西沒有表示出來，那就是「成本」。「員工總數」、良好的「培訓」、「有效的 IT 系統」都需要金錢，因此我們在**圖表** 2-5 中引入「成本」，如**圖表** 2-6 所示。

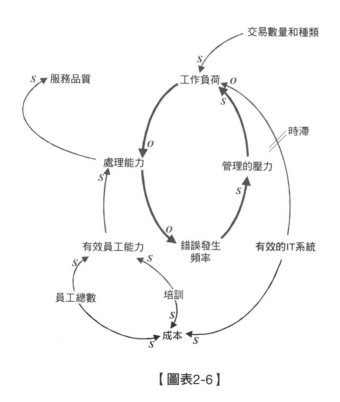

【圖表2-6】

　　現在，這幅圖已經表現出了這種兩難的管理困境。中間的那個惡性循環傾向於不斷旋轉，每轉一圈就讓內勤系統的日子更加難過一點兒。這可以透過兩種方式緩和：引入更加「有效的 IT 系統」（儘管需要一定

的時滯），或者透過創建一種訓練有素、人手適當的內勤編制來提高「有效員工能力」。然而問題是，無論是招聘人手、培訓，還是 IT 系統，都需要錢。很顯然，優化「處理能力」所得到的好處直接與削減「成本」帶來的好處相衝突。

如何走出這一兩難境地呢？大多數情況下需要權力的干預。在投資銀行裡，擁有這種權力的人就是總監，由於他們的主要出發點是削減成本，因而他們會強力推行定員限制，減少培訓，並將系統資源盡量配給外勤系統，因為外勤系統是可以直接獲得收入的地方，而內勤系統只會增加成本。因此，遊戲的結尾就是對內勤經理的痛苦考驗：在他們崩潰之前，他們能夠扛住多大的石頭？一旦他扛不住了，他就會被解雇，另外一個人就會被指派接替這個空缺，接著扛起沉重的石頭。

2.10　仍然遺漏了一個東西

這幅圖仍然不夠完整。還有一項非常重要的因素沒有畫出來，而這項因素正是人們經常會忽視的東西。

圖表 2-6 中到底遺漏了什麼呢？答案見**圖表 2-7**。

這裡遺漏的東西是一個箭頭：一個連接「錯誤發生頻率」和「成本」的箭頭。這是一個 S 型箭頭。錯誤並不是免費的，它們從如下兩方面增加了成本，第一種是糾正錯誤的成本，表現為額外的工作負荷和激烈的爭論；第二種成本是錯誤自身固有的成本，其表現形式可能是對客戶的賠償，也可能是進入市場買進或賣出一些證券——這種方式在證券市場更為常見。這種做法有時會花掉大量的金錢。

圖表 2-7 中最後這個聯繫具有非常重要的影響。如果沒有這個聯繫，成本的驅動因素就只有員工總數、培訓和 IT 系統，這些都在增加成本。因此，無論是激進地削減成本，還是溫和地控制成本，員工總數、培訓和 IT

系統就成為了必須仔細審查、質疑和削減的對象。這樣做的結果，就是將負擔扔給了一直承受重負的內勤經理，讓他們扛上了更大的石頭。

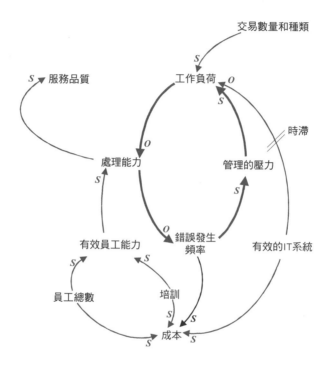

【圖表2-7】

　　然而，隨著我們認識到從「錯誤發生頻率」出發的這個聯繫，另一個成本驅動因素也就擺上了桌面：錯誤的成本。正是這個因素的存在，才解決了提高處理能力的益處和控制成本的益處之間的衝突。如果「處理能力」下降，則「錯誤發生頻率」上升，但與此同時，「成本」也在上升。如果內勤系統不能得到經過良好培訓的員工和高品質的 IT 系統，可能會導致「成本」的上升，而不是下降。因此，總會存在一個平衡點，使得對人員、培訓和 IT 系統的投資能夠將錯誤的百分比控制在一個適當的低水準，與此同時，整體成本也處於可接受的水準。由於錯誤的成本是可以量化的，尤

其是在投資銀行，因此，通過對未來交易量漲落的合理預測，必然可以確定應該在人力、培訓和 IT 系統上投資的規模，從而保證在不被內勤之石壓垮的情況下提供高品質的服務。

這個故事完全是真實的。當我在一個由總監、內勤經理、內勤職員、人力資源經理和 IT 經理參加的一個討論會上介紹**圖表 2-7** 的時候，彷彿為每個人都點上了一盞導航燈。可能人們會想：「這是很顯然的——事情就是這個樣子。圖看上去很漂亮，但是沒有給我們帶來任何新東西。」確實，這張圖的內容非常「顯然」，這一事實非常重要，因為圖必須反映現實，而且必須得到認可。正由於此，圖中就不可能包含能夠令人驚訝的東西。然而，這並不等於說它沒有帶來任何新東西。

這張圖在我的討論會上取得的真正效果是，它讓參與者認識到沒有一個人——確實是沒有一個人——在主動地從整體上去關注整個系統。內勤系統的人員都被束縛在那些單調的工作上，由於受投資銀行文化的約束，他們根本就不可能瞭解到「處理能力」這個概念；IT 系統的人員整天都在爭取更好的系統，但卻總是在獲得資源之後，就將它們投入到外勤系統，而不是內勤系統；人力資源部門和臨時雇用代理機構不停地電話交涉，卻幾乎無法影響政策制定；而總監的視線總是狹窄地聚集於成本控制。唯一瞭解那些錯誤的出現的人就是內部的審計員，但他們卻「各人自掃門前雪」，直接將這一堆麻煩推向了下一環節！

即使在一個非常複雜的組織中，也可能沒有一個人在關注全域。每位經理都在盡職盡責地管理著自己分內的「一畝三分地」，然而，所有人都成功管理好自己分內的事情的結果，卻通常是局部最優化。當然，在大多數組織中，這通常都是組織結構和局部績效評價措施的必然結果。對於每一位經理來說，盡力管理好自己的領地，超越自己的歷史成績，都是非常合理的想法和做法。問題在於，使得整個系統相互聯繫起來的那個關鍵點僅擺在老闆一個人的桌子上——而老闆通常都很忙，忙得顧不上詳細瞭解

這一切！

　　所以，討論會上的那盞導航燈實際上就是指出了管理整體和管理局部一樣重要，指出了決策之間相互關聯的重要性，指出了採用綜合的、沒有山頭主義的視角的重要。那次討論會的結果是，那家投資銀行引入了一系列的新程式和新政策，使得經理仍然可以盡他們的最大能力去管理自己的部門。同時，他們還一致同意實施一個新流程，以共同明智地討論和解決跨部門問題。

2.11　重歸睿智

　　回過頭來再看一看**圖表 2-7**，你會發現它有幾個比較明顯的特徵。在圖的中間有一個惡性循環：從「工作負荷」起始的單調工作，經過「處理能力」、「錯誤發生頻率」、「管理的壓力」，最後回到「工作負荷」。內勤經理竭盡全力試圖停止這個環的轉動，以免失控。然而，如果生意突然上升（從而導致「交易數量和種類」上升），或者突然出現一種奇特（可能很複雜）的金融新產品，而現有的資訊系統尚無法支撐它（也會導致「交易數量和種類」上升），或者出現一次系統故障（從而導致「工作負荷」的突然激增），再或者，一個關鍵人物辭職或者生病了（從而降低了「處理能力」），石頭就會變得更大、更重一些。

　　顯然可以從更極端的情況來理解這幅圖。你可以想像這樣一種情況：「員工總數」是如此之多，以至於對於「處理能力」而言，任何「工作負荷」都是不足為慮的；「服務品質」已經長期處於穩定狀態，而在你能夠期望的範圍內，錯誤發生頻率已經可以視為零；然而，此時「成本」已經突破了你的天花板——這種任意揮霍的情況同樣也不夠明智。但是，另一種相反的傾向也同樣不可行：控制成本的壓力是如此之大，以至於「處理能力」和「錯誤發生頻率」都成了問題。我們所尋求的是明智的商業平衡的區間，

即在「交易數量和種類」的環境下，「有效員工能力」和「有效的 IT 系統」之間的相互作用都可以得到確定，從而保證內勤系統的「處理能力」不會受到過度的危害，與此同時，「錯誤發生頻率」較低，處於可控的範圍，而且整個系統的「成本」也得到了優化。這就是睿智的表現。

圖表 2-7 的另一個特徵就是每個因素都和其他因素聯繫在一起，這就意味著，如果你意圖在某個環節採取行動，那麼，有些事情就會或早或遲地在其他環節發生。所以，如果開始另一輪削減成本措施，或早或晚地，削減成本所帶來的好處就會招致錯誤發生頻率提高帶來的害處——在證券業，即使是一個小小的失誤，所花費的代價都可能足以抵消六個月辛辛苦苦削減下來的成本。

這種相互連接，以及不可避免的時滯，正是組織管理如此複雜而艱難的根本原因。盡我們的所能修補好局部的某些問題，或早或遲地會在其他地方引起反彈。有些人或許認為只要自己的部門一切正常就好，別的地方出事根本不用關心，所以工廠的經理受提高生產效率的激勵，把車間填滿成品，從而使之變成「市場銷售的問題」。還有的人可能認為，只要時滯足夠長，弊端不在自己任期內暴露，就能獲得提升，所以誰會在乎給繼任者留下什麼樣的爛攤子呢？

但那些明智的管理者不會持這些世俗的觀點。明智的管理者想要理解實際商業問題中複雜的相互連接，並考慮自己可能的舉動將會產生怎樣的一連串反應；他們並不會簡單地希望推卸責任，或推給下一任；他們認識到組織邊界在導致「近視」和「山頭主義」中的重要；他們希望完整而全面地理解問題；他們希望能夠預測時滯的影響。如果能夠做到這一點，他們在制定決策的時候，就能處於更有利的地位，其決策也就更能經受住時間的考驗；這樣的決策才是真正睿智的決策。

第 3 章

品質、創造力和削減成本

3.1　故事

「你知道會發生什麼事情，不是嗎？」喬納森挑釁地問道。

「我認為，很多事情都會發生。不知道你說的是哪一件？」托尼在回答的時候，盡量保持著冷靜的聲音。

「關鍵問題是品質，」喬納森繼續道，「作為製片人，我們所做的任何事情都是圍繞著品質進行的，而且這也正是觀眾收看我們節目的原因。如果你堅持繼續強力推行這些削減成本措施，我們的品質就會下降，觀眾將會開始收看別的節目，我們的收視率也會下降，那時，我們的末日就到了。」

「在這一點上，我同意喬納森的意見，」克雷爾插了進來，「一旦我們敗於收視率之戰，我們將永遠都無法恢復元氣。」

「而且，一旦收視率開始下降，廣告商也會將我們一腳踢開……」安妮補充道。

「打擊我們的收入線……」

「從而導致我們削減更多的成本。簡直是一團糟！」

「我認為情況可能會更差，」人力資源總監保羅說，「我擔心的問題是，這次削減成本對我們的關鍵職員所產生的重大影響。我們的一些製片人現在非常火大，更不要說知名演員了。如果他們厭倦了，他們的動力就會下降，並將最終走人。如果他們離開了，我們的情況只會變得更糟！」

「我們那些才華洋溢的天才又怎麼樣呢？這些有創意的人是我們整個業務的核心。難道我們還要定量配給他們鉛筆嗎？」

「你們的意見我都聽到了，而且我也理解，」試圖重新將會議引回軌道的總經理托尼說，「但這並沒有改變現實，我們仍然不得不削減一些成本。我們怎樣才能在不引發你們所提到的所有問題的情況下，用最好的方式實現這一點呢？」

3.2　環境

這段對話是對我曾參與過的一家電視製片公司，所面臨的困境的真實寫照（當然經過了高度的提煉）。無論你身處何種行業，你對它們所陷入的困境都不會太陌生：如何在不損害業務的情況下削減成本。

製片人喬納森的第一反應，就是削減成本將導致品質降低（「是的，我們可以繼續拍攝節目，但是我們將必須從演員的前方攝製所有鏡頭，因為我們會付不起演員後背的服裝費！」）；而保羅則從人力資源的角度出發，強調了削減成本對員工士氣的可能影響；克雷爾和安妮則清楚地指出了最終的威脅：觀眾將會流失，廣告商將不再購買他們節目中的廣告時間。就像喬納森所說的那樣（很可能是以勝利的口氣）：簡直是一團糟。然而這一切並沒有解決問題，因此總經理托尼試圖將會議拉回現實。

畫一張系統循環圖表

如果你手邊有紙和鉛筆，就嘗試著畫一張你認為能夠反映上述對話本質的系統循環圖表。

圖中的關鍵因素是什麼？它們之間的順序和聯繫又如何？箭頭的方向怎麼指？還有沒有一些其他的、不明顯的因素，儘管故事中沒有涉及，但是你認為很重要，值得加到圖中去的？哪些是 S 型聯繫？哪些是 O 型聯繫？整個圖是怎樣組織起來的？

如果你手邊沒有紙和筆，你也可以停下來在你腦海裡試著描繪這幅圖。

3.3　圖片

　　圖表 3-1 是我預先準備的系統循環圖表，內容就是圍繞他們就廚藝節目所進行的討論。

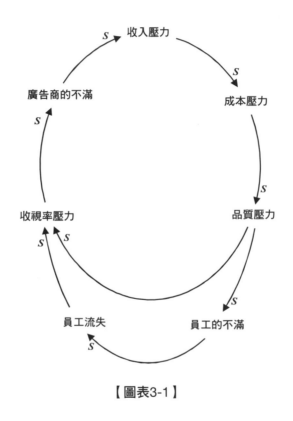

【圖表3-1】

3.4　另一個惡性循環

　　我對於**圖表** 3-1 系統循環圖表的解釋如下。

　　圖的起始點是被我稱為「成本壓力」的地方，正如喬納森所言，它導致了「品質壓力」（從而是個 S）。這很自然地導致了兩個問題：首先，可能導致電視節目品質降低，從而對這些節目的觀眾產生直接影響，造成

「收視率壓力」（另一個 S）；與此同時，保羅的意見也非常中肯，持續的「品質壓力」也將導致「員工的不滿」（再來一個 S），從而導致「員工流失」（S）；一旦員工流失了，同樣也會加重「收視率壓力」（還是一個 S）。隨著「收視率壓力」的累積，將加深「廣告商的不滿」（S），帶來「收入壓力」（S），從而進一步加重了早已存在的「成本壓力」（還是 S）。

　　這是另外一個惡性循環（或者說，是一對惡性循環），而且這種迴圈你可能更熟悉。

　　把圖表 3-1 和你所畫的或者你所構思的那幅圖相比，這幅圖怎麼樣？如果它們有所不同，也不必擔心——繪製這種圖需要一定程度的練習，我將在第 7 章就如何畫圖提供一些指導。現在最重要的事情是，你要對我所畫的圖沒有意見，尤其是那些因素之間的順序以及所有的 S 型聯繫。你是否已經信服這幅圖抓住了故事的本質？我確信你肯定已經注意到了，這幅圖並不是對故事內容的簡單轉錄，比如，沒有一個人明確使用了「成本壓力」或者「廣告商的不滿」等字眼，而且圖中的不同部分也不是在同一次對話中都有所涉及，更不要說是以正確的順序涉及了。

　　當然，人們在討論問題時，會採用能夠反映他們思維的詞來進行敘述，字裡行間都會展現出他們認為重要的東西，與此同時，他們也會強調他們希望爭論或者辯護的觀點。繪製系統循環圖表的好處之一，就是可以避開各種狹隘、短視的「山頭主義」的影響，反映出完整的故事。

你該做些什麼

　　如果你是總經理托尼，你應該採取什麼措施來阻止這個惡性循環的失控？

　　你認為什麼樣的措施會得到其他人的支持：喬納森、克雷爾、安妮和保羅？

你認為他們會贊成什麼樣的措施？

3.5 我們應該做些什麼

接下來，讓我們來偷聽一下他們的談話。

「昨天我和我們的一個演員進行了一場機智的較量，」保羅說，「她從別的地方得到了一份很有吸引力的合約，於是她直接向我要求漲工資。儘管她並不想勒索我們，但實際上也已經非常接近了。我真的認為，作為一項緊急事務，我們確實需要撥一些錢為演員實實在在地漲一些工資。我知道這樣做不會省錢，但是肯定可以阻止觀眾流失。」

「我不那樣認為，」喬納森說，「那樣做不僅非常短視，而且非常愚蠢，這只是為其他人發放了一張勒索我們的許可證而已。一旦你沿著這條路走下去，你就永遠也無法停止了。在我看來，問題全都在於品質。我覺得我們應該就我們期望達到的品質制定一項品質標準，並承諾永不妥協。一旦我們制定了，就一直遵守它。」

克雷爾和安妮交換了一個眼色，然後克雷爾開口說道：「恐怕我不能贊成你們兩個中的任何一個。我覺得我們都找錯了地方：我們應該削減一般管理費用，而不是製作節目過程中的那些核心活動的成本。難道我們就不能從 IT、財務或者其他什麼地方省省錢嗎？難道這些日子以來，人們不都是一直在談論外包嗎？」

「真令人驚訝！」安妮大聲說道，「克雷爾，你恰恰使用了我正準備要用的詞。但是你的結論卻差之千里。我想說的是，和你一樣，我也不同意任何人的意見。你們都找錯了地方。現在我已經聽過你的建議了，克雷爾，我認為你說得很對。這是一場錯誤的爭論。我們根本就不應該討論削減成本。我們應該考慮的是如何創造新的收入。難道我們不應該

充分利用我們的最佳節目來樹立一個品牌，然後從商業中牟利嗎？投資一家網站怎麼樣？或者投資一系列和我們有聯繫的網站？這些關於削減成本的討論讓我覺得沮喪。有什麼業務是在一直削減成本的過程中取得成功的？」

托尼大搖其頭：「好了，先討論到這裡，感謝你們的意見。現在我已經聽到了四種完全不同甚至相互抵觸的思路：收買我們的職員、定義品質標準、裁掉我們所有的會計、開始銷售 T 恤。難道我們就不能就任何事情達成一致嗎？難道我們不是以同樣的方式觀察這個世界嗎？我們到底應該做些什麼？」

3.6　誰是正確的

如果你是托尼，你該做些什麼？誰是正確的？哪個決策比較明智？

在我看來，他們都是正確的。從處理問題的角度看，所有這些建議都是很好的方法，因此這不是一個「正確」或者「錯誤」的問題，而是一個「不同」的問題。這裡的問題在於在形成政策上，大家都是真心的互不贊成，而且不同的人都清晰地解釋了各自的選擇。這些不同的選擇對企業具有不同的影響，會產生不同的後果。加薪可能會帶來普遍的「勒索」，但它確實是一種可以很快落實下去的措施；從其他管道獲取收入確實可以最終解決成本的壓力，然而從短期來看，由於市場運作等方面的花費，成本反而可能會上升。所有這些建議都各有優點，也都將帶來不同的後果，產生不同的行動計畫；我們又回到了選擇和睿智這一話題。

這四個建議並不是我們僅有的選擇。**圖表** 3-2 展示了其他一些選擇。

這是對**圖表** 3-1 的擴展。圍繞著中間兩個惡性循環，添加了幾種可能的選擇，每一個都主要影響中間環上的一個因素。你同樣可以看到，新添的每個因素都透過一個 O 型聯繫和中間迴路聯繫在一起。比如，對「新收

入來源」的開發程度愈高，對來自節目攝製的「收入壓力」就愈低；類似地，「一般管理費用控制」愈嚴，業務活動的「成本壓力」就愈低。

因此，每項新因素都對這個惡性循環產生了剎車的作用，它們阻止了

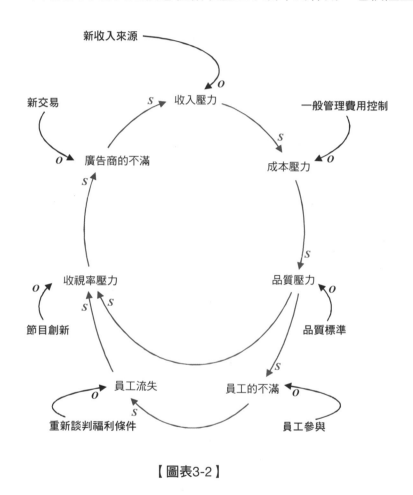

【圖表3-2】

這個環的無情旋轉，將業務重新納入可控的範圍。圖中還同時展示了一些故事中沒有涉及的建議：「員工的不滿」可以藉由「員工參與」得到緩和，這是對變革管理最佳實踐的總結（「我們現在都在一條船上，那麼我們就一起幹吧！」）；「節目創新」指的是攝製新類型的電視節目，這是一種

可能的新成本結構，還有可能在降低對明星的依賴的同時，仍然保持住觀眾；可能還存在著與廣告商進行「新交易」的可能性，從而緩和「廣告商的不滿」。

3.7　制定政策

我經常在討論會上用這個例子做練習。在畫出那個惡性循環之後，我要求參與者開始思考他們會採取什麼措施，並在不相互討論的情況下寫下這些措施，並按照影響的大小依序排列。我在小組裡走動，要求每個人都說出如果只能採取一個措施時他們的選擇，他們認為選擇哪一個措施能夠收到最好的效果。通常在我沒有走完一圈之前，就已經在文件夾上記下了至少半打的不同措施。

然後我就會問：「那麼，綜合一下，我們會採取什麼措施？」

通常這總是會引發一場生動的辯論。那些相信「品質為王」的人強烈要求制定品質標準；來自人力資源領域的人則強烈支持員工參與；創業家則開始構思新的市場運作；每個人都同意應該削減一般管理費用。

在這些政策中，沒有一個是本質上「錯誤」的，但也沒有一個是本質上「正確」的——它們只是不同而已。不同來自於希望採用的具體措施，來自於不同措施開始生效所需要的時間，來自於落實所需要的成本費用，也來自於各自的後果。實際上，**圖表 3-2** 仍然不夠完整，因為它缺少各種政策對其他因素的影響，尤其是對「成本壓力」的影響。儘管情況如此複雜，人們仍然能夠而且確實對這些因素都做出了個人的評估，並在自己的心中已經做出了抉擇。不同的人得到了不同的結論。

在這場辯論中所發生的一切，都只不過是對自己真心贊成的觀點的清晰闡述，每個人都闡述了在自己看來最好的措施。有時候這些信念有理有據，有時候也會被短視或本位主義的觀念所影響，但是他們熱情地堅持自

己的觀點。如果有人真的相信在這種環境下，最好的處理方式就是定義品質標準，他們就會充滿激情地辯駁其他觀點。

那麼，這些頑強的個人信念要怎樣才能得到調解呢？我們怎樣才能綜合起來，制定一項共用的、得到大家公認的政策呢？我們怎樣才能變得睿智？

這是一個與權力相關的問題嗎？是不是應該由權力最大的那個人，或者「嗓門」最大的那個人決定如何抉擇呢？或者這是不是一個「武裝停戰協議」，最終大家對每件事情都一定程度的贊成嗎？或者這是一個更有思想的過程？

在我看來，制定睿智的決策是經營決策的核心，並且這不是一件進行「正誤」選擇的事情，而是在各種受到人們誠心信仰、激情爭論的信念之間進行抉擇的問題。

我所誠心信仰、激情辯護的一個信念是，我們在這一章裡面所使用的這種圖，在協助進行這種辯論時，具有不可估量的巨大幫助。使用系統循環圖表，可以幫助整個團隊就所有潛在政策所覆蓋的範圍，以及各個可能選擇的後果進行思考。這不僅可以開拓人們的思路（「節目創新？我怎麼從來沒想起來呢！」），而且可以預防「坐井觀天」式的危險（「解決這一問題的唯一方法就是⋯⋯」），因為任何事情都不是「自古華山一條路」。睿智就體現在辨別出所有的可能路徑，並且選擇最好的那條路。

在我看來，激發睿智的最有力方法就是從整體上觀察複雜問題，梳理出所有相互連接的元件，然後使用精心構造的系統循環圖表，將這種複雜性以一種言簡意賅而又揭示本質意義的方式表現出來。因此，在第 4 章，我們將開始更加詳細地學習所有系統循環圖表都需要的基礎構件：回饋迴路（feedback loop）。

所有的事情都發生了

在這個電視公司的例子中，所有涉及的政策都在過去的幾年裡付諸實施了。比如：

● 很多電視公司已經削減了成本和一般管理費用。

● 在英國，英國廣播公司（British Broadcasting Corporation，BBC）推行「文化變革」已經幾年了，吸引所有員工參與削減成本。

● 報紙經常報導一些影視名人或者在協商提高福利的要求，或者從一家公司跳槽到另一家公司。

● 很多電視公司都高度涉獵了能夠增加額外收入的所有活動，包括銷售錄影帶、DVD、流行音樂、書籍和雜誌，以及從節目到網站的連結。

● 有大量關於節目創新的例子，比較著名的類型如「偷拍」，這種節目對真實的生活進行直播（比如在繁忙的機場或酒店裡的活動）。而「真人秀」則對演員在各種環境下的生活進行播報，比如在《老大哥》節目中，一群人在一個房子裡共同生活了幾個星期，並逐步投票淘汰，直到剩下最後一個人去獨占大筆金額的獎項。這種節目的成本大都遠低於攝影棚作品，更重要的是，它們不依賴於大牌明星，從而既降低了成本，又避免了對明星的依賴。那麼，這種節目的品質狀況怎麼樣呢？

第二部分

工具和技術

在這一部分,我們將詳細學習系統思考工具箱中的一個主要工具:系統循環圖表。

第 4 章探查了系統循環圖表的通用結構,並指出因果迴路有且僅有兩種基本類型:增強迴路和調節迴路。

增強迴路在作為良性迴圈的時候,可以用來表示任何業務的成長髮動機。然而,就像我們將在第 5 章看到的那樣,同樣的結構也可以成為惡性循環,因此,也可能很快從業務繁榮走向業務衰敗。我們也將看到,透過兩個增強迴路的共同作用,形成對共用資源的競爭——這是一個能揭示很多衝突的系統思考結構,也可以用於尋找解決衝突的最佳方法。

調節迴路可以導致系統向某一目標靠近,第 6 章將展示這些系統思考結構如何支撐對預算、目標和計畫的管理。

最後,第 7 章提出了 12 條黃金法則,它們將幫助你繪製自己的系統循環圖表。

第 4 章

回饋回路

4.1　回饋迴路的重要角色

前兩章討論了如何管理繁忙的內勤系統以及電視製作公司所面臨的兩難問題，證實了在面臨複雜問題必須做出艱難抉擇時，採用開闊視野的價值。在面臨這種複雜問題時，人們很容易就會在外界的誘惑下，以短視而狹隘的目光匆忙做出選擇。這種誘惑來自於組織結構、績效標準、我們逃避複雜的天性，以及試圖得到「有決斷力」這一評價的動機。也許有人會問，迅速決策難道不是一位睿智主管所必不可少的能力嗎？

當然，決斷力是一項很重要的能力，因為高階主管時刻要面臨艱難選擇，如果像哈姆雷特般優柔寡斷，就要忍受無盡的痛苦，這樣沒有任何一項業務能夠支撐下來。然而，決斷並不意味著輕率或者魯莽。要想建立起「有決斷力」的形象，並不需要過快地決策，因為那樣可能沒來得及仔細考慮各種合理的替代方案，並考察各自可能的後果，從而會做出不明智的判斷。可以確信的是，深思熟慮地制定決策，才是真正的睿智。

促成這一點的方法，就是保證以開闊的視野去探查決策的環境：不僅僅是決策的範圍（例如，關於內勤系統員工人數的決策，不僅引發出錯誤的成本，還引發出僱傭成本），還包括時間因素（長期以來，對員工總人數的不明智決策導致大量臨時工的存在，很多組織經驗和知識因此而流失）。

正如在第一部分所粗略介紹的那樣，系統思考提供了一種很合適的開闊視角，而系統循環圖表正是掌握複雜系統本質的有力工具。透過這些圖，我們可以仔細考察我們所感興趣的系統，並對其內部高度聯繫的本質進行全面分析，把握每項事物和其他事物的連接，從而反映複雜事物之間的因果關係。

另外，它們還抓住了我們在第 1 章中所提及的複雜系統的本質特徵，即回饋（見 1.3 節）。透過因果迴路中一個又一個閉環，回饋充分展示了自己：代表因果鏈的迴路最終連接到自己身上，整個迴路沒有起點，沒有

終點，每項事物都最終和其他事物產生聯繫，這樣的迴路就稱為回饋迴路。

　　以第二章內勤問題的**圖表 2-7** 為例，其最重要的特徵就是**圖表 4-1** 所示的單調迴路。

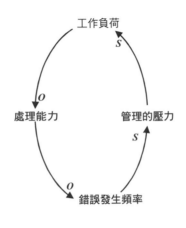

【圖表4-1】

　　由於迴路中的所有元件都和其他元件相互聯繫，因此這個迴路沒有起點，沒有終點。這些聯繫不一定都必須直接連接到其他元件，可能存在一些中間過渡。甚至在不同因素之間還可能存在時滯。這是我們關於系統循環圖表的重要特徵──回饋迴路──的第一個例子。

　　稍作思考即可發現，回饋迴路具有這樣一個性質：一旦迴路中出現中斷點──無論多小，無論在何處，都會破壞回饋迴路本身。這和「盲人摸象」的故事（見 1.1 節）有所相似，即一旦將它分成兩半，就會破壞我們所感興趣的系統。我們要研究的系統行為就是那頭大象，它們因各個元件之間的相互連接而存在，在圖中它們的主要特徵就表現為一個連續的閉環，其中的每個因素都和其他因素有著直接或間接的聯繫。

　　另一個類似的閉環結構就是電視製作公司例子中的回饋迴路，如**圖表4-2** 所示。

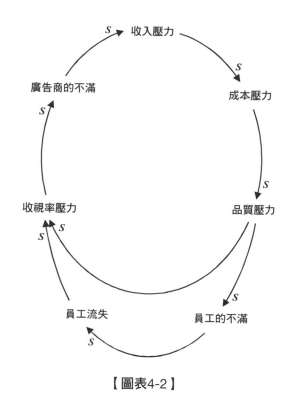

【圖表4-2】

事實上，**圖表 4-2** 展示了兩個嵌套的回饋迴路，每一個都對另外一個產生增強的作用。我們再一次看到每個因素都和其他因素聯繫在一起，整個迴路沒有開始，也沒有結束。

回饋迴路無處不在

確切地說，回饋迴路無處不在。比如像倒杯咖啡或茶這種看起來似乎非常簡單、我們每天都不假思索地做了無數次的工作，也和回饋迴路有關係。

事實上，如果離開了回饋迴路，即使是這種簡單的工作都無法完成。不信的話，你可以試著蒙上眼睛倒杯茶看看。在這個例子中，回饋迴路的關鍵點就在於，在你向杯中倒水的同時，你透過觀察杯中的

水位而獲取回饋資訊。當你看著水位上升的時候，回饋透過你的大腦和眼睛發揮作用，讓你在杯子將滿時停止倒水。

　　這個系統由你手所處的位置、你倒水的速率、咖啡杯中的水位、你的眼睛對杯中水位的觀察，以及從你的大腦到你的手的信號構成，共同組成一個回饋迴路。如果你破壞了這個迴路——比如蒙住眼睛，從而無法觀察杯中水位是如何上升的，你就會不斷地加水，直到杯中水溢出，系統產生了故障。

　　系統思考的基本原則是，對於現實、複雜的問題，最好用相互連接的回饋迴路所形成的網路來描述。至今為止，我們所遇到的例子相對而言比較簡單，但隨著本書的進展，反映真實系統的系統循環圖表很快會變得非常複雜，通常由很多相互聯繫的回饋迴路構成。這些圖非常複雜，這一事實一點都不令人驚訝，因為它們所表示的系統本身就非常複雜。但是，無論最終的圖有多麼複雜，實際上其背後的基礎結構只不過是些簡單的回饋迴路而已。於是，讀這種複雜的系統循環圖表的過程，就變成逐個辨別出其中的每一個回饋迴路，以及它們之間的聯繫的過程。這是我們能夠處理真實世界中複雜問題的主要方式之一。

是的，回饋迴路無處不在

　　這裡是另一個回饋迴路的例子。

　　真是漫長的一天，火車已經晚點了，交通異常擁擠，正下著傾盆大雨。我終於回到了家中，感到非常煩躁，非常希望妻子能為我操操心。我妻子也同樣度過了辛苦的一天，也同樣希望我能夠關心關心她。然而，我卻在等著她來關心我，由於她非常疲倦，沒有力氣和心情來關心我，這讓我更加煩躁。天哪！

　　反映我的狀況的迴路如圖所示：

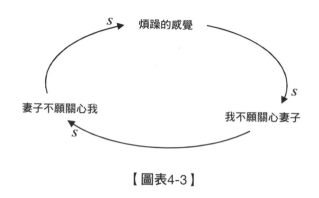

【圖表4-3】

回饋迴路是所有系統循環圖表的重要特徵，是否存在回饋迴路可以被視為判斷系統循環圖表是否完整的一種方法：如果你發現你所繪製的系統循環圖表中沒有包括任何回饋迴路，那麼可以肯定地說，你還沒有將你試圖描述的真實系統描述完整。當然，這一論斷反過來並不成立。即使在你的圖中存在著不止一條回饋迴路，也不意味著你繪製的圖已經很完整了，因為很可能還有一些附加的、沒有明確記載的迴路與待研究的系統有關聯。無論如何，完成第一個回饋迴路總是意味著你已經向著正確的方向前進了一步。隨著你對真實系統的瞭解逐漸深入，你就可以不斷添加更多的連接，直到你最終確信已經將整個系統精簡而完整地繪製完畢。至此，真實世界就不是那麼的複雜了。

本書的很大部分都是在幫你樹立起這樣的信心。所以，現在讓我介紹兩種重要的回饋迴路，它們叫做**增強迴路**和**調節迴路**。

4.2　增強迴路

再看一下電視製作公司那個例子中的主環（見**圖表 4-4**）。

這個環就是一個惡性循環：「成本壓力」愈強，「品質壓力」就愈大，繼而加重「收視率壓力」，加劇「廣告商不滿」，影響「收入壓力」，更

加重了「成本壓力」……情況變得愈來愈糟。

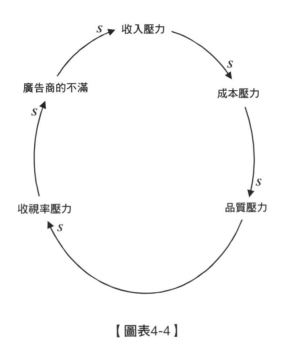

【圖表4-4】

　　在這個例子裡，最初的那個事件——「成本壓力」，隨著環的每次旋轉而不斷得到加強，這種情況被稱為正回饋，與此相應的系統循環圖表就被稱為正回饋迴路或增強迴路。正如**圖表 4-4** 所示，這個迴路產生了惡性循環的作用，這個環每旋轉一次，都會進一步加重成本壓力的困境。增強迴路確實有這種作用，但正如我們將在第 5 章中所見，增強迴路未必都是惡性循環，它也可以是一個良性迴圈：通常在業務成長和成功的時候，作為良性迴圈的增強迴路都扮演了「成長引擎」的角色。

　　增強迴路是一種非常重要的構造塊，我們將在第 5 章中花費更多的篇幅來研究它的行為。但是，現在我們開始介紹另一種非常重要的構造塊——調節迴路。

4.3　調節迴路

　　圖表 4-5 展示了另外一個系統循環圖表，表示的正是倒一杯咖啡的過程。

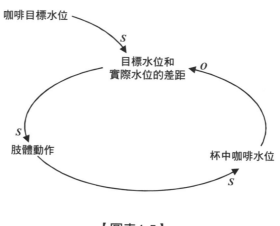

【圖表4-5】

　　正如 4.1 節的「回饋迴路無處不在」中所述，倒一杯咖啡是回饋迴路的一個真實例子，**圖表** 4-5 展示了需要研究的迴路。

　　當我們向杯中倒咖啡的時候，我們心中有一個目標，就是「咖啡目標水位」。這個目標通常是「接近滿」，但是也未必：也可能是半杯，或者其他任何水位。為了闡述方便，在本例中，我們假定目標是半杯。

　　在我們向杯子中倒咖啡的時候，我們的眼睛一直在關注杯中水位的上升，無論何時，我們都在評價「目標水位和實際水位的差距」。正是我們心中的這種評價促使我們對我們的「肢體動作」進行控制（在本例中就是手的位置），進而決定了我們將咖啡倒入杯中的速率。起初的時候，目標水位和實際水位之間的差距相對很大（當杯子中只有一點點咖啡的時候），我們的肢體動作就是相對較快地倒入，就是說，這是一個 S 型連接。

　　當然，我們的肢體動作會影響到「杯中咖啡水位」，就像我們的「肢

體動作」愈大，「杯中咖啡水位」就愈高，因此這也應該是一個 S 型連接。但是，隨著「杯中咖啡水位」逐漸上升，「目標水位和實際水位的差距」逐漸下降，因此這是一個 O 型連接。隨著杯中目標水位和實際水位的差距逐漸變小，我們的「肢體動作」就變得愈來愈柔和，「杯中咖啡水位」就上升得愈慢，直到「目標水位和實際水位的差距」變為零，到了這個時候，我們就會停止我們的「肢體動作」，而杯中咖啡也在我們目標的導引下達到了半滿的水位。

這個環的作用就是控制「杯中咖啡水位」使其逐漸達到「咖啡目標水位」，當目標達到時，我們就會停止「肢體動作」。因此，最後那個聯繫「咖啡目標水位」和「目標水位和實際水位的差距」的 S 型連接，就意味著對於任意給定的「杯中咖啡水位」，「咖啡目標水位」愈高，「目標水位和實際水位的差距」就愈大，這確實符合常識。

以上系統的特性是它總在尋求達到某個特定的目標。這種形式的回饋被稱為負回饋迴路，也叫做調節迴路。實際上調節迴路也非常常見，給杯子里加滿咖啡；使用空調裝置來將室溫控制在一個恆定的溫度；使你的業務能夠符合預算等，這些都是生活中調節迴路的例子。

你可能認為，給杯子加滿咖啡實際上並沒有那麼複雜！但是，我們都知道，在倒咖啡的時候，其實很容易受到干擾——比如說電話鈴響了，孩子問了一個問題，或者其他類似的情況，隨著我們的注意力從目標水位與實際水位之間的差距轉移到其他問題上，這個環路就很容易被阻斷，此時肢體動作可能仍然停留在倒水的位置。一會兒工夫，事情就可能變得一團糟。是的，這個回饋迴路是真實存在的。

4.4　懸擺、邊界和真實系統

儘管所有的回饋迴路都代表著閉合、連續的迴路，沒有起點，沒有結

束，有些系統循環圖表還包括雖然在閉環之外，但卻連接在閉環之上的因素，比如前面那個調節迴路中的「咖啡目標水位」；這類因素被稱為懸擺（dangles）。

懸擺可以分為兩類：

● 輸入懸擺：一般用來表示期望達到的目標、隱含的標準、政策；或者是系統外部的驅動或限制因素，以及用以確定外部變數數值的參數。

● 輸出懸擺：表示整個系統運作的結果。

上述調節迴路中「咖啡目標水位」就是一個輸入懸擺，因為它代表了我們將杯子倒到半滿的期望目標。我們也曾見過其他例子。如果你回頭去看看 2.10 節描述內勤系統的**圖表 2-7**，你會看到三個懸擺：「服務品質」和「成本」是代表內勤系統整體表現的輸出懸擺，而「交易數量和種類」則是輸入驅動因素。

懸擺定義了我們所感興趣的系統的邊界。系統邊界的概念看起來可能和系統思考對整體觀點的強調有所衝突：如果我們希望採用整體視角，就應該是超越邊界的（也就是說沒有邊界）。

實際上，採用整體視角的目標和邊界的存在並沒有本質衝突。問題在於應該在正確的位置劃定邊界，這樣它們就可以將我們所感興趣的系統作為一個整體包含進來，並且撇開那些沒必要甚至是多餘的東西。

比如，在倒咖啡這個調節迴路中，我們感興趣的系統就只是倒一杯咖啡，而懸擺就是「咖啡目標水位」。從理解調節迴路的運作以達到目標這一點來看，目標的存在就是我們主要關注的對象。如果我們願意，我們可以問「為什麼目標是咖啡半滿？」從而在圖中引入類似「希望止渴」或者「對咖啡因的依賴」這樣的概念，或者其他類似概念。在某些情況下，這些因素可能確實非常有用。但就本例而言，我們關注的就是水位如何達到目標，因此這些因素是多餘的，所以「咖啡目標水位」就理所當然地成為了懸擺。

什麼時候標明懸擺就夠了？什麼時候需要追究懸擺背後的因果關係？這一選擇依賴於人們的判斷，依賴於人們究竟對哪一部分系統的行為感興趣。當然，我們追求的是在不必要的複雜和誤入「半隻大象陷阱」之間進行平衡。儘管在某些特定問題裡，可能在你找到那個確切的邊界之前，已經扔掉了無數張撕碎的圖，占滿了幾個垃圾桶，但在實際工作中，這一點通常都能實現。

在很少的情況下，你可能也會碰到不包括任何懸擺的系統循環圖表，其中的所有元素都是某個完整迴路的一部分。然而，更多的情況下，你會找出一系列相互嵌套的回饋迴路，它們通常都被一些（通常很少）代表政策和目標的輸入懸擺所驅動，產生一些（同樣也是很少的）代表著系統活動結果的輸出懸擺。這一點在商業系統中更為普遍。你可以從你已經見過的圖中總結出這種通用結構，同樣地，在你將要見到的圖中，也可以歸納出這一特點。

4.5　只存在兩種連接：S型連接和O型連接

至今為止，我們所見到的系統循環圖表都具有如**圖表** 4-6 的基本形式：

【圖表4-6】

圖中「原因」處於連接箭頭的起點，而「結果」處在箭頭的尾部。更進一步地，所有由原因的成長而導致結果也成長的連接（比如隨著內勤系統「處理能力」的成長，而導致「服務品質」提高），都屬於 S 型連接；相反，如果原因的成長導致了結果的下降（比如隨著「處理能力」的成長，

「錯誤發生頻率」將會下降），這樣的連接就被稱為 O 型連接。那麼，任何一個連接是否非 S 型連接即 O 型連接呢？換句話說，還有沒有其他的連接類型？

實際上，稍微思考一下就會發現，S 型連接和 O 型連接是兩種相互對立的連接，因此，除此之外，不會有其他連接方式了。也可能存在這種情況：「原因」方面的成長既沒有導致「結果」的成長，也沒有導致「結果」的下降。對於這種情況，更確切的表述應該是：兩者之間根本不存在什麼因果關係。

因此，系統循環圖表中的每個連接都必須是 S 型連接或 O 型連接兩者中的一種——不會有其他可能性。這一事實只不過是系統思考框架中眾多令人驚訝的概念中的第一個，它只不過是為其他更重要的原則作鋪墊。下一個這樣的原則就是，根據單個迴路上 S 型連接和 O 型連接的數目，就可以判斷出這個迴路是增強迴路還是調節迴路。

4.6　分辨調節迴路和增強迴路

調節迴路向目標匯聚的行為和增強迴路相去甚遠，後者每運行一次都會將自己放大。為什麼這兩種迴路的表現相差這麼大呢？答案就在於兩種迴路的結構（構成迴路的 S 型連接和 O 型連接的模式）不同。實際上，如果你注意觀察 4.2 節的**圖表 4-4**，你會發現這幅圖完全由 S 型連接構成，整個迴路中根本就沒有 O 型連接。

然而，4.3 節中的**圖表 4-5** 中卻包含了一個 O 型連接，就是這個 O 型連接讓整個迴路的性質與前者截然相反。當迴路運行到包含 O 型連接的那個位置時，某些正在變大的東西（上例中就是「杯中咖啡水位」）就轉變成某種變小的東西（在那裡就是「目標水位和實際水位的差距」），這就產生了抑制的作用。在增強迴路中沒有這種抑制機制，因而隨著環的運轉，

增強迴路就不斷增強自己。

什麼類型的迴路？

這個迴路的行為怎麼樣？S 型連接和 O 型連接組成了什麼樣的結構？

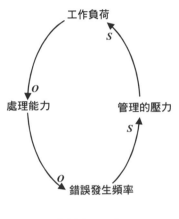

【圖表4-7】

我們首先來回顧一下這個迴路的行為。首先，隨著「工作負荷」的上升，我們的「處理能力」隨之下降（這是一個 O 型連接）；而隨著「處理能力」的逐漸降低，「錯誤發生頻率」進一步上升（這又是一個 O 型連接）；「錯誤發生頻率」的上升進而加重了「管理壓力」（從而是一個 S 型連接），然後這又會進一步加重「工作負荷」（第二個 S 型連接）。

作為對最初工作負荷上升的回應，整個環運轉一次後的結果就是進一步加重了工作負荷，證明這個環的行為也是產生增強作用。因此，這是一個增強迴路。然而，正如我們所見，這個增強迴路並不是由一系列不間斷的 S 型連接構成的。恰恰相反，這裡面有兩個 S 型連接，還有兩個 O 型連接。

從這裡面你能否歸納出什麼模式？我們現在已經見過兩種增強迴路（電視製作公司的**圖表 3-2** 和本節的**圖表 4-7**）以及一個調節迴路（倒咖啡的**圖表 4-5**）。注意觀察這些迴路中的 O 型連接，可以發現，那個調節迴路中只有一個 O 型連接，而增強迴路中要麼根本沒有 O 型連接，要麼就是有兩個 O 型連接。從數學的觀點來看，零也是一個偶數。因此，如果迴路中有偶數個 O 型連接，它們的作用就可以相互「抵消」，從而使得整個迴路發揮一種增強的效果，就像整個迴路完全由 S 型連接構成的那樣。是不是這樣呢？

這和算術有點相像。如果我們令 S 等於＋1，而 O 等於－1，那麼，我們可以透過將迴路中的＋1 和－1 累乘起來，用以確定整個迴路的性質嗎？僅包括 S 型連接的迴路的乘積是＋1，因此是一個增強迴路；由於－1×（－1＝）＋1，因此，一個由兩個 O 型連接和任意個 S 型連接構成的迴路乘起來都等於＋1，從而也是一個增強迴路。任何包含偶數個 O 型連接的迴路都會表現出這一性質，這就是「正回饋」。另一方面，包含奇數個 O 型連接的迴路乘起來總是等於－1，它們總是表現出調節迴路的性質，這就是「負回饋」。

辨認增強迴路和調節迴路

對於任何連續的閉合迴路，沿著環完整地走一圈，數數一共有多少個 O 型連接。

● 如果有偶數個 O 型連接，那麼這個迴路就是一個增強迴路，每運轉一周就增強自己。記住，零也是一個偶數。

● 如果是奇數個 O 型連接，那麼這個迴路就是一個調節迴路，整個迴路似乎在尋找或力求實現某一目標。

在應用這一規則時，你需要確認如下幾點：

● 你已經走完了某一個迴路，沒有漏掉任何連接。

● 你所數的 S 型連接和 O 型連接都位於這個迴路之內。

● 你要肯定所有的 S 型連接和 O 型連接都已經被正確地辨識出來了。

● 你當然也要檢驗圖形中的邏輯！

無論迴路多麼複雜，由多少因素構成，這些原則都適用。這些原則之所以一直都適用，是因為正如我們所見，所有連接要麼是 S 型連接，要麼是 O 型連接。這個可以幫助我們分辨增強迴路和調節迴路的簡單規則，就是在本書中我們將會見到的諸多系統思考所辨識出來的、放之四海而皆準的第二條基本原則。

4.7　兩種基本構造塊

所有連續的閉合迴路不是增強迴路，就是調節迴路。

這是我們剛才所確認的原則的直接推論，也是第三條放之四海而皆準的系統思考基本原則。剛才的原則指出，可以透過 O 型連接數目的奇偶性分辨出一個迴路是增強迴路還是調節迴路。事實上，如果你數一數迴路上 O 型連接的個數，結果肯定不是奇數就是偶數，沒有其他的可能性。因此，我們可以得到：

只有兩種基本構造塊

由於任何連續的閉合迴路中的 O 型連接數目不是奇數就是偶數，因此，一個迴路不是增強迴路，就是調節迴路，不會有其他可能。

這也是一個非常有力的、放之四海而皆準的原則。它指出，無論一個

系統有多麼複雜，組成它的基本構造塊都只能有兩種：增強迴路或者調節迴路。在現實生活中，真實系統通常由很多相互作用的環共同構成，且其邊上還有一定數目的代表著目標、結果或者外部驅動因素的懸擺。但是，無論有多少個迴路，無論它們是怎麼相互作用的，最基本的結構都只有兩種：任何連續的閉合迴路不是增強迴路，就是調節迴路。

考慮到這兩種基本構造塊的重要性，下面兩章將詳盡地考察它們作為一個孤立個體的行為。這將為我們繼而考察增強迴路和調節迴路共同作用的複雜系統打下基礎。但是，在我們更詳細地瞭解增強迴路和調節迴路之前，我需要對 S 型連接和 O 型連接做出三點補充。

4.8 語言的重要性

看一看**圖表** 4-8。

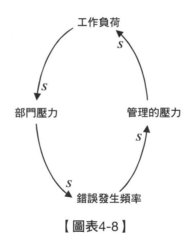

工作負荷

部門壓力　　　　管理的壓力

錯誤發生頻率

【圖表4-8】

圖表 4-8 和我們前面所見到的內勤系統的**圖表** 2-7 非常相像，不過兩者之間存在著兩點差異：首先，我將「處理能力」這一概念變成了「部門壓力」；其次，作為第一點的結果，原來那幅圖中的兩個 O 型連接也相應

地變成了 S 型連接。現在，**圖表 4-8** 中沒有一個 O 型連接，因此這是一個增強迴路：隨著「工作負荷」的上升，「部門壓力」也隨之上升，繼而增加了「錯誤發生頻率」，這又會加重「管理壓力」，並最終加重「工作負荷」。這是一個多麼熟悉的邏輯啊！這幅圖所描述的情形當然和前面那幅圖一樣——我僅僅是使用了一個不同的字眼而已。選擇不同詞語的結果，就是相關概念的相應連接在 O 型和 S 型之間變動（這是第二點不同），但是，它們所描述的情形以及迴路的行為卻保持不變。

這同樣是一個重要原則。系統的真實行為必須和我們所選擇的描述語言無關。系統思考的奇跡之一就是，無論我們使用什麼詞語，最終的結果都是可靠的，都能對系統的行為做出正確的描述。

當然，這並不意味著我們在繪製系統循環圖表時，就可以隨隨便便地使用短語。詞語的選擇非常重要，因為我們必須使用簡明扼要而且適當的詞語，才可以確保任何瀏覽這些圖的人都能迅速而準確地理解其中的含義。無論如何，一旦我們選擇了我們的語言，並且確保所有的 S 型連接和 O 型連接都得到正確標注，那麼，每個因果迴路都會準確地描述出真實系統的實際行為。

4.9　是否所有的連接都是非S即O

我相信你現在已經清楚地知道，繪製及使用系統循環圖表的關鍵就是辨識出各個連接的類型，並清晰地為各個連接標注上 S 或者 O。更進一步地，增強迴路（它每旋轉一次就會將自身增強一次，從而扮演良性迴圈或惡性循環的角色）和調節迴路（它表現出一種完全不同的特徵，總是在尋求達到一定的目標）的本質區別，不僅取決於每個連接是 S 型連接還是 O 型連接，同樣還依賴於每個連線性質的穩定性，也就是在任何情況下，連接的類型都保持不變。如果某個連接一下子表現為 S 型，一下子表現為 O 型，那麼，

即使結構沒有變化，整個環會一會兒成為增強迴路，一會兒成為調節迴路。

這種情況有可能發生嗎？是不是所有的連接都是非 S 即 O？或者說有沒有一種可能，使得同一個連接有時候表現出 S 型連接的特性，另外一些時候卻表現出 O 型連接的特性？

這個問題似乎過於技術性，但它背後隱含著一個更加本質的問題：真實世界中，是否存在著有時候顯示出 S 型特性，而另外一些時候顯示出 O 型特性的情形？

事實上是存在的。考慮這樣一個例子：我們可以看一看善心的老闆「對員工的慷慨」和「員工生產率」之間的關係。在人性本善的環境中，這個連接一般會是個 S 型連接如**圖表 4-9**：

【圖表4-9】

上述連接顯示，隨著老闆「對員工的慷慨」度逐漸上升，「員工生產率」也會隨之上升。

然而，有時候你想得太天真了，世界並不是完全由善良構成的：「既然你慷慨過了頭，那麼員工幹嘛不偷偷懶呢？」這個問題的答案通常是肯定的。在這種情況下，這個連接似乎開始從 S 向 O 轉變。隨著我們「對員工的慷慨」的增加，起初「員工生產率」會有所上升，但是如果「對員工的慷慨」過了頭，「員工生產率」反而會下降。現在我們就面臨著這樣的問題：這個連接有時候是個 S 型連接，另外一些時候卻是個 O 型連接。

處理這種問題的辦法有很多種。其中之一就是畫出多幅系統循環圖表，並清楚地指出每幅圖各自適用的環境。但是，按照我的看法，我更願意在一幅圖中直接指出兩種情況，如**圖表 4-10** 所示。

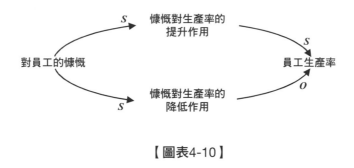

【圖表4-10】

　　圖表 4-10 清楚地指出，「對員工的慷慨」可能會產生兩種結果，一種是導致「員工生產率」上升，而另外一種恰恰相反。現在每個連接都沒有歧義，而且穩定。但是它們可能在不同的時間發揮作用，或者在不同情況下發揮作用。你可以根據需要來決定是否將這些時間和因素包括在圖中。因此，如果你碰到這種類型的連接，你總會找出辦法來將這些可能的行為清楚明確地表達出來。

4.10　模糊變數

　　在**圖表** 4-10 中，我又引入了兩個概念，分別是「慷慨對生產率的提升作用」和「慷慨對生產率的降低作用」，它們都和「對員工的慷慨」以 S 型連接方式連接在一起，表示對員工愈慷慨，其相應的作用就愈大。這些「作用」的概念確實存在，但卻很少被提及，更別提去度量它們了。在系統思考中，它們代表了一類被稱為「模糊變數」（fuzzy variables）的概念。這類概念非常重要，但又非常模糊：我們都理解這些概念，但我們不能使用具體的數值來刻畫它們，我們通常只能定性地指出它們是「強」還是「弱」。

　　由於模糊變數經常在我們的業務中產生支撐作用，因此，系統思考會

主動地促使你去辨識這些變數的本質。我們已經見過了幾個模糊變數的例子，比如「處理能力」（在內勤系統那個例子中，這是非常重要的因素）以及「削減成本的壓力」（在電視製作公司那個例子中，也是一項主要驅動因素）。下面的章節中我們還會繼續詳細討論一些其他的模糊變數，比如擁有優秀員工對吸引和保留客戶的作用，廣告對銷售的作用，並將介紹如何量化它們。現在，我只想指出模糊變數在很多情況下都非常有用，包括可以用來解決有些連接有時候表現出 S 型特性、另外一些時候卻表現出 O 型特性這樣的麻煩。

4.11　單方向起作用的S/O型連接

關於 S/O 型連接，我還想再指出一個值得注意的地方。不過，這一點屬於很細節的內容，你也可以略過不看。這個問題就是有些連接只在單方向上發揮作用。為了方便理解，我們再來考察一下內勤系統案例中**圖表 2-1** 的兩個連接（同**圖表 4-11**）。

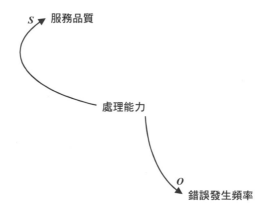

【**圖表**4-11】

我們知道，對於這個例子，判斷與「處理能力」相關的一個連接究竟是 S 型連接還是 O 型連接的關鍵在於：隨著「處理能力」的提高，「服務品質」（「錯誤發生頻率」）究竟是上升，還是下降？由於「服務品質」也在提高，和「處理能力」的變化方向相同，因此，我們認為這個連接是 S 型連接。相反，由於「錯誤發生頻率」在下降，因此這個連接是 O 型連接。

我在 2.4 節已經指出，這兩個連接在相反的方向上也可以發揮同樣的作用。也就是說，如果「處理能力」下降了，「服務品質」就會下降，仍然保證了該連接是 S 型連接；類似地，「錯誤發生頻率」也會提高，仍然能夠保證該連接的 O 型特性。像這樣在兩個方向上都能夠保持連接的 S 型或 O 型特性的事實，正是系統循環圖表的一個優點。

但在一些特殊的情況下，有些 S/O 型連接確實只能在一個方向上起作用，而在另一個方向上就沒有效果。其實我們已經遇到過這樣的例子了。讓我們回想一下倒咖啡的例子，不過，讓我用一個意義更明確的片語（「向杯中倒咖啡的動作」）來替代原來的「肢體動作」那個片語。這個元素和「杯中咖啡水位」的連接如**圖表** 4-12 所示。

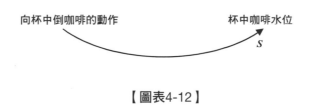

向杯中倒咖啡的動作　　　　　杯中咖啡水位

S

【圖表4-12】

在我加大「向杯中倒咖啡的動作」力度的時候，毫無疑問，「杯中咖啡水位」將會上升，這個連接肯定是個 S 型連接。但是，在我減緩「向杯中倒咖啡的動作」力度的時候，會發生什麼呢？實際上，「杯中咖啡水位」仍會繼續上升，只不過上升速度變慢了。我們發現，在這個例子中，減慢「向杯中倒咖啡的動作」仍然會導致「杯中咖啡水位」的上升——原來的

S 型連接突然之間變成了 O 型連接。

方向上的變化導致了這個行為上的明顯變化：隨著「向杯中倒咖啡的動作」力度的加大，「杯中咖啡水位」也在上升，S 型連接的特性非常明顯；問題出現在我們打算減緩「向杯中倒咖啡的動作」力度時，因為這並不會降低「杯中咖啡水位」。

稍加思索就會明白，這根本不可能發生。很顯然，無論怎樣緩慢，向杯中倒入咖啡的動作永遠都不可能導致杯中水位的下降——倒咖啡這一動作的結果無疑是單向的。物理上只能單方向發生的事情，就這樣以一種明顯不當的方式體現在系統循環圖表上。這種情況表明，這樣的系統循環圖表只能在單方向上起作用。

這再一次涉及語言選擇的問題，而這也是為什麼我最初選擇「肢體動作」而不是「向杯中倒咖啡的動作」的原因。在第 5 章我們將會看到，「肢體動作」不僅僅可以指向杯中倒入咖啡，還可以指從杯中倒出咖啡——而後者確實可以降低杯中咖啡的水位！

因此，請對所選擇的詞語保持警惕。有些系統循環圖表（或者更準確地說，一些系統循環圖表中所使用的某些短語）描述了現實中只能單方向發生的事情。在這種情況下，如果我們有意去檢查一下在另外一個方向上會發生什麼事情，我們會發現有些 S 型連接突然之間就變成了 O 型連接，或者相反。這種單向連接經常出現，另一個例子如**圖表 8-13** 所示。可以採用「逆向測試」來檢驗你原來設定的 S/O 型連接類型是否正確，以避免反常連接帶來的混亂。

就像這段討論所指出的，逆向測試並不是萬無一失的。在 12.6 節將介紹一系列逆向思維無法發揮作用的場合。因此，逆向測試不能作為確定一個連接的 S/O 型屬性的最終試金石。更好的方法就是心中永遠存著這樣一個簡單問題：隨著「處理能力」（或者其他任何東西）的上升，「服務品質」（或者其他任何東西）是上升還是下降？如果上升，這個連接就是 S 型連

接，如果下降，就是 O 型連接。這種方法總是屢試不爽的。

是S型還是O型？終極測試

正確判斷 S 型連接和 O 型連接非常重要。通常所說的「如果『原因』方面的上升導致『結果』方面的下降，則這個連接是一個 O 型連接，否則就是一個 S 型連接」的簡單法則，只是約翰・斯特曼（John D. Sterman）在其著作《商業動力學》（*Business Dynamics*）中所給出的終極測試的簡化版本，然而也是一個非常有用的簡化版本。這一法則聽起來有些費解，具體如下：

如果「原因」方面有所上升，導致「結果」方面的上升超出了在「原因」不變的情形下自然變動的增幅；或者如果「原因」方面有所下降，導致「結果」方面的下降超出了在「原因」不變的情形下自然變動的降幅，則該連接是 S 型連接。

如果「原因」方面有所上升，導致「結果」方面的下降超出了在「原因」不變的情形下自然變動的降幅；或者如果「原因」方面有所下降，導致「結果」方面的上升超出了在「原因」不變的情形下自然變動的增幅，則該連接是 O 型連接。

4.12　最後一點思考

繪製和使用系統循環圖表是系統思考的核心。一張清晰、簡潔的系統循環圖表在幫助你「見樹又見林」的過程中，可以產生巨大的作用，它有助於抓住複雜系統的本質，明確地解析事物運轉的情形。同時，它還可以支持高效的團隊工作，促進團隊有效而清晰地交流，幫助形成可靠的政策、睿智的決策。

就像我們已經看到的，這並不是簡簡單單地隨便畫一些符號就能夠解

決的問題。一幅好的系統循環圖表需要在整理材料方面具有深刻的洞察力，並需要清晰而精確的思考。在我看來，確實有一些「美妙的圖表」，而且我非常欣賞為了得到這些完美的圖表所付出的辛勤勞動。可能最具有挑戰性的工作就是分辨出各種 S 型連接和 O 型連接，我相信這一章已經幫助你樹立了完成這一切的信心。

但是，如果你仍然對這一點有所不安，請不要在意。我希望下面的總結能對你有所幫助，而且隨著你對本書的繼續閱讀，你會發現愈來愈多的實際生活中的系統循環圖表，每幅圖都伴隨著針對該圖所描述的真實環境的清晰而有益的描述，所有這些內容必將能夠雄辯地證明系統循環圖表是如何確確實實地幫助你處理複雜問題的。

我將在第 7 章中介紹 12 條「黃金法則」來幫助你完成這一任務。與此同時，第 5 章將進一步探討系統思考的第一個基本構建塊「增強迴路」，即成長的引擎。

系統思考一網打盡

系統隨著時間的演變通常複雜得令人迷惑。系統思考為我們提供了處理這種複雜性的可能，向我們解釋了為什麼系統會表現出當前的性狀，並幫助我們加強了預測系統未來行為的洞察力。

其中的關鍵就在於要理解這種因果鏈，即構成我們所感興趣的系統的不計其數的因果關係之間的順序和相互作用。通常使用系統循環圖表來掌握這種因果鏈，並將每個因果關係表示成弧形箭頭的方式如**圖表** 4-13：

【圖表4-13】

　　只有兩種形式的連接：S 型連接和 O 型連接。如果「原因」方面的上升導致「結果」方面的上升（比如需要我處理的「交易數量和種類」上升了，我的「工作負荷」也將上升），這個連接就是一個 S 型連接如**圖表** 4-14。

　　如果「原因」方面的上升導致「結果」方面的下降（比如我的「工作負荷」上升，我的「處理能力」就很可能下降），這個連接就是一個 O 型連接如**圖表** 4-15。

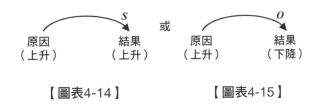

【圖表4-14】　　　　　　　　　　【圖表4-15】

　　真實系統的系統循環圖表通常主要由連續的閉合因果鏈構成，我們通常將這種結構稱為回饋迴路。只有兩類基本的回饋迴路：增強迴路和調節迴路。增強迴路的特徵是整個環路上的 O 型連接數是偶數（沒有 O 型連接，即 O 型連接的數量為零，同樣是個偶數）；而調節迴路上的 O 型連接數則為奇數。

　　正如其名字所暗示的那樣，增強迴路的作用就是每運轉一圈都將最初的效果放大一次。因此，增強迴路的行為就是良性迴圈或者惡性循環，具體情形依環境而定。調節迴路的行為就迥然不同：系統在試圖達到或者維持某個目標狀態。比如暖氣系統中自動調溫器的作用就是將室內環境溫度維持在一個恆定的水準；與此相似，預算系統的目標就是力圖使整個公司達到一組預先確定的目標。

　　所有的真實系統都是由眾多增強迴路和調節迴路相互聯繫組成的網路而構成，而且通常都還包括一些（通常數量很少）懸擺。這些懸擺決定著我們所感興趣系統的邊界，比如系統的輸出結果，或者驅動

系統運轉的目標。

　　為真實系統繪製一幅完美的系統循環圖表需要對系統的深刻瞭解，同時也需要那種「見樹又見林」的深刻洞察力。繪製系統循環圖表的過程，可以促使我們清晰地闡述出那些我們耳熟能詳但卻很少提及的關係（比如「工作負荷」和「處理能力」之間的關係），並促使我們認識到周圍的「模糊變數」：這些變數非常重要，但很難量化，比如「老闆慷慨對員工生產率的提升作用」。

　　系統思考和系統循環圖表可以帶來很多好處：

● 藉由採納整體視角，延長了時間因素，擴大了思考範圍，系統思考有助於避免短視和本位主義。

● 透過使用系統循環圖表描述因果關係，系統思考使我們的心智模式浮現出來，讓我們可以清晰地審視我們對周圍世界如何運轉的信念等諸多構成我們決策和行為基礎的深層次理念。

● 透過將自己的心智模式與同事進行比較，系統思考為構建高績效團隊提供了基礎。系統循環圖表為我們提供了一種有力的交流方式。

● 系統循環圖表同樣也是一種探索所有備選政策和決策的工具，它可以幫助我們預先估計各項決策的後果和影響。這使得我們可以避免採取一些會為未來埋下隱患的速效療法，避免做出事後後悔的決策。

● 總之，系統思考可以說明你在決策時處於最有利的位置，讓你的決策經受住最嚴格的考驗——時間的考驗。

第 5 章

成長引擎，也是衰退引擎

5.1 　惡性循環和良性迴圈

再看一下內勤系統那張圖的中間部分（見**圖表 5-1**）。

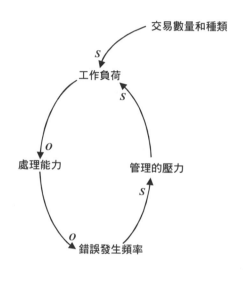

【圖表5-1】

　　假設證券市場發生了變動，並導致了相關交易活動的減少，這將減少「交易數量和種類」，從而降低「工作負荷」，其結果就是「處理能力」得以提高，而「錯誤發生頻率」則降了下來。這進一步減輕「管理壓力」，從而更進一步地降低了「工作負荷」，然後繼續提高「處理能力」……

　　每次運轉都得到了逐步的提高，這當然是增強迴路的行為。但這是好消息，而不是壞消息：系統開始良性迴圈，而不是像上面我們描述的那樣陷入惡性循環。然而，圖本身和我們原來的那一張完全相同——包括各項描述、圖的結構，以及各個 S 型連接和 O 型連接。為什麼同樣一張圖既可以表示惡性循環，又可以表示良性循環呢？

惡性循環和良性迴圈具有相同的結構

　　從結構上看，增強迴路的特徵是具有偶數個 O 型連接。從行為上看，這些迴路只能有兩種行為方式：不是惡性循環，就是良性迴圈。在實際中，一個增強迴路具體表現為惡性循環還是良性迴圈，取決於迴路的觸發方式。

　　這就是系統思考所指出的另外一個放之四海而皆準的美妙見地：惡性循環和良性迴圈從本質上講是相同的，問題就在於怎樣被觸發。在內勤系統的案例中，由於「交易的數量和種類」的降低，或者通過引進功能更強大的「有效的 IT 系統」（見**圖表 2-5**），導致「工作負擔」下降，都可能引發一個良性迴圈。然而，如果因為某種原因，導致「工作負擔」突然增加，就會觸發一個惡性循環，「服務品質」很快就會下降。

　　根據外界觸發因素的不同，同一個系統會有惡性循環和良性迴圈兩種截然不同的表現，這確實是一個值得警惕的問題。我們怎樣才能讓它穩定呢？怎樣才能避免一個起初是良性迴圈的系統突然變成惡性循環呢？這一點和很多業務的快速興衰週期非常類似。

5.2　它們具有相同的結構

　　再看一下電視製作公司的例子。不過，在這裡我將選用一種不同的語言，說明這個明顯是惡性循環的迴路為什麼同樣也是一個良性迴圈。假如公司突然攝製了一部暢銷電視劇，並帶來了顯著的收入成長，會發生什麼事情呢？

　　收入壓力突然之間就減輕了，這也將減輕成本方面的壓力。關於品質的爭論自然煙消雲散，而這一切不僅會提高我們的節目品質，也會提高觀眾收視率，而且員工的不滿也將減輕，他們樂於留下來工作；廣告商們心

情愉快，營業收入持續成長……

　　圖表 5-2 成了一個對我非常有吸引力的良性循環！

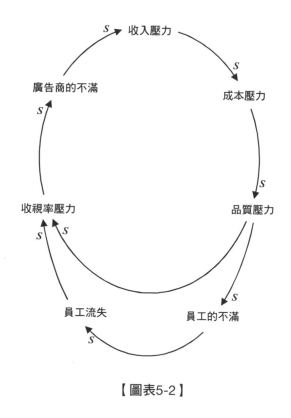

【圖表5-2】

5.3　成長引擎

　　以上例子展現了一項業務成長的驅動因素。事實上，任何一項業務的核心都是這種類型的成長引擎，我們可以將其圖示為**圖表** 5-3。

　　顯然，實際上所有業務都遠比這幅圖複雜，我們將在本書餘下的部分仔細探索這種複雜性。然而，從跨國公司到街邊商鋪，無論什麼業務，最終都在試圖盡量加快這個良性迴圈的運轉，從而讓自己的業務不斷成長。

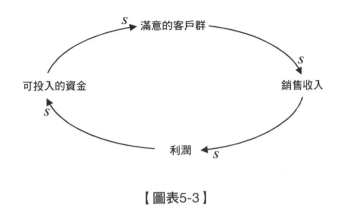

【圖表5-3】

　　滿意的客戶群愈大，銷售收入就愈多，從中可賺取的利潤就愈多。利潤提供了可供投入的資金，可以用來進行產品開發、市場行銷、廣告、管道擴展或其他經營性活動，透過讓現有客戶更滿意，或者吸引新的客戶，從而擴大滿意的客戶群。這將進一步增加利潤，從而提供更多的可投入資金……良性迴圈周而復始，我們的業務也就蒸蒸日上。一旦我們用一些初始投資啟動了這個良性迴圈，怎樣才能保證它永遠都這樣運轉下去呢？

測試：你的業務如何成長？

　　根據**圖表** 5-3 的業務成長通用模型，並且假設這幅圖是對真實世界完整而準確的描述，那麼，銷售收入是怎樣成長的？

　　圖表 5-4 的 a、b、c、d 四種成長曲線中，你會選擇哪一種？

　　如果這四種你都不選擇，那麼你的銷售收入成長曲線又是什麼樣子的呢？

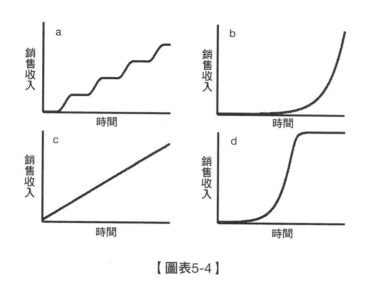

【圖表5-4】

事實上，對於**圖表 5-3** 所示的系統循環圖表而言，銷售收入隨時間而變的曲線應該類似於**圖表 5-4b**。我來解釋一下為什麼會是**圖表 5-4b**，而不是其他圖形。

我們首先可以排除**圖表 5-4a** 和**圖表 5-4d**。這兩個圖都是先成長，然後慢慢停止。**圖表 5-4d** 一直保持著成長的態勢，直至達到一個穩定的狀態；**圖表 5-4a** 則是一種階梯式的成長，總是在一段時期的成長之後被一段時期的穩定所打斷。儘管在實際中我們見到過很多這樣的例子，但對於**圖表 5-3** 所示的系統循環圖表而言，這樣的成長曲線是不可能的：一旦採用投資的方式觸發了這個迴路，那麼，每運轉一次，它都會帶來更多的收入，永無止境。由於圖中並沒有任何限制因素能夠阻止它旋轉，因此，它就會永無停歇地旋轉下去。所以，**圖表 5-4a** 和**圖表 5-4d** 都無法表示**圖表 5-3** 所示因果迴路的行為。

「這是個難題，」你也許會說，「沒有任何業務能夠無限制地成長下去！如果滿意的客戶群的規模超過了全球總人口，怎麼辦？它肯定會在什麼時候停下來的！」

　　你的觀點是正確的：確實沒有任何業務能夠永遠成長而沒有極限。但我們的問題不是「真實環境中的業務行為怎樣？」而是「根據**圖表** 5-3 的業務成長通用模型，並且假設這幅圖是對真實世界完整而準確的描述，那麼，銷售收入是怎樣成長的？」

　　由於該圖描繪的是業務沒有限制地不停運轉，因此銷售收入必然是沒有限制地不斷成長，**圖表** 5-4b 和**圖表** 5-4c 都包含這層意思。在這些圖中，無論哪一幅都不能正確反映真實系統的行為，這一事實表明我們所繪製的**圖表** 5-3 不夠完整。為了反映所有市場最終都會飽和這一現實，我們需要改進這幅圖，並增添一些新內容。我們將在 8.1 和 8.2 節詳細介紹這些內容。現在，讓我們再回到**圖表** 5-3。

5.4　成長的模式

　　由於**圖表** 5-3 所示的迴路不包含任何能夠阻止它不斷旋轉的因素，因此它肯定呈現出無限制成長的特徵，這種特徵可能如**圖表** 5-4b 所示，也可能如**圖表** 5-4c 所示。那麼，到底是哪一個呢？這兩幅圖有著本質區別，兩者的成長模式截然不同。**圖表** 5-4c 展示的是一種穩定的直線成長，而**圖表** 5-4b 則迥然相異：它以緩慢的速度起步，但一段時間之後突然激增，遠遠超出了現在的成長速度。

　　當對一個事件（這裡是年收入）連續的測量表明它在逐漸變大時，我們才會談到成長。理論上有很多種成長模式，但都表現為每一個後繼的數字都比前面的要大，或者移向圖的右邊，標誌線不斷穩定地上升。

　　在所有這些可能的模式中，有兩種模式非常特別。**圖表** 5-5 就是其中一種：

【圖表5-5】連續10年的銷售收入 （單位：千美元）

1	2	3	4	5	6	7	8	9	10
500	850	1200	1550	1900	2250	2600	2950	3300	3650

這種模式的特徵就是每年收入的成長額是一個常數。在這個例子中，就是每年持續地比前一年多出 35 萬美元。因為以時間和銷售收入為軸做出來的圖呈現為一條直線（**圖表 5-4c**），所以這種模式被稱為線性成長。

另外一種模式如**圖表 5-6**：

【圖表5-6】連續10年的銷售收入 （單位：千美元）

1	2	3	4	5	6	7	8	9	10
500	630	794	1000	1260	1587	2000	2520	3175	4000

這個模式並不很明顯，但是仍然有兩條線索。第一條線索就是在第1、4、7、10年的銷售收入分別為50萬美元、100萬美元、200萬美元和400萬美元，顯示出每過三年銷售收入就翻一番。第二條線索更為細微，需要考慮每年銷售收入成長額與上一年銷售收入的比例。比如，第四年的銷售收入比第三年成長了 20.6 萬美元（等於 100 萬美元－ 79.4 萬美元），則第四年銷售收入成長額與第三年銷售收入的比例約 0.26（等於 20.6 除以 79.4 萬美元）；第六年的銷售收入成長了 32.7 萬美元（等於 158.7 萬美元減去 126 萬美元），相應的成長比例也是約 0.26（等於 32.7 除以 126 萬美元）！實際上，用計算機稍稍一算就會發現，對於這十筆資料，這個比例是恆定的。

這一恆定的比例意味著，如果你知道了這個比例和初始值，就可以依次推算以後每年的銷售收入。在本例中，第二年的銷售收入成長額為 13 萬美元（等於 0.26×50 萬美元），所以，第二年的銷售收入總額為 63 萬美元（等於 50 萬美元＋ 13 萬美元）；第三年的銷售成長額為 16.4 萬美元（等

0.26×63 萬美元），所以，第三年的銷售收入總額為 79.4 萬美元（等於 63 萬美元 +16.4 萬美元）；其他各年，依此類推。

這是一個遞歸的過程。給定一個初始年收入值和一個恆定的成長速率，這種模式下的年收入成長可以採用如下步驟計算：

1. 設定初始值；

2. 用初始值乘以成長速率求得該時期年收入的成長額；

3. 將年收入成長額與初始值相加得到該年總收入；

4. 將該年總收入作為計算下一年年收入的初始值，返回步驟 1。

看起來很複雜。**圖表 5-7** 採用回饋迴路的方式簡潔地表述了這一過程。

【圖表5-7】

這是一個增強迴路，「每年的年收入」都會依序成長。但是，由於「下一年的銷售成長」依賴於每年的年收入，而後者本身也在成長，因此「下一年的銷售成長」也會隨著迴路的運轉而成長。由於這種依賴關係，「下一年的銷售成長」並不是一個定值，而是每年都有所增加。這種成長類型的結果就是**圖表 5-8** 所顯示的那樣逐漸上升。

這種類型的成長有一個特定的名字：指數成長。雖然起始點和成長速率會各不相同，但所有的增強迴路都會表現出這種非常特別的成長模式。

當然，這種模式大家都很熟悉，比如複利投資就表現出同樣的模式（見**圖表 5-9**）。

　　圖表 5-10 也表現出同樣的模式，不過這次的背景是任何物種的數量成
長。

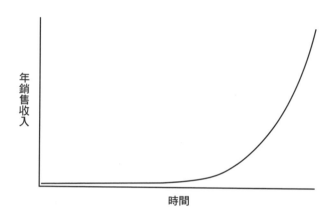

【圖表5-8】

【圖表5-9】

【圖表5-10】

　　你肯定已經注意到，這些迴路中都包含了一個懸擺，用以表示某種形式的成長速率。這些懸擺扮演了系統驅動力的角色，決定了增強迴路旋轉的速率。我們將這樣的懸擺稱為速率懸擺。

　　速率懸擺解釋了為什麼增強迴路既能用於表示成長，也能用於表示衰退：這完全依賴於成長速率的正負號。考慮前面業務的例子，觀察一下**圖表** 5-11。

　　如果「成長速率」是正數，則「下一年的銷售成長」也是正數，從而「每年的年收入」就會成長；然而，如果「成長速率」是個負數，則「下一年的銷售成長」也是負數，「每年的年收入」就會衰退，形成一個惡性循環，見**圖表** 5-12。

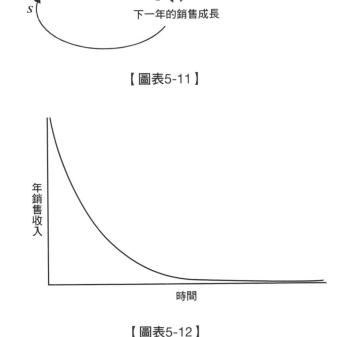

【圖表5-11】

【圖表5-12】

所有增強迴路的行為

> 根據迴路觸發情況的不同，所有的增強迴路要麼表現為指數成長，要麼表現為指數衰退。

這是另一個令人驚訝不已，卻又放之四海而皆準的原則：根據迴路觸發情況的不同，所有的增強迴路要麼表現為指數成長，要麼表現為指數衰退。無論迴路的真實背景如何，採用什麼概念來描述，它們都表現出同樣的本質行為。無論是投資基金因複利而成長，或者因通貨膨脹而縮水，還是細菌在實驗室環境下因細胞分裂而增多，或因試驗藥劑而減少，都不會改變其本質。只要是一個可以用增強迴路來描述的系統，其結果必然是指數成長或指數衰退。有些系統可能成長或衰退得非常迅速，有些則相對緩慢，但其本質行為仍然是一樣的。

對於分辨指數成長和時間序列資料以及相關的圖，這裡還需要補充一點。以**圖表** 5-13 為例，它表示了一個小社區在 19 世紀中的人口成長。

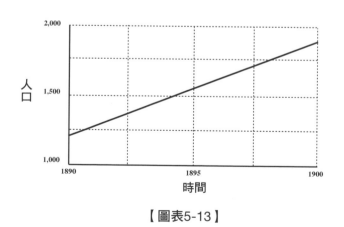

【圖表5-13】

這幅圖看起來是在線性成長，但事實並不是這樣，如**圖表** 5-14 所示。你會發現實際**圖表** 5-13 所示的內容只是它的一部分。

　　這當然是一個指數曲線。然而，如果你從這條曲線上截取的線段足夠小，那麼它的形狀很可能看起來就是一條直線了。因此，當你根據小樣本來解釋其背後的行為時——尤其是被研究系統的時間觀察尺度非常大的時候，需要警惕如下問題：你的第一印象有可能會對你產生誤導。同樣，指數成長的初期通常非常緩慢，而且在它迅速成長之前，可能會需要非常長的時間，這一點在下一個故事中呈現。

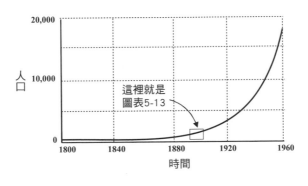

【圖表5-14】

5.5　指數成長非常快

測驗：青蛙與睡蓮

　　池塘的另一邊有一片睡蓮。一天，池塘裡面流進來了一些具有刺激睡蓮生長的化學汙染物，它們可以讓睡蓮每 24 小時成長一倍。這對青蛙而言是個問題，因為如果睡蓮覆蓋了整個池塘，青蛙就將被趕出池塘。

● 你如何描述睡蓮的成長？

● 如果睡蓮可以在 50 天內覆蓋整個池塘，那麼什麼時候池塘會被覆蓋一半？

● 如果青蛙有一種阻止睡蓮生長的方法，但是需要花 10 天時間來將這個方法付諸實施。請問池塘被睡蓮覆蓋的面積最大可以達到多少百分比時，青蛙仍然還有可能採取行動挽救自己？

　　這個故事的成長模式就是每經過一定的時間（這裡是 24 小時），睡蓮就會成長一倍。就像我們所見到的那樣，這正是指數成長的特徵之一。事實上，所有生物種群都將不可避免地指數成長，只不過每一時刻的成長速率都由當時的出生速率和死亡速率之差確定而已，這一點可以見**圖表 5-10**。

　　如果睡蓮需要 50 天才能覆蓋池塘，而且它們每天成長一倍，那麼第 49 天結束的時候，池塘就將被遮蓋掉一半——而不是在第 25 天。如果成長是線性的，那麼池塘確實會在第 25 天結束時被睡蓮覆蓋一半。很多人對第二個問題的回答是 25 天，這在很大程度上可能是因為對於大多數人來說，想像線性成長的情形要比想像指數成長的情形來得容易。

　　一旦指數成長開始表現出要快速成長的跡象，它的成長速度就確實非常快。因此，從另一個角度看，結論就是指數成長開始的時候非常慢。第三個問題就特別強調了這一點。

　　這個問題指出，青蛙可以阻止睡蓮的成長，但是一共需要 10 天時間才能完成這項工作。因此，如果它們希望自己的工作能夠收到效果，則它們最遲也要在第 40 天結束之前開始行動；否則，它們就必然會落後於睡蓮——睡蓮們將會贏得這場競爭。一旦時間走過了第 40 天，青蛙就只能束手就擒了——它們的末日到了。

　　40 天的時候池塘會被睡蓮覆蓋多少？解決這個問題的最簡單方法就是倒推。我們已經知道，到第 50 天結束的時候池塘會被睡蓮完全覆蓋；第 49 天結束的時候被覆蓋二分之一；第 48 天結束的時候被覆蓋四分之一（$1/2 \times 1/2 = 1/4$）；第 47 天結束的時候被覆蓋八分之一（$1/2 \times 1/2 \times 1/2 = 1/8$，二分之一的三次方）……依此類推。這意味著在第 40 天結束的

時候，也就是青蛙能夠採取行動的最晚時間，此時池塘已經被睡蓮覆蓋了1024 分之一（二分之一的十次方）。

二分之一的十次方是一個非常非常小的數字，約 0.00098，比千分之一還要小。就這樣，在必然滅亡的 10 天之前，睡蓮所覆蓋的面積尚不到整個池塘的千分之一！

從池塘這邊青蛙的觀點來看，它們必須對很遠很遠地方發生的、非常非常小的事情保持警惕，並及時採取行動。如果它們在危險真正降臨之前沒有採取行動，比如它們突然發現睡蓮已經覆蓋了池塘的四分之一，甚至是二分之一，那麼，一切都晚了。

所有增強迴路的自然行為——指數成長，可能會將你引入歧途。在初期，它成長得如此緩慢，以至於你很難注意。但突然之間，它就變成了一個龐然大物。

因此，當你下次在報紙或電視上看到關於全球暖化、化石燃料耗盡、臭氧層漏洞，或者是鳥類昆蟲種類減少等類似消息時，希望你會想起這些青蛙——這一主題我們將在第 11 章詳細探討。

蕨藻薄層

2001 年 2 月 9 日，BBC 播放了一段 50 分鐘的電視節目《地平線》。下麵是電視節目預報雜誌《無線時報》從該節目大綱中摘錄的一部分：

巨大的克隆怪物在美國水域中自由飄蕩

不，這並不是一部科幻小說的宣傳片，本星期的《地平線》將向你講述一場極度可怕的海面現象：殺人藻非常厲害，而且沒有天敵，它們對海洋生物和人類都有高度的毒性。

1980 年代，水族館使用一種頑強而美麗的綠色藻類——蕨藻薄層（caulerpa taxifolia）來裝飾水箱。到了 1984 年，這種藻類從摩納哥的海洋博物館中「溜」了出來，並在博物館窗外的地中海

占據了一小塊地盤。現在，不到二十年時間，這種藻類已經從一種被隔離的觀賞生物變成了引發一場全球生態災難的危險物。

蕨藻先是在大部分地中海海面上形成了一層綠地毯。英國的海水對它們而言溫度太低，無法立足，但去年它們抵達了太平洋，出現在加利福尼亞海岸和澳大利亞海岸。

法國生態學家亞歷山大·梅因茲最早於 1989 年敲響了蕨藻警報，但是在他最近出版的《殺人藻》（*Killer Algae*）一書中，他總結道，經過這麼多年的否認、搪塞和無動於衷，「儘管在這場入侵剛開始的時候，我們就認識到必須徹底消滅殺人藻，但是現在看來，我們只能將它和美夢歸為一類。」

覺得這像不像青蛙與睡蓮？

5.6　明確的懸擺和隱含的懸擺

由於包含一個明確指出成長速率的懸擺，**圖表** 5-15 是一個完整的圖。

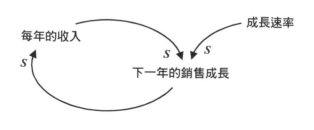

【圖表5-15】

與之相對應的是，**圖表** 5-16 中沒有明確包括任何懸擺。實際上，與這張圖相關的懸擺是一個隱含的懸擺——即使沒有懸擺，我們仍然可以看出

這幅圖是一個增強迴路，它會引起指數成長或者指數衰退。

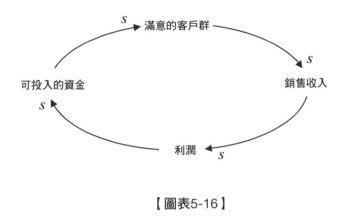

【圖表5-16】

當然，如果願意，我們也可以在圖中添上懸擺，如**圖表 5-17** 所示。

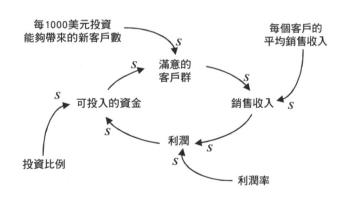

【圖表5-17】

在**圖表 5-17**，對於給定的「滿意的客戶群」，「每個客戶的平均銷售收入」決定了「銷售收入」；對於給定的「銷售收入」，「（銷售）利潤率」決定了「利潤」；「投資比例」代表了公司將多少利潤用於再投資的政策，

這決定了「可投入的資金」數量;「每 1000 美元投資能夠帶來的新客戶數」描述了公司直接銷售（或者其他方式）的有效性。最終的效果就是決定了任意時刻業務的成長速率。如果假設最初的「滿意的客戶群」是 5000,「每個客戶的平均銷售收入」是 100 美元,「利潤率」是 20%,「投資比例」是 65%,「每 1000 美元投資能夠帶來的新客戶數」是 20,你就可以根據這個環運轉的次數來計算各項因素的成長情況,參見 5.4 節的**圖表 5-6**。不同的資料會帶來不同的成長速率,但是,無論數字怎樣變化,回饋迴路的總體結構是不會變動的——它永遠都是一個增強迴路。如果驅動迴路前進的變數保持恆定,它就會永無停歇地以指數級成長下去。

有時候,在圖中明確表示出懸擺,不僅不會增加圖的可讀性和清晰性,反而會讓圖中的內容過於繁瑣。因此,很多時候都會故意省略掉大多數懸擺,只畫出那些能夠為理解圖提供有效資訊的懸擺。就像我們已經看到的那樣,明確表示出來的懸擺通常都代表關鍵的外部政策、目標或者驅動因素。通常被忽略掉的懸擺大都和輔助參數相關,就像**圖表 5-17** 所示的那樣,它們通常都可以從整幅圖的語義中推測出來。

5.7　繁榮和衰退

讓我們重新回到業務成長的話題上來。在 2000 年 10 月 17 日下午 12 點 25 分,在英國一個叫做哈特菲爾德的小鎮邊上,一輛從倫敦開往里茲、以 185 公里時速行駛的列車發生了撞車事故。4 名乘客當場死亡,33 名乘客受傷。事故的直接原因是一根壞了的鐵軌,但是更深層的原因卻在於負責英國鐵路、車站和信號燈維護和檢修的鐵路軌道公司,這家公司沒能進行有效的檢查、保養和修理。然而,很多人相信根本原因仍然隱藏在更深的層次下面。他們認為,根本原因在於繼 1994 至 1997 年將遍及全英國鐵路行業的國有企業——英國鐵路公司私有化之後,英國鐵路行業被分裂了。

在英國鐵路公司仍存在的時候，所有的軌道、信號、車站和火車都按照統一的方式運行，整個系統的責任都由一家公司承擔。但在私有化的時候，共有 25 家公司獲得了鐵路經營特許權，而新成立的鐵路軌道公司則負責鐵軌和信號——後者於 1996 年 5 月 20 日在英國股市以每股 390 便士的價格上市。沒有一家完整的公司對整個高度聯繫的系統負責任，因此很多人都說，發生一些可怕的事故一點都不足為奇。發生在哈特菲爾德的事故已經是私有化之後的第三起：1997 年 9 月 19 日發生在倫敦西區紹索爾的事故死亡了 7 個人；1999 年 10 月 5 日發生在倫敦帕丁頓車站的事故死亡了 31 個人。

在哈特菲爾德車禍之後的幾個月裡，鐵路軌道公司針對緊急情況開展了一個範圍很廣的專案，但實施這個專案需要關閉一些線路；與此同時，很多沒有關閉的線路也將限速。這個專案的影響是巨大的；原來需要 1 個小時的旅程現在大概需要花費 4 個小時——如果火車還能開；由於鐵路運營公司無法正常運營，其因自己的無過錯行為而流失了大量的旅客和收入，因此，鐵路軌道公司被迫向他們提供數以百萬計的賠償；旅客非常憤怒，而英國國內的航空航線則撿到商機。

測試：迴路在哪裡

這是英國報壇領袖《泰晤士報》（*The Times*）發表於 2000 年 11 月 24 日的一篇文章的節選：

> ……原來的英國鐵路公司所擁有的一項經營成果就是旅客數量穩步成成長，而現在這一切已蕩然無存。但是，鐵路公司很快就將面臨一個惡性循環——其中的一部分已經離破產不遠了。他們需要投資以吸引旅客回到鐵路，但是，如果他們的收入縮水，他們就缺乏能夠實現這一點的資源。

　　你現在是否已經意識到這確實是一個系統問題，而且非常典型？其背後的系統循環圖表是什麼？它的行為如何？

　　事實上，這個故事背後的系統循環圖表我們在前文已經見過了，如**圖表** 5-18。

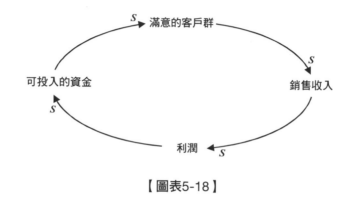

【圖表5-18】

　　就像《泰晤士報》裡描述的那樣，私有化之後不久，隨著愈來愈多的人開始乘坐火車旅行，「滿意的客戶群」開始成長，因此鐵路運營公司的「銷售收入」和「利潤」也在成長。這種成長帶來了更多的「可投入的資金」，進一步擴大了「滿意的客戶群」，鐵路行業就這樣製造了威力無比的指數成長引擎。

　　然後就是一系列的撞車事故。由於公眾接受了事故總會不時發生的觀念，1997 年發生於紹索爾的第一起事故並沒有引起很大的影響；1999 年發生在帕丁頓車站的第二起事故則激起了很大的民憤；而一年後發生在哈特菲爾德的事故點燃了「導火線」。這對客戶產生了巨大的心理衝擊——鐵路旅行者通常對安全都期待甚高，但是突然之間，鐵路服務的安全蕩然無存——「滿意的客戶群」急劇減少。幾乎一夜之間，「銷售收入」暴跌，「利潤」煙消雲散，如果沒有政府的幫助，幾乎看不到任何吸引「可投入的資

金」的希望……

　　《泰晤士報》的文章明確指出，鐵路公司「面臨著一個可怕的惡性循環」。這個惡性循環造成了一次巨大的衝擊，簡直就是所有惡性循環中情形最糟糕的那種。繁榮之後緊接著就是衰退──指數成長突然之間變成了指數衰退，如**圖表** 5-19 所示。

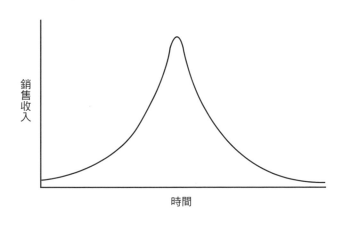

【圖表5-19】

　　繁榮和衰退週期在商業世界中極為普遍，這就引發了兩個問題：

　　1. 為什麼衰退發生得如此迅速，如此劇烈？

　　2. 為什麼一旦開始衰退，想阻止它就那麼困難？

　　系統思考以及我們剛剛討論過的簡化系統循環圖表，為這些問題提供了一點希望。

　　衰退發生得如此迅速的原因就在於，系統的基本結構沒有發生變化。通常都是一個外部事件（可能僅僅是一件）的發生啟動了衰退的進程，將增強迴路從指數成長推向了指數衰退。在英國鐵路的例子裡，正是哈特菲爾德的事故將客戶群體的態度，從一直都很滿意突然變成了非常不滿。在商業世界中，這樣的例子還有很多。

拉特納的首飾連鎖店

1980 年代，英國商業社會中的一位金童就是吉羅德·拉特納（Gerald Ratner），他建立了一個遍及全英國的首飾經營網路，銷售黃金項鍊、手表、家居禮品以及其他東西。拉特納得到了人們的高度讚揚和崇拜，被稱為一位神奇的商人，他的公司很快攀升到成功的頂點。然而，拉特納的一句話毀掉了這一切。1991 年 4 月 24 日，拉特納被邀請到英國總經理協會去做演講。在演講中，他將成功歸結為他的首飾店只是在銷售「垃圾」（原話如此）。

不出人所料，這次演講在報紙和電視上得到了廣泛的報導，同樣不出人所料的是，他一直以來的忠誠客戶群（包括一些十來歲的少女，她們通常定期來購買一件新首飾以度過周末），突然決定以後到別的地方去採購。

這是一個業務所不能承受的衝擊，導致此後持續衰退。

衰退之所以很難抗拒，主要原因有三個。首先是出人意料：衰退開始得如此之快，以至於每個人都是在沒有覺察的情況下被捲進去的。其次是因為系統的結構沒有發生變化，管理者根本不知道自己悉心構建的成長引擎為何突然變得如此惡化，他們不知道該採取哪些與以往不同的行動。尤其是在遭受到來自於系統之外的衝擊時，這種情況表現得更加明顯。在鐵路這個例子中，事故發生在哈特菲爾德，倫敦北邊的一個小城鎮，而其後果卻波及了整個國家。最後是指數衰退無情的動態特性——一旦啟動，就如同一個指數級惡化的飛輪，顯示出無窮的威力。還記得那些青蛙嗎？

鐵路事件的結局

2001 年 10 月 7 日，一個周日的清晨，英國各大報紙的頭條等刊出了英國政府的一項聲明。聲明指出，英國政府將任命一位大臣來接

管鐵路軌道公司的事務。簡而言之，將結束已經私有化的鐵路軌道公司的業務，由政府接管。下面來看看《星期日泰晤士報》（*Sunday Times*）是怎樣報導這一頭條新聞的：

破產的鐵路軌道公司乞求政府的拯救

擁有英國鐵路網的鐵路軌道公司，正在破產的邊緣步履蹣跚，並正在與政府協商拯救事宜。在鐵路軌道公司的管理者採取種種措施，試圖將公司從危急的財務狀況中拯救出來的努力未果之後，安永會計師事務所可能將於明天接管這家公司的日常運作……明天，鐵路軌道公司就會宣布停止他們在倫敦股票交易所的股票交易，股票名稱將被從交易所上市股票名單中除去。

圖表 5-20 就是至 2001 年 10 月 7 日鐵路軌道公司的股票價格變動情況。

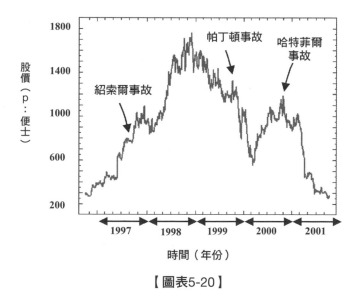

【圖表5-20】

如果一項業務具有足夠的幸運、恢復力、慣性以及資金，能夠使其掙

扎過這段下降期而沒有遭到清算或破產，它就可能會堅持到再次成長的那一天，就像鐵路軌道公司在帕丁頓車站的事故後開始恢復那樣，就像 IBM 在意識到個人電腦（PC）市場的重要性之後捲土重來那樣。然而，鐵路軌道公司沒有能夠從哈特菲爾德事故的餘波中挺過來，從而只能在一年內關門大吉了。

測試：網路公司

圖表 5-21 是一張亞馬遜網路書店在納斯達克的股價圖，從 1997 至 2001 年，這家公司一直都是電子商務方面最成功的公司。

它再次顯示了繁榮和衰退。你認為其背後的系統循環圖表是什麼樣子？

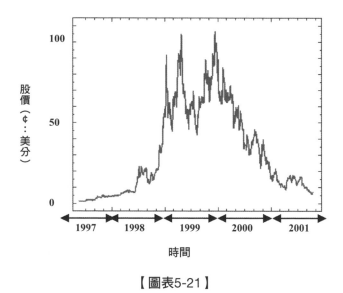

【圖表5-21】

我認為其背後的系統循環圖表應該是類似於圖表 5-22 這樣。

報紙、廣播和電視中有利的媒體評價開始影響「投資者的感受」：這個世界已經用網路聯繫起來了，我輕點滑鼠就能完成購物，為什麼還要驅車去商場呢？隨著愈來愈多的投資者認為在網路公司投資是個不錯的主

意，「股票價格」自然就上升了，然後，媒體理所當然地強調網路公司是如何成功了……指數成長就這樣啟動了。

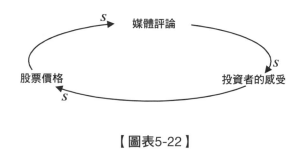

【圖表5-22】

然後就發生了一些事情——可能是某一兩個頗具影響力的新聞記者冒險站了出來，也可能是某家銀行開始收回對某些過於燒錢的網路公司的貸款。於是，突然之間，「投資者的感受」發生了變化——這些新出現的網路公司可能有點危險，也許將我的積蓄投入到那些傳統行業中擁有優良紀錄的公司會更好一些。因此，「股票價格」開始回落，如果這一切發生得非常迅速，就很有可能導致一場看起來不可阻擋的指數衰退。

這張系統循環圖表並不僅僅適用於網路公司。這種投資的繁榮和衰退週期已經出現幾個世紀了——從 1630 年代中期荷蘭的「鬱金香熱」到英國的「南海泡沫」。後者在 1720 年 9 月 10 日開始繁榮，一直持續成長，直到 1920 年代晚期才衰落。儘管環境有所不同，但背後的系統循環圖表仍然是一樣的。

現在，我們已經很多次見到了這樣的情況：系統思考為複雜系統的真實行為提供了一些美妙的、放之四海而皆準的真知灼見。

5.8　增強迴路可以相互連接

圖表 5-23 是電視製作公司那個例子中的系統循環圖表。正如我們所

見，這由兩條增強迴路構成，而且兩條迴路相互增強。當雙環都處於良性迴圈而不是惡性循環時，它們之間的相互作用能夠成為非常強力的成長引擎。

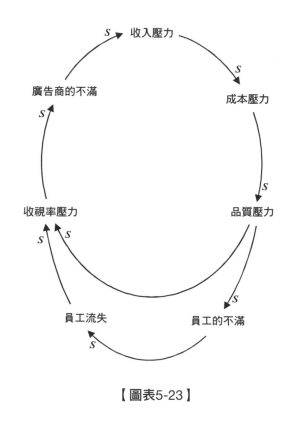

【圖表5-23】

這只是相互連接的增強迴路的一個例子。**圖表 5-24** 是另外一個例子，這無論是在商業世界，還是在其他領域，都很常見。

我有一個需要達到的目標，我希望達成「我的目標」的意願非常強烈。你也有一個需要達到的目標，同樣地，你希望達到「你的目標」的意願和我一樣強烈。但是，為了達到你我的目標，我們都需要使用資源——可能是資金，也可能是人力資源或設備。「我的資源需求」愈大，「我的資源消耗」也愈大，你那邊的情形也一樣。然而，這些資源是共用的，都來自

於同一個資源池，而且受到「資源總量」的限制，是一個有限的數字。「我的資源消耗」愈大，「剩餘資源」就愈少——無論對於你現在（因為我已經將它們全取走了）而言，還是對你我的未來資源需求而言，都是如此——因此，這是一個 O 型連接。同樣地，「你的資源消耗」愈大，「剩餘資源」就愈少，這也是一個 O 型連接。

對於給定的資源消耗水準而言，「資源總量」愈多，「剩餘資源」就愈多，因此這是 S 型連接。如果有足夠的資源，可以輕易滿足你我的資源總需求，就不會有問題。但隨著「剩餘資源」愈來愈稀缺，「我害怕你給我留的資源不夠」這一擔心積累到一定地步後，我就可能採取其他的行動（從而這個連接應該是一個 O 型連接）：可能我會偷偷地儲藏一些資源讓你拿不到；或許我會高價求購一些資源，以應對意外事件。無論採取什麼方法，造成的後果都是「我的資源需求」更加膨脹。與此同時，你也在進行著類似的活動。

圖表 5-24 由兩幅相互連接的增強迴路組成，分別有兩個政策輸入懸擺（我們各自希望實現自己目標的意願）所驅動，而第三個懸擺標明了資源總量限制。這個系統的行為就是隨著你我的行動，不斷將稀缺資源變得更加稀缺。

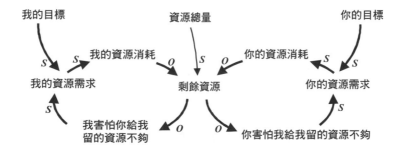

【圖表5-24】

在商業世界中,這是如何發生的?

這種情形在商業世界中出現過嗎?如果出現過,是在怎樣的環境下?發生了什麼事情?商業之外的環境又如何?

根據我的經驗,這幅圖存在於很多業務中。可能出現在對預算的爭論中,在這種情況下,我們都在為了從有限的資金中獲取更大的占比而爭論不休;也可能是關於專案團隊成員的爭吵,我希望愛麗森成為我的團隊中的一員,而你卻希望她加入你的團隊;可能是關於對 IT 開發團隊的控制權的爭奪;也可能是為了爭取更多的客戶而你爭我奪。這些情況在商業世界之外也有發生,比如從鄰里之間關於噪音的爭論(這裡的「有限資源」就是寧靜與噪音),到鄰國之間關於河流供水的爭鬥。

這種情形可能會出現一系列的結果,其中最常見的就如**圖表 5-25** 所示。

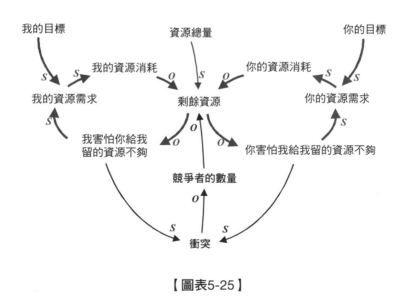

【圖表5-25】

我們可能會發生一場爭吵，或者發動一場戰爭。「衝突」持續加深，最終會減少「競爭者的數量」，這樣，「剩餘資源」就全歸我了。問題似乎就這樣解決了——但是，真的解決了嗎？

「衝突」的存在會進一步引入兩條迴路：隨著「衝突」的加劇，「競爭者的數量」會不斷減少（從而是個 O 型連接）；隨著競爭者數量的減少，獲勝者可支配的「剩餘資源」愈來愈多（另一個 O 型連接）。因此，如果我是獲勝者，這將降低「我害怕你給我留的資源不夠」的擔心，從而緩和了進一步「衝突」的可能性——至少暫時如此。

觀察整條迴路，可以發現一共有三個 O 型連接，因此這是一條調節迴路。至此，整幅圖的結構就是兩條相互連接的增強迴路和兩條相互連接的調節迴路相互作用，整體作用就是引入一定程度的穩定——即使是以消滅一些最初的競爭者為代價。然而，如果確實是真正有限的資源，比如肥沃的農田、水或者石油，即使只剩下一個人，沒有其他的競爭者，也無法排除這位參與者會將所有資源消耗殆盡的可能性。

踩下剎車

這個例子是一條非常重要的一般規則的一個實例。這條一般規則是：當和增強迴路相互作用時，調節迴路的作用就是減緩增強迴路的成長速度（無論正負）。當然，減緩是相對於沒有調節迴路時增強迴路所表現出來的成長速度而言的。

為了證實這一點，再看一看**圖表 5-25**，並考慮一下只有增強迴路時系統的行為。隨著「我的資源需求」的成長，「我的資源消耗」也在成長，消耗掉更多「剩餘資源」，這將加重「我害怕你給我留的資源不夠」的擔心，從而再度刺激了「我的資源需求」，於是增強迴路每轉一圈，空氣就緊張了幾分。

現在加入調節迴路。同樣地，我對「剩餘資源」的過度消費再次

刺激了「我害怕你給我留的資源不夠」的擔心,但是現在同時觸發了兩個動作。「我的資源需求」和以往一樣再次上升,但與此同時,「衝突」發生了。如果這導致了糾紛,就會減少「競爭者的數量」,「剩餘資源」就愈多。

引入調節迴路的結果就是「剩餘資源」受到兩方面的影響:一方面,是你和我的資源消耗還在繼續;另一方面,「競爭者的數量」的減少在一定程度上產生了緩和作用(可能會有一定時滯)。最終的效果就是「剩餘資源」要比沒有調節迴路時剩下的資源多一些,這意味著增強迴路的行為得到了減緩——如果沒有完全停止。

這一解釋非常通用,並且適用於一切調節迴路和增強迴路相互作用的場合:調節迴路的作用就是為增強迴路提供「剎車」功能。這種功能的效果如何視具體背景和情況而定,但是,調節迴路可以減緩增強迴路的作用這一一般規則,卻是普遍適用的。我們還可以參閱 8.1 節中「成長上限」那一段文字。那種結構就是增強迴路和調節迴路的組合,被稱為「成長上限」。

幸運的是,不折不扣的衝突並不是這兩個增強迴路唯一可能的結果。在吵架或者戰爭之前,**圖表** 5-26 所示的情形可能會先發生,「求助於更高權威」這一行為限制了我們兩個人的資源消耗。

每個父母都知道,是母親(或者父親)最終決定讓爭奪不休的孩子看哪個電視頻道——而且,睿智的父母還會不時地檢查一下,以確定占優勢的孩子沒有將頻道轉回去。圖中沒有標示出另一種解決方案——再買一台電視,從而增加「資源總量」。

每個中層經理都知道,是老闆對員工分配做出最終的裁決;每個總監都知道,是總經理在投資決策上擁有最終發言權;每個總經理都知道,是政府制定反壟斷或者反托拉斯方案,阻止了一家公司壟斷一個行業;每位

公民都希望，大英聯邦能夠讓那些「戰爭狂」政客恢復理智。但正如國際聯盟慘澹的命運所表明的那樣，只有和有效的「管制資源配置」相結合，「求助於更高權威」才能發揮作用。

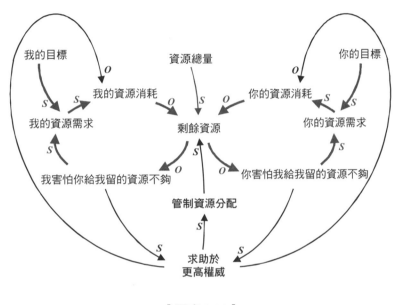

【圖表5-26】

　　然而，我們不必如此沮喪，因為還有第三種可能，如**圖表 5-27** 所示。這幅圖大為不同，因為它描述了一個迥然不同的理念。這幅圖不再強調我們對稀缺資源的競爭，取而代之的是參與者看到了合作的意義，從而試圖就如何最佳共用資源達成一致。我對「需要合作的認識」愈強，「我參與共同設定目標的意願」就愈強，其結果就是影響了「我的目標」，使其更符合我倆「剩餘資源」的實際情況。拋開如何分割「剩餘資源」這一爭吵，我們會就我們的目標達成共識，並各自相應限制自己的資源消耗。這種方法同樣引入了兩個調節迴路，但它們和增強迴路相互作用的方式與前面的方法有所不同，如**圖表 5-27** 所示。

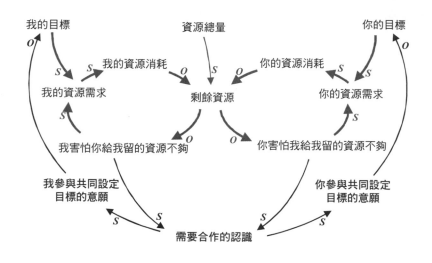

【圖表5-27】

　　哪種方法是更為可靠的長期解決方案呢？這要取決於你的世界觀。如果你是一個達爾文主義者，相信「物競天擇、適者生存」，在第一種情形下，你會選擇員警；在第二種情形下，你會選擇動用軍隊。如果你擁有其他的世界觀，你可能會祈求神賜予智慧。然而，智慧本身就依賴於一種稀缺的東西（如**圖表 5-28** 所示）。

　　如果我不相信你，我會微笑著坐在談判桌旁，背地裡卻做出各種花招。你可能會為了加強你的承諾的可信度，而率先降低了你的目標；但是為什麼你相信我也會這樣做呢？但如果我們彼此信任，這種方法就肯定更為持久，尤其是假如我們都認為共同合作尋找新的方法，以增加資源總量，是個不錯的主意時，效果就更為明顯。也許我會將原來打算使用掉的資源投入到「尋找新資源或可回收資源」上去，因為這樣做不僅僅意味著我認識到了一個更為遠大的目標，而且還意味著「你的目標」和「我的目標」達成了部分一致（如**圖表 5-29** 所示）。

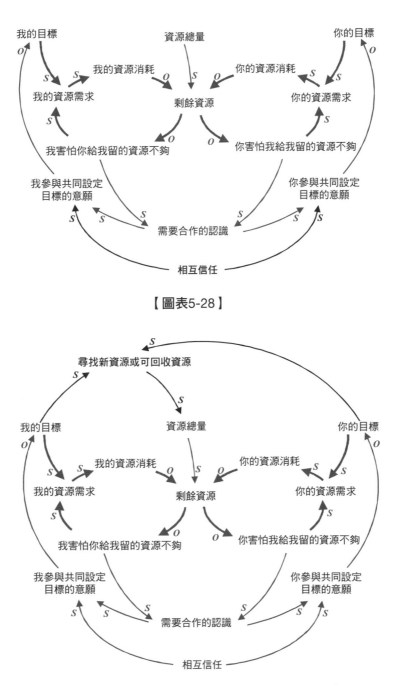

【圖表5-28】

【圖表5-29】

最終這個系統循環圖表變得非常複雜（儘管如此，我相信你還是能夠完全理解的），它包含六個相互連接的回饋迴路：最初兩個增強迴路，以及四個額外的調節迴路。除了一個例外，圖中的每一個項目都至少位於一條迴路上。這唯一的一個例外，就是「相互信任」。這是唯一的懸擺，它的存在或消失驅動了整個系統。對於我來說，它的含義是完全真實的。

這個故事展示了基於對某種公共資源的分享而連接起來的兩個增強迴路，它們相互作用，可以產生衝突。同時，我們也探討了三種不同的解決方法。每一種方法都是引入兩個額外的調節迴路，這些調節迴路會根據人們採取的政策不同，以不同的方式起作用。有兩種方法是試圖透過改變稀缺資源的分配規則來減少衝突；另外一種方法是改變了雙方產生對稀缺資源需求的規則。然而，這三種方法是以相同的內在機制起作用：兩個調節迴路產生了「剎車」的作用，限制了兩個增強迴路失去控制的指數成長。

我們將在第8章進一步深入探索增強迴路和調節迴路之間的相互作用，而在第6章，我們將探討系統思考第二個基本構成模組——調節迴路的作用機制。

第 6 章

制定目標，尋找目標

6.1　關於調節迴路的更多內容

圖表 6-1 是我們前面已經討論過的向杯中倒咖啡的調節迴路。

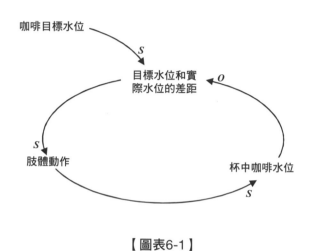

【圖表6-1】

這個迴路如何？

　　稍微花點兒時間回想一下這幅圖，並確信你理解它，尤其是那些 S 型連接和 O 型連接。假設我正在向杯中倒咖啡，試著畫一幅「杯中咖啡水位」隨著時間變化的圖。

　　這個迴路中包含奇數個 O 型連接，因此是一個調節迴路，其中「杯中咖啡水位」最終會和「咖啡目標水位」相一致。如果我小心地向杯中倒咖啡，「杯中咖啡水位」隨時間變化的情形應該如圖表 6-2 所示。

　　如圖表 6-2 所示，「杯中咖啡水位」穩步到達「咖啡目標水位」。一旦達到了目標，系統就靜止下來，直到永遠。

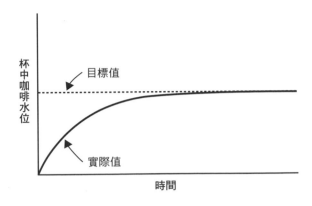

【圖表6-2】

如果我並不是特別小心，那又會發生什麼呢？

考慮一下，假如我在倒咖啡的時候突然走了一下神，會發生什麼呢？我會採取什麼行動呢？這和系統循環圖表有什麼聯繫？此時，「杯中咖啡水位」隨時間變化的曲線又該如何呢？

這項練習並不是微不足道的，尤其是和系統循環圖表相關的第三個問題，因此，花一些時間多考慮一會兒是值得的。

你應該能想起來，杯中的目標咖啡水位被設成了半杯，因此，如果我僅僅是走神了一下，我會倒的比半杯多一點，但是我很可能在咖啡溢出之前發現問題，從而避免弄得一團糟。那時候又會發生什麼呢？我會小心地傾斜杯子倒出一些多餘的咖啡，但是如果我又不小心走了一下神，我就可能倒多了，這樣我就不得不再向裡面倒一些。最終，經過一些調整，達到期望的水位。

這和系統循環圖表有什麼聯繫呢？讓我來解釋一下，由於需要仔細的思考，因此我將盡量解釋得詳細一些。我將從我注意到杯中咖啡超過半杯位置並剛剛停止倒咖啡的時候開始解釋。此時，「杯中咖啡水位」已經高

於「咖啡目標水位」了。如果我定義「目標水位和實際水位的差距」等於目標水位減去實際水位，那麼此時這一差距是個負數。我倒的咖啡超出半杯愈多，這個負數就變得愈大。

在迴路方向上，連接「目標水位和實際水位的差距」和「肢體動作」的 S 型連接告訴我們，這兩者的變動方向相同。隨著「目標水位和實際水位的差距」向負方向變得愈來愈大，「肢體動作」也變得愈來愈大。但是「負的」肢體動作意味著什麼呢？如果「正的」肢體動作是向杯中倒入咖啡，那麼「負的」肢體動作就只有一種選擇：從杯中倒出咖啡。當然，這正是所發生的事實。我們所發現的就是系統循環圖表預測到了這一點，並告訴了我們該怎樣去做——負的「目標水位和實際水位的差距」指導我們將咖啡倒出來。

從「肢體動作」到「杯中咖啡水位」同樣是一個 S 型連接，因此，如果「肢體動作」是「負的」，就意味著實際水位在下降——當我們將咖啡倒出來的時候，事實的確如此。

警告：下面這部分是很多人都感到頭疼的。系統循環圖表中「杯中咖啡水位」和「目標水位和實際水位的差距」之間存在著一個 O 型連接。這意味著它們的行為方向是相反的。因此，如果「杯中咖啡水位」在下降，則「目標水位和實際水位的差距」肯定要增加——增加的意思就是說在向正的方向移動，你應該還記得，在我們開始討論這幅圖的時候，我們是從「目標水位和實際水位的差距」為負的時候開始的。因此，如果這個數字在向正向移動，那麼這個差距就逐漸向零靠近。

系統再一次尋找杯子半滿這一目標。

再看一看前面這幾段

很少有人能在第一遍完全理解上面的內容。因此，花點時間再讀一遍以確認你確實理解了這一段。關鍵問題在於，為了嚴格地描述迴

路的行為，所有的因素都是帶有符號的數字，就是說，它們前面都帶有一個正號或負號。通常當它們帶著正號時，我們不會想起它，甚至都沒有這個意識。事實上，迄今為止，除了這個例子之外，本書中所提到的各個例子中每個數字前面都隱含著一個正號。這是第一個涉及負號的例子。這裡的關鍵在於，當你增大一個負數（比如 –3）時，它會向正的方向變動（比如 –2），而不是向負的方向變動（它不會變成 –4）。

現在假設我將咖啡倒出杯子的時候一不小心倒多了，這樣「杯中咖啡水位」就低於「咖啡目標水位」了。因此，此時「目標水位和實際水位的差距」就成了一個正數，因此我就得採取正的「肢體動作」，也就是向杯中倒入咖啡。之所以這樣做，就是因為兩者間的 S 型連接。這一動作對「杯中咖啡水位」具有正面影響（又是一個 S 型連接），因此「杯中咖啡水位」又開始上升，這完全符合常識。「杯中咖啡水位」的上升導致「目標水位和實際水位的差距」的減少（因為 O 型連接），這一事實表明，系統再一次接近了它的目標。

這一過程可以使用一幅很容易理解的圖來表示，**圖表 6-3** 就表示了杯中咖啡水位隨著時間演變的過程，不過稍有點誇張。

這幅圖生動地表現了咖啡水位在半滿附近振盪，並最終達到目標的情形。這一目標由懸擺「咖啡目標水位」給出，我們知道這種懸擺被稱為目標懸擺，它和我們在**圖表 5-6** 和**圖表 5-7** 中遇到的「成長速率」懸擺具有明顯的差異。

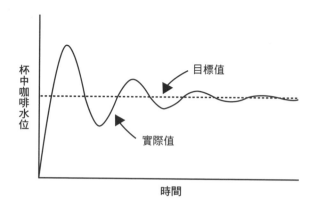

杯中咖啡水位

目標值

實際值

時間

【圖表6-3】

所有調節迴路共有的行為

調節迴路匯聚於設定的目標。有時候這一目標採用目標懸擺的形式明確給出，有時候沒有任何明顯的標記。但無論何時，只要你看到一個調節迴路，它對應的行為都是在試圖實現一個目標。有時候可以平滑地達到目標，但如果系統中存在時滯，系統達到目標就要經歷一段時間的振盪。

我們再一次得到了一個美妙的、放之四海而皆準的原則。所有調節迴路都在試圖實現一個目標，而同樣的因果迴路可能平滑漸進地實現目標，也可能出現振盪。這兩種行為之間的差異就在於系統對實際與目標差異的回應速度。如果系統回應迅速，那麼系統行為通常會很平滑；如果系統存在時滯（比如剛才倒咖啡的例子中關於「走神」的假設），通常就會出現振盪。

陌生的淋浴器

就平滑實現目標而言，倒咖啡是一個很合理的例子，但作為振盪

的例子就有些勉強：我們很少有人會那麼笨拙。然而，日常生活中還是有不少很常見的振盪的例子。

最普遍的一個例子就是在一家不熟悉的旅館裡使用淋浴器。你將調溫器設到「溫」，並讓淋浴器運行一會兒，覺得水太冷了。你就將調溫器設到了「熱」，然後讓水再接著流了一陣子，你開始不耐煩地又試了試水溫——水仍然太冷。於是，你將調溫器轉到了「非常熱」，這時水溫正合適。你跳進淋浴噴頭下面，幾秒鐘後，你又跳了出來——水太燙了。你現在遇上麻煩了，調溫器被淋浴器噴出的熱水擋在了後面，而水熱得能燙掉皮。因此，你找了一塊毛巾包在手上，將調溫器轉到「冷」。經過幾次調整，溫度終於合適了。

這個系統循環圖表如**圖表 6-4** 所示：

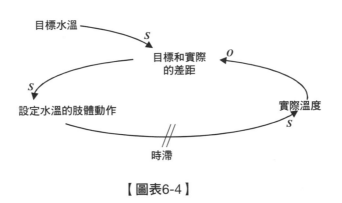

【圖表6-4】

其中的兩道斜線表示設定調溫器和淋浴器噴頭中出來的真實水溫之間的時滯。如果這個時滯比較長，我們會變得非常不耐煩！因此，我們會再次調整調溫器，導致系統開始振盪。

6.2 商業中的調節迴路

商業生活中調節迴路隨處可見，它們中的大多數看起來如**圖表** 6-5 所示：

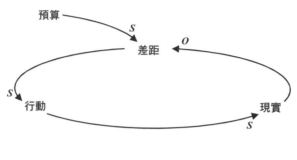

【圖表6-5】

在制定決策的過程中，首先設定一個「預算」，並成為需要實現的目標。在隨後的一年中，管理會計不斷跟蹤「預算」和「現實」之間的「差距」。這種比較促使我們採取各種行動，以使現實情況與預算相符。這也正是我們在實際工作中所採用的方式。從系統思考的觀點來看，預算系統包含一個調節迴路，產生了調整符合預算這一目標的作用。

舉一個具體的例子，**圖表** 6-6 是一個關於定價政策的系統循環圖表。

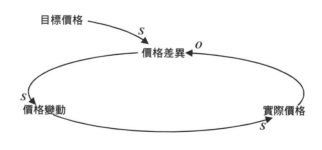

【圖表6-6】

　　在本例中，相關的行動就是價格變動，這種變動可能是漲價（如果「實際價格」低於「目標價格」），也可能是降價（如果「實際價格」高於「目標價格」）。這一幅圖同時涵蓋了這兩種情況，而且無論哪種情況，S 型連接和 O 型連接都能自主地發揮作用。因此，我們可以將「價格差異」定義為：

價格差異＝目標價格－實際價格

　　如果「目標價格」高於「實際價格」，則「價格差異」是一個正數。連接「價格差異」和「價格變動」的 S 型連接意味著「價格差異」愈大，「價格變動」的幅度就愈大；繼而連接「價格變動」和「實際價格」的 S 型連接導致漲價，從而使得「實際價格」和「目標價格」保持一致。類似地，如果「實際價格」高於「目標價格」，則「價格差異」是一個負數，導致「價格變動」向負的方向進行，「實際價格」下降，再次滿足了預定的目標。

　　圖表 6-7 是同一幅圖的另外一種表現形式，這裡的行動被描述成「漲價或降價」，這種方式明確指出了所採取的行動可以根據實際情況而定。

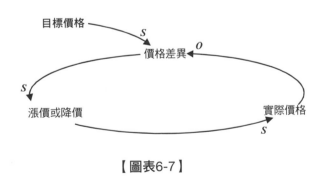

【圖表6-7】

　　有時候，我們還會採用另外的詞語來表示「上升」或「下降」的行動，**圖表** 6-8 是一個關於員工人數管理的調節迴路，**圖表** 6-9 是一個關於資產的調節迴路。

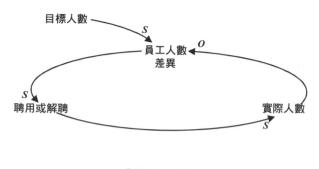

【圖表6-8】

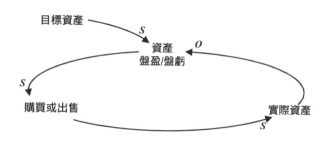

【圖表6-9】

　　繪製調節迴路的最佳實踐指出，描述調節迴路時應該使用能夠同時包括正向動作和反向動作的詞語。儘管我們傾向於考慮招聘而不是解聘，但是原則上這兩種行動都有存在的可能，究竟哪個行動會發生，完全依賴於待處理的問題本身。

　　再舉兩個例子。**圖表 6-10** 是關於獎勵和報酬政策的一幅圖，它描述了通過「薪酬結構變動」這一行為，使得「實際薪酬結構」與「目標薪酬結構」相一致的行為，其中，「薪酬結構變動」可能是加薪或減薪，也可能是對分紅做出修訂，還可能是放假，或者其他福利。

　　圖表 6-11 是最後一個例子，它引入了兩項新特徵。

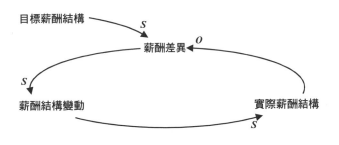

【圖表6-10】

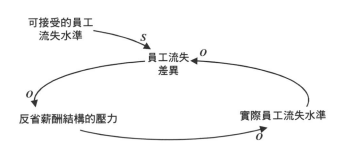

【圖表6-11】

　　圖表 6-11 是關於實際員工流失水準的，在所有企業中都會碰到。雇員們不是奴隸，並不受奴隸主的束縛，而是基於合約契約接受僱傭，該合約同時賦予了他們辭職的權利——無論他們什麼時候想辭職，只要滿足合約規定的提前期，他們就可以辭職。很多企業也認為適當的員工流動是正常而自然的，甚至是健康的，因為它能為組織帶來「新鮮血液」。因此，儘管很多組織並沒有為員工流失率設定一個明確的目標，但他們仍然會有一個「可接受的員工流失水準」，一個提醒他們開始注意員工流失問題的極限。因此，這幅圖的第一個新特點就是辨識出這個隱含目標。

　　「實際員工流失水準」超過「可接受的員工流失水準」後會發生什麼？

我們應該採取什麼措施？讓我們從「員工流失差異」相對很小時開始。起初，我們可能不會採取什麼行動；但隨著這個差異愈來愈大，已經被看作是一種趨勢而不再是統計上的漲落時，它就逐漸引發了「反省薪酬結構的壓力」，其目的是降低「實際員工流失水準」。當然，這一措施的假設是，薪酬結構是實際員工流失的主要驅動力。在現實生活中，可能薪酬結構僅僅是眾多原因中的一個，因此更接近現實的說法應該是「調查並解決員工士氣問題」。

這就涉及了**圖表 6-11** 第二項新特點：這個閉環並不是我們所熟悉的兩個 S 型連接和一個 O 型連接的結構，實際上，它是三個 O 型連接，一種我們至今為止還沒有見過的結構。O 型連接的總數是奇數個，因此這仍然是一個調節迴路。但是，為什麼會有三個 O 型連接呢？

這需要進一步的思考。記住，在 6.1 節中我們曾指出，系統循環圖表中的元素都和一個正號或負號相關。通常「員工流失差異」會被定義成：

員工流失差異＝可接受的員工流失水準－實際員工流失水準

問題通常發生在「實際員工流失水準」一段時期內持續高於「可接受的員工流失水準」時（反過來有時也會成為一個問題），此時「員工流失差異」是一個負數。直觀上，這個負數愈大，「反省薪酬結構的壓力」就愈大，員工會得到的綜合獎勵就愈多。負的偏差驅動著正向的行動，從而是一個 O 型連接。類似地，員工對增加綜合獎勵的期待將有助於降低「實際員工流失水準」，從而也是一個 O 型連接。三個 O 型連接一起構成了我們所需要的調節迴路。儘管相反的情況發生的可能性比較小，但是也同樣起作用：如果「實際員工流失水準」過低，「員工流失差異」就是一個正數，導致「反省薪酬結構的壓力」日漸走低，從而使員工們選擇離開，最終提高了「員工流失水準」。

閉環上有三個 O 型連接的迴路是調節迴路，而且只要閉環上 O 型連接

的總數是奇數，這個閉環就是調節迴路。這意味著可以有一個 O 型連接，也可以有三個 O 型連接：零個和兩個 O 型連接就形成了增強迴路。如果只有一個 O 型連接，最常見的位置就是從「實際」到「差異」的那個連接，因為差異的定義是：

$$差異＝目標－實際$$

這個定義決定了這一點。只要「實際」是一個正數（它在商業世界中幾乎總是正的），那麼，對於任意給定的「目標」，「實際」愈大，「差異」就愈小，從而使得從「實際」到「差異」的連接是一個 O 型連接。通常另外兩個連接都是 S 型連接，但這並不是金科玉律，我們剛剛就遇到了一個有兩個 O 型連接的例子。為什麼呢？

答案再一次與語言的應用有關：是我們對語言的選擇使我們的最後一幅圖中包含了三個 O 型連接。如果我們不選用員工流失，而是選擇另外一種等價的說法——員工維持率，儘管這種說法不常用，但是卻能更清楚地解釋這一切，如**圖表 6-12** 所示。

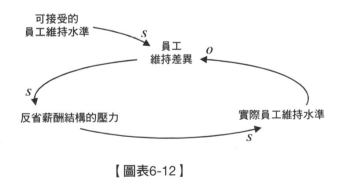

【圖表6-12】

這種圍繞著迴路的 S 型連接和 O 型連接的結構看起來更為熟悉，但是這種用詞方式卻未必熟悉。假設你所在單位有 100 個人，而你希望每年能夠流動 10 個人，因此「可接受的員工維持水準」為 90。假設因為某種原

因離開了 20 個人，則「實際員工維持水準」為 80。「員工維持差異」為 90 − 80 ＝ 10 人，是一個正數。這就正向增強了「反省薪酬結構的壓力」，從而提高了員工的總體待遇，最終提高了「實際員工維持水準」，所以這裡是兩個 S 型連接。

就像我們已經看到（見 4.8 節）的那樣，迴路上究竟是 S 型連接還是 O 型連接完全取決於我們對語言的選擇。在我看來，在這個例子中，使用員工流失率遠比使用員工維持率來得自然，而這樣使用語言的結果就是導致產生了包含三個 O 型連接的調節迴路。無論如何，語言和迴路一樣有意義。

6.3　調節迴路通常相互關聯

在商業世界中，調節迴路都是用來達到經營目標的。所有的業務都有多重目標，因此，管理一項業務實質上就是同時管理多條調節迴路。

圖表 6-13 是對員工人數管理的**圖表 6-8** 的進一步發揮，它引入了「實際員工流失水準」，其效果就是可以降低「實際人數」。

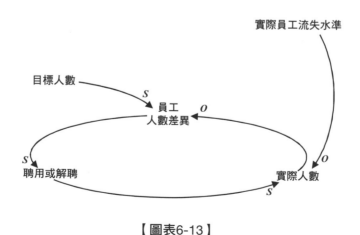

【圖表6-13】

　　然而，「實際員工流失水準」本身也只是我們前面所熟悉的三個 O 型連接調節迴路的一部分，如**圖表 6-14** 所示。

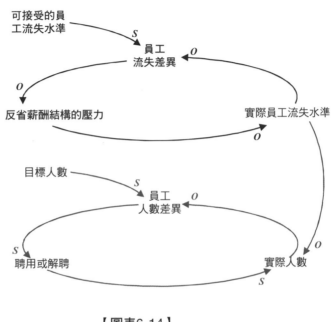

【圖表6-14】

　　這兩個迴路關聯在一起，反映了現實的情況——我們同時管理著員工人數和員工流失兩項任務。

　　實際上，至少還應該有第三個環參與其中。如果我們假設薪酬結構是「實際員工流失水準」的唯一驅動因素，則在調整獎勵政策時，「反省薪酬結構的壓力」將導致我們對目標成本結構做出調整，如**圖表 6-15** 所示。

　　圖表6-15 中，我特意使用虛線來表示從「反省薪酬結構的壓力」到「實際員工流失水準」的連接，是因為它已經被進入薪酬結構迴路的連接所取代，而薪酬結構迴路才是我們試圖控制「實際員工流失水準」時所真正採取的行動。

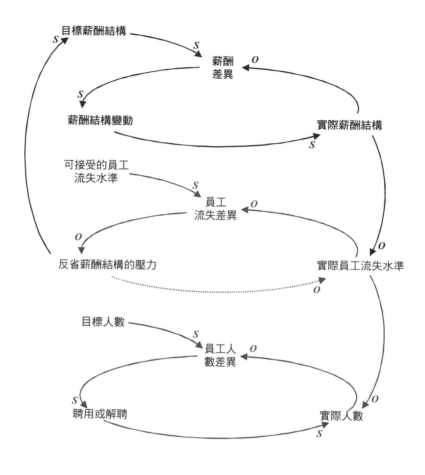

【圖表6-15】

　　這是一個由三個相互關聯的調節迴路所構成的結構，每一個調節迴路都抓住了員工管理的某一側面。在眾多因素中，我們透過政策設定了「目標人數」和「目標薪酬結構」。作為結果，業務中出現了各種不同的後果。後果之一就是「實際員工流失水準」，這是我們可以監測並與「可接受的員工流失水準」相比較的因素。如果最終的「員工流失差異」可以接受，那麼就很好；但如果不能接受，就會觸發重新設定「目標薪酬結構」這一

行動，或其他類似的行動。對實際結果的持續監測（在這裡是「實際員工流失水準」）以及與希望獲得的結果（在這裡是隱含著的「可接受的員工流失水準」）相對照，觸發了政策的變動（在這裡是「目標薪酬結構」）。換句話說，如果這裡所說的「政策」的含義更寬泛一些，這種比較可能會觸發某種管理措施的實施。

從以上論述可以看出，管理工作就像是管理者坐在某種特別複雜的控制儀表板之前，儀表板上有各種各樣的按鈕、旋鈕和控制桿，每個東西都有自己的名字，比如目標人數、目標成本結構、目標資產，或者一些更操作層面的東西，如聘用、解聘、加薪、資產購置等。管理者不時地動一動各種控制桿，精細地調控著「公司機器」的業務及其運作，並採取適當的管理措施，引導業務去實現我們所希望的目標，比如銷售、利潤、聲望或者股價。在我們監測現實並與目標狀態相對照之後，我們按按這個按鈕，轉轉那個旋鈕，或者拉拉另外的控制桿。就像這個例子所展示的那樣，大多數的按鈕、旋鈕和控制桿是相互關聯的調節迴路的一部分，這一主題我將在第 10 章中更為詳細地介紹。

6.4　調節迴路和時滯

理論上，任何調節迴路都會如**圖表 6-16** 所示，完美而平滑地匯聚到目標上。

但在實際工作中，這條匯聚之路有時也會崎嶇不平。很多實際系統的表現更像 6.1 節中提到的「陌生的淋浴器」，而不像倒咖啡，因為在實際系統中充滿了時滯：測量實際情況以及計算偏差所耗費的時間、制定管理政策所耗費的時間、解釋管理政策所耗費的時間、決定採取何種措施所耗費的時間、將這些措施付諸實施所耗費的時間、這些措施取得成效所耗費的時間，等等。這些時滯就導致了我們在 6.1 節中所見到的振盪曲線。我

們的「不耐煩」不僅會惡化這種振盪，而且會讓我們對所試圖管理的系統中的時滯所影響的深度和廣度降低警惕。考慮一下我們都曾經歷過的、將陌生的淋浴器調到合適的溫度那個例子（那裡只有一個時滯環節在發揮作用），你就不會奇怪為什麼管理一項業務是那麼不容易了。

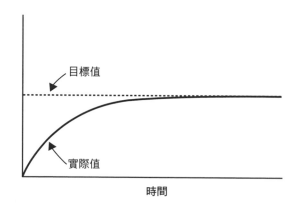

【圖表6-16】

另外一個我們熟悉、並很容易發生振盪的情形，就是庫存控制和供應鏈管理。這些系統通常和對某個預先設定的庫存水準相關，這一數值扮演了目標的角色，這裡的行動通常是向供應商發出訂單，要求他們補充某種已經售罄或正熱銷的商品的庫存。由於補充訂貨過程中固有的各種形式的時滯，這個系統以其極易振盪且容易失控而惡名昭彰。

改變目標

圖表 6-17 描述了一個庫存控制系統的行為，它具有一個目標庫存水準。不幸的是，由於系統中的時滯，系統的自然行為就是振盪—不過這個振盪最終能夠穩定到目標庫存水準上。

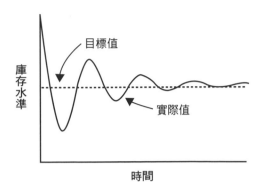

【圖表6-17】

　　如果庫存控制經理沒有經過系統思考的訓練，那麼庫存最初的迅猛下降會讓他非常擔心庫存會被很快清空，這對於工廠和他個人而言都是一個壞消息。因此他想，「由於庫存垂直下跌，我最好還是提高一下目標水準——只提高一點兒，比沒提之前稍微多訂一點貨。」

　　圖表 6-18 就是在這種情況下的一種可能情形：

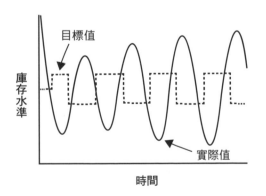

【圖表6-18】

　　經理的擔心引發了庫存目標的變動，而這實際上讓事情變得更糟。系統現在真的失控了，而且愈來愈失控。天哪！

順便說一句，這幅圖和本書中其他的圖一樣，都是由一個電腦模擬工具畫出來的，它可以幫助你對系統循環圖表的行為進行模擬，我會在第 12 章和第 13 章中進行更詳細的介紹。

正如這個例子所展示的那樣，很多系統隨著時間演變的動態行為可能非常複雜，而且難以理解。因此，可憐的庫存控制經理希望將系統納入控制之中的善良願望非常可以理解，但在實際中卻帶來了一場災難。對他來說，最好的政策就是不要干涉，他只要袖手旁觀，靜待系統按照自己的節奏逐漸穩定下來就可以了。但是，你必須是一位充滿睿智的人，而且你的老闆也必須是一位充滿睿智的人，才能做出正確的決策，並靜待事情演變。有時候，著急做出看似充滿魄力和決斷力的決策，並干預其中，反而是最錯誤的行為。

儘管這個系統的動態行為看起來非常複雜，但是其潛在的邏輯卻一點都不複雜：這只是一個我們現在已經非常熟悉的調節迴路，其中包括目標、實際、差異和行動，以及一些時滯。

動態複雜性

這個例子同時也是關於系統思考的另一個放之四海而皆準的原則的有力體現。隨著時間的演變，很多系統的行為表現出一種令人困惑的複雜方式。這種現象被稱之為動態複雜性（dynamic complexity）。但如同我們剛剛看到的那樣，其背後隱含的系統循環圖表通常非常簡單。因此，系統思考說明你理解複雜動態系統的一種方式，就是為你提供一種方法，讓你能夠看到複雜現象背後的簡單因果迴路。

很多人發現，理解動態複雜性，並清楚地認識到其背後的模式及因果關係非常困難。從某種意義上講，人的思想確實更適合處理細節複雜性，即對處於某一時間某一地點的系統進行理解，儘管這時的系

統由很多元素組成。

在重新設定目標庫存水準的時候，對於困惑的庫存控制經理來說，與其玩猜謎遊戲，不如去探究一下為什麼庫存控制系統會面臨著這麼大的延遲，並採取措施降低時滯。但是，有時候「治標」確實比「治本」更有誘惑力。

從更大的尺度上來看，政府的很多政策都是在管理調節迴路。比如，以英格蘭銀行總裁愛德華‧喬治爵士為主席的英格蘭銀行貨幣政策委員會，其 9 名成員每個月都會開會以確定利率。他們的主要使命就是在保證經濟活力的同時，「遵循英國政府通貨膨脹目標的規定，保證價格穩定」（這是我從英格蘭銀行網站上引用的原話，詳情請參見 http://www.bankofengland.co.uk/mpc/）。他們所能揮舞的唯一武器就是利率。從系統思考的觀點來看，他們的「目標」就是較低的通貨膨脹率和健康的經濟，他們的「實際」就是一堆宏觀經濟統計數字，反映了在指標收集期內經濟的總體狀況，而他們所能採取的唯一「行動」就是改變利率，而且只能變動千分之幾。他們不時地進行這項工作，而利率的變動以其內在的方式影響著整個經濟系統。

整個國家的經濟系統顯然非常複雜，而且其時滯以月計，有時甚至以年計。認識到這一點，貨幣政策委員會就知道了最睿智的干涉方法，是在相對較長的間隔裡做出很小的調整。這就為任何微小的變化發揮作用提供了足夠長的時間，而且也避免了特別巨大的變化所導致的無法預期的影響。做出劇烈的調整這一替代政策，通常更可能會讓經濟系統變得不穩定，而且還會產生災難性的後果。

商業週期

圖表 6-19 粗黑線顯示了從 1960 年 1 月到 1999 年 12 月這 40 年來，

每年標準普爾指數的百分比變化——標準普爾指數是根據美國前 500 家公司股價所編制的索引，被認為是美國經濟的指標。40 年來，指數本身在大多數時間裡都在穩定成長，但與淺灰色的振盪曲線相對照，可以發現它的年成長速率同樣起伏不平。很多經濟學家都談到商業週期，而系統思考學家則看到了包含時滯的調節迴路的影響——總體上看，美國公司在盡力實現它的成長目標。

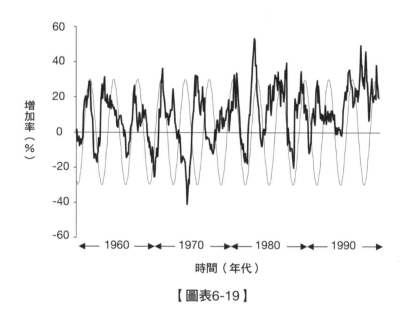

【圖表6-19】

6.5　差異的定義

作為對調節迴路討論的最後一個樂章，你可能會願意做一做下面的測試。可是我還是願意預先給大家一個警告：很多人發現它確實讓人頭疼，因此它並不適合心臟脆弱的人。或許你願意直接跳到本章的最後一節。然而，如果你堅持要試一試，並且能夠順利通過測試的話，你可以堅信你確實理解了因果迴路是怎麼一回事兒。

測試：差異的定義是什麼

圖表 6-20 是一個我們已經非常熟悉了的因果迴路，與此相關的一個隱含的假設就是差異的定義。

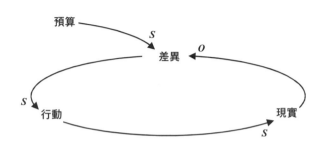

【圖表6-20】

和通常的會計準則相一致，差異的定義表示為：

差異＝預算－實際

令你詫異的是，我們決定用另外一種方式定義差異：

差異＝實際－預算

那麼，上面那個系統循環圖表現在會是什麼樣子？特別是那些 S 型連接和 O 型連接現在成了什麼樣子？

這僅僅是一個和定義相關的變動，真實世界中並沒有任何改變。因此，系統循環圖表的基本結構一定不會發生任何變化，如**圖表** 6-21 所示。

變化的是差異的定義，它現在被定義為：

差異＝實際－預算

這跟 S 型連接和 O 型連接有什麼關係呢？

如果我們觀察這個新定義，我們就會發現，對於任何給定的「預算」

值，隨著「實際」值的增加，「差異」也在增加，因此這意味著「實際」和「差異」之間應該是一個 S 型連接。另一方面，對於任何給定的「實際」值，隨著「預算」的增加，「差異」在減小——這是定義中那個減號的必然結果，因此，連接「預算」和「差異」的必然是一個 O 型連接。

這就對了——S 型連接和 O 型連接換了一個位置。這就是不同之處！因此，系統循環圖表看起來應該是**圖表 6-22** 所示的樣子吧。

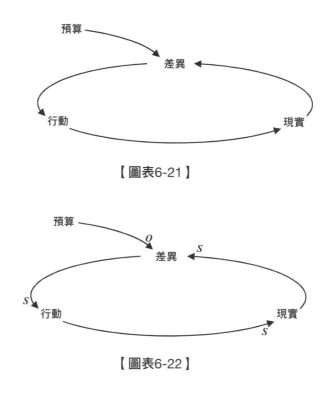

【圖表6-21】

【圖表6-22】

很多人就帶著一聲滿意的歎息就此停止了。

實際上還有一點問題。看一看上面的圖並數一下其中 O 型連接的個數。記著連接「預算」和「差異」的 O 型連接不應該被計算在內，因為它位於迴路的外部。實際上，迴路中沒有 O 型連接，整個迴路完全由 S 型連接構成。

上圖的迴路會有怎樣的行為呢？因為迴路中 O 型連接的總數是零個

（零也被視為一個偶數），它肯定是一個增強迴路，其典型特徵是指數成長或者指數衰落。它根本就不是一個調節迴路！

稍安毋躁！肯定有什麼地方出了問題。在現實中，這個迴路過去是一個調節迴路，現在也仍然是一個調節迴路。我們不可能僅僅通過修改差異的定義，就將一個調節迴路變成增強迴路。那麼，到底發生了什麼？

這中間所發生的，就是我們實際上並沒有足夠深刻地思索其中的 S 型連接和 O 型連接受波及的範圍。讓我們來考慮一下現實中發生的一切，從而讓這張系統循環圖表更具有實際意義。假設我們在討論關於員工人數的問題，而且我們發現，我們現在處於一個現有員工（比如 10 個）少於預算員工（比如 12 個）的情形。在這種情況下，根據我們對差異的新定義：

差異＝實際－預算

得到「差異」為－2，是一個負數。

為了讓實際與預算一致，我們應該採取什麼行動？我們必須將員工人數從 10 成長到 12；我們必須讓「實際」值再大一些。因此，我們所採取的行動必然是一個「正向」的行動。在這種情況下，我們使用一個負的「差異」來驅動一個正向的「行動」，此處應該是一個 O 型連接。繼續沿著連接的方向走，正向的「行動」如我們所期望的那樣造成了「實際」值的增加。這個連接沿著相同的方向運作，因此是一個 S 型連接。

讓我們將這一切與現實生活做個對照。如果我們的實際員工人數為 10 個，而預算人數是 12 個，根據當前的定義，差異就是 10 － 12 ＝－ 2。這個負的差異驅動了正向的招聘行為（O 型連接），這自然會增加我們的員工總數（S 型連接）。差異降為零，系統穩定在目標值上。一切正常。

另外一個方向上也同樣成立。假設實際員工人數為 15 個，而預算人數是 12 個，則當前的差異就是 15 － 12 ＝ 3，是一個正數。但是，由於差異和行動之間是一個 O 型連接，因此正的差異就驅動了一個負向的動作。負

的招聘是什麼？它有自己的名字，我們通常將其稱之為解聘，它確實是一個負向的動作。這個負向的動作產生了降低實際人數的作用（符合圖中的S型連接），於是系統再次匯聚到了預算上。這種正向的招聘和負向的解聘之間的區別，和倒咖啡那個例子非常相似。在那個例子裡面，我們引入了正向的向杯中倒入咖啡和負向的從杯中倒出咖啡兩個動作。

我們現在所得到的系統循環圖表就如**圖表** 6-23 所示。這幅圖的行為如何？這幅圖中包含一個 O 型連接，因此正如我們所期望的那樣是一個匯聚於預算的調節迴路。

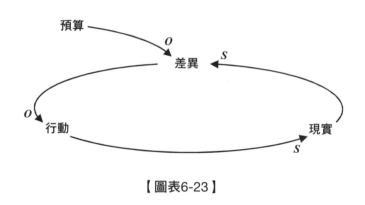

【圖表6-23】

差異的定義從：

$$差異＝預算－實際$$

變為：

$$差異＝實際－預算$$

我們並沒有改變現實生活，因此兩個對應的系統循環圖表的結構應該保持不變。變化的是圖中 S 型連接和 O 型連接的位置。兩幅圖中唯一相同的連接就是從「行動」到「實際」的 S 型連接，其他三個連接都在 S 型連接和 O 型連接之間相互替換。

正如 4.8 節中所指出的那樣，這完全是語言的問題。現實肯定是不變

的，然而，出於某種原因，我們改變了描述現實的方式，選擇了不同的詞語，或者像在本例中這樣，改變了定義，就改變了 S 型連接和 O 型連接。因此，在編制系統循環圖表時，需要注意這些問題。但是，經過一定的練習，你就會對這一切駕輕就熟。第 7 章會給出一些繪製系統循環圖表的指導方針。

6.6　用武之地馬上到了

最近這兩章有些費神，但是我相信你會發現它們很值得。增強迴路和調節迴路是系統思考僅有的兩種基本構造塊。基於這兩個基礎，可以構建其他任何東西。真實系統非常複雜，其對應的系統循環圖表同樣也並不簡單——這一點你很快就會在本書接下來的部分有所體會。無論如何，這些複雜性都是可以處理的，因為所有的系統思考的系統循環圖表，無論它們多麼複雜，都是使用這兩種構造塊搭建出來的，而且也僅使用這兩種構造塊。因此，深刻理解這兩種基本迴路，對於理解真實複雜系統的行為具有巨大的幫助——而這正是睿智的源泉！

增強迴路和調節迴路——簡單總結

很多真實系統都是由大量相互關聯的因素組成的，並且在隨時間演變的進程中展現非常複雜的行為。一種捕捉這些元素之間的相互關聯並理解這種動態複雜性的有力手段，就是使用系統循環圖表。它們展示了系統中的各種元素是如何透過因果關係而連接起來的，每一個因果關係都可以表述為 S 型連接和 O 型連接，並直接反映到系統循環圖表上。S 型連接意味著相互連接的元素之間按照相同的方向運動（比如隨著客戶滿意度的上升，銷售收入也在上升）；O 型連接意味著它們按照相反的方向運動（比如隨著工作負擔的加重，處理能力在

下降）。

系統循環圖表由一些相互連接成網狀的回饋迴路構成，並且還包括一些（實際上很少）懸擺，它們或者代表著系統的目標或結果，或者代表著系統的外部驅動力。

單個閉環迴路有兩種類型，而且也只有兩種類型。增強迴路，或者叫正回饋迴路，其特徵是迴路上有偶數個O型連接（零也被視為一個偶數）。我們認為，增強迴路或者是良性迴圈，或者是惡性循環，它們的行為或者是指數成長，或者是指數衰落。同樣的因果關係可以有兩種不同的表現——在實際中究竟體現出哪種行為，依賴於這個回饋迴路的初始狀態，無論是哪種行為，都取決於突然施加的外部觸發源的性質。

調節迴路，或者叫負回饋迴路，其特徵是迴路上有奇數個O型連接。調節迴路呈現出尋找某個目標的行為，整個系統通常會向著一個外部訂定的目標或預算匯聚。接近目標的過程有時候很平滑，但如果回饋迴路中存在著時滯，就會出現高於或低於額定值的情況，導致系統振盪，這種振盪有時會非常強烈。

第 7 章

如何繪製系統循環圖表

到現在為止，我們已經見過了大量的系統循環圖表，本章的目的就是告訴你如何構建系統循環圖表。這項工作有些類似於藝術，因為它完全是關於如何「見樹又見林」，應該深入到什麼層次的細節，應該何時結束，以及如何以最佳的方式去捕捉複雜形勢的本質，在很大程度上取決於個人的判斷。儘管如此，的確也存在著一些有用的指導方針，下面就是 12 條繪製系統循環圖表的黃金法則。

法則1：瞭解問題的邊界

系統思考的一大益處，就是促進人們採用整體觀點去解決問題，從而將所有相關因素都納入考慮範圍。理論上，這可以包括任何事物，但其結果可能沒什麼幫助。因此，技巧在於把握住相關性這一原則，並將所有有用的事物都包括進來，並以此作為問題的邊界。這完全取決於我們所感興趣的系統。回想一下 1.1 節中我們提到的關於大象的故事，如果我們感興趣的系統是大象，那麼，我們就可以圍繞著大象本身劃定系統的邊界；如果我們是將大象作為一種社會性動物來研究，那麼，問題的邊界就是象群；如果我們要研究的是中非的生態系統，大象只是其中的一員，那麼，問題的邊界就是整個生態系統。

我們通常透過「懸擺」來定義我們所感興趣的系統的外部邊界──懸擺在系統循環圖表中扮演著目標、政策、外部驅動力或者系統結果的角色。舉個例子，不妨再看一看**圖表 2-7**，該圖中有三個懸擺：作為外部驅動因素的「交易數量和種類」；代表內勤系統運作結果的「服務品質」和「成本」。如果我們的目標是為了理解內勤系統的本質，這些懸擺就已經定義了系統邊界，因為它們指明了是什麼力量在驅動內勤系統的運作，以及系統最終取得了什麼成果。

然而，如果我們的目標發生了變化，這些懸擺中的一個或者多個很有

可能就會進入系統內部，和它們的前因或後果連接在一起，成為系統的一部分。如果將證券公司作為一個整體物件進行研究，我們會發現，代表內勤系統運作的系統循環圖表所辨識出來的「交易數量和種類」與「服務品質」兩個懸擺，成為了外勤和內勤系統交接的因素，而「成本」則成為關注公司財務狀況的系統循環圖表的中心焦點。

那麼，為什麼**圖表 2-7** 有這麼特殊的懸擺呢？既然系統思考鼓勵整體視角，我們為什麼不更廣泛地追究這些因果關係呢？

如果你想這麼做，你當然可以。但是，一旦你開始這樣做了，你就可能無法收手。理論上，每件事物都和其他事物有所聯繫。這是一個非常實際的問題：總有一個足夠廣的邊界能夠包容我們所感興趣的系統，這個邊界既避免了「半隻大象」的盲點，又不用將整個宇宙的行為都納入考慮範圍。

那麼，邊界在哪裡？雖然沒有一個通用的法則，因為每個系統都有其獨特之處，但你肯定聽說過這句話：「你可能無法描述大象，但是一旦你看到它，你就肯定能認出它！」這一點在界定系統循環圖表的邊界問題上也同樣成立：一旦你有了一定的經驗，你就能把握住火候。實際上，你可以利用本書中所有的系統循環圖表來驗證這個說法。它們合適嗎？它們是不是擁有足夠廣的視角？是不是既不拘泥於細節，又不包含我們不感興趣的內容？

法則2：從有趣的地方開始

就系統循環圖表中的內容而言，每項事物都和其他事物聯繫在一起，因此，原則上無論從哪個環節開始繪製系統循環圖表都沒有影響。如果你沿著因果鏈追根究柢，或遲或早你都能得窺系統的全貌。儘管事實確實如此，然而每幅系統循環圖表都會有一些地方比其他地方更「有趣」。通常

人們都會從這些「有趣」的地方開始繪製系統循環圖表。

以下是一些可以幫助你決定從哪裡開始下筆的問題：

1. 系統最關鍵的外部驅動力是什麼？

2. 系統的關鍵成果是什麼？

3. 在與我們希望解決的問題相關的因素中，哪一個是最關鍵的？

前兩個問題可以幫助確定輸入、輸出懸擺，就像電視製作公司案例中的「削減成本的政策」以及內勤系統案例中的「服務品質」那樣。第三個問題則會讓我們的思考，匯聚到內勤系統案例中的「處理能力」或者「錯誤發生頻率」這樣的因素上去。

一旦你找到了一些「有趣」的項目，你就可以從那裡開始構建系統的圖像。

法則3：詢問「它將驅動什麼？」以及「它的驅動力是什麼？」

系統循環圖表中的所有元素都被因果關係鏈連接到了一起。任何兩個被箭頭連接在一起的元素（比如「處理能力」和「服務品質」）都存在一定的因果關係，而且位於箭頭尾部的元素（在這個例子中是「處理能力」）是箭頭指向元素（在這個例子中是「服務品質」）的驅動力；相反地，箭頭指向元素被位於箭頭尾部的元素所驅動。

因此，你一旦找到了一個元素，就可以透過詢問「它將驅動什麼？」而順著因果迴路前行——比如說，「處理能力」能夠驅動什麼？或者說能夠促成什麼？當然是「服務品質」了。是不是「處理能力」呢？

法則4：不要陷入混亂

當你繪製系統循環圖表時，幾乎會不可避免地陷入混亂，因為任何一個因素都可能驅動很多其他因素，或者被很多其他因素所驅動。只存在一一對應關係的情況非常罕見。

假設你正在尋找什麼因素是驅動你業務成長的根本引擎，而且你第一眼就看到了「利潤」——沒問題，這是一個完全正確的開始點。依次回溯，當你考慮「它是由什麼因素驅動的」這一問題時，你可能需要瀏覽大量的圖表——如果你習慣於使用電子資料工作表軟體，你也可以瀏覽每種產品的銷量和價格，以及各項花費。

我不否認差旅費最終也會影響利潤，但它們並不具有關鍵作用。因此，這需要你有巨大的毅力來抗拒各種各樣的、讓你進一步追根究柢的誘惑。系統思考是向「上」思考，向「外」思考，而不是像試算表那種向「下」、往「內」的工作模式。

再舉一個例子。假設你首先選擇了「滿意的客戶群」，那麼，你要問「是什麼驅動了這一因素」。你可以讓團隊中的所有成員，在互不交流的情況下，寫下他們的答案。可能有些人會長篇累牘，從產品品質到競爭對手的宣傳活動等各種細節都涉及，有些人則可能是簡明地寫下幾個關鍵點。沒關係，這兩種方式都很好，順其自然吧。

之後，再邀請每個人將他們所列清單中的每項因素按照重要性排序。

現在，你可以將這些結果放到一張掛圖上。之後，你很可能會發現每個人的回答各有不同，難以取得一致，而且和你預計的一樣，每個人的反應都和他們的角色相一致。銷售部門的成員傾向於挑出宣傳、定價策略和促銷作為最關鍵的因素；新產品開發部門的成員可能會選擇產品品質和創新；生產部門的成員會傾向於產品品質和技術規範；人力資源部門的成員則辨識出企業文化和銷售人員的培訓力度；公司策略部門的成員則堅信同

行業其他公司的活動和公司整體競爭優勢是其中的關鍵所在。

再一次地，我必須承認所有這些因素，以及其他各種因素，都確實會影響「滿意的客戶群」，但現在的問題不是大量發現各種細節，而是需要找出各種不同的思維模式。不同的人對這個世界的運轉方式有著不同的觀點，而且每個人都堅信自己觀點的正確性。

從繪製清晰的系統循環圖表這一角度看，思維模式的多樣性和陷入細節是兩個完全不同的問題。在會計賬務處理時，總能使用一個更高層次的概念（比如「一般管理費」）來囊括各種較低層次的細節概念（如「房租水電費」、「差旅費」等）。但在各種不同的思維模式中，選擇應該包括或排除什麼時，就存在著遺漏掉一些確實非常重要的因素的可能。因此，思維模式的多樣性是非常有價值的，但陷入細節就不同了。

如果你不願冒險，選擇了所有因素，那麼最終你很可能會繪製出一副混亂不堪的系統循環圖表，其中的每個元素都和其他元素有所聯繫——因為所有的元素都包括在內了！這時你的眼中只有一棵棵大樹，根本看不到森林。這種方式不會給任何人帶來好處。然而，如果你選擇了「宣傳」而忽略了「創新能力」，你可能就放棄了最關鍵的因素。從可操作的角度看，你必須進行選擇，但在進行選擇的背後，卻隱藏著誘使你不經意間將大象分成兩半的幽靈。

那麼，你怎麼決定應該包括什麼，又應該排除什麼呢？

我再一次地無法給出任何通用法則，而只能就這一過程提出一個指導原則：在小範圍內（至多八個人）進行一次或多次討論，並盡力就最重要的因素達成共識。這正是我繪製本書中所有系統循環圖表時所遵循的原則。它們不是靈光一閃就突然出現的，而是經過數周觀察、交流、討論和實驗得出的結果。在本書中，我無法向你展示被我拋棄成袋的草圖，這些圖要麼有錯誤，要麼是人們認為它們不能反映現實情況，或者忽略了重點，太過簡略，或過於混亂，再或者可能僅僅是因為我覺得它們不合適。

　　因此，對於系統思考來說，如果有一件東西具有毫無疑問的幫助作用的話，這件東西就是垃圾桶──它是所有不盡如人意的廢圖的歸宿。

　　所以，不要讓圖變得混亂，不要陷入窮究細枝末節的陷阱中去。一旦出現了思維模式不同的問題時，儘快採用小組討論的方式達成共識。要經常檢查你的結果──不僅僅是在小組範圍之內，還應該請其他感興趣的人發表他們的看法。

法則5：不要使用動詞，請使用名詞

　　如果你細心留意，也許會發現本書中所有出現過的系統循環圖表中，每一個因素都是一個名詞或者一個名詞短語，而不是動詞或動詞短語。例如，我們使用「服務品質」而不是「提供高品質的服務」；使用「處理能力」而不是「確保我們能夠處理」；使用「成本削減的政策」而不是「削減成本」。這通常很自然，不過仍然存在一個小小的陷阱，就是對調節迴路中的「行動」這一因素的描述方式（見**圖表 7-1**）。

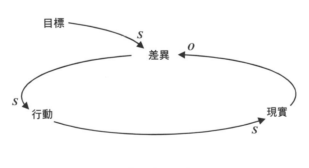

【圖表7-1】

　　人們通常傾向於使用動詞來描述相應的行動，而不是一個與之等價的名詞。如果你能夠堅持使用名詞以強調行動的內容，你會發現你的系統循

環圖表會顯得乾淨很多。

法則6：不要使用類似於「在……方面成長／降低」這樣的詞

在繪製系統循環圖表時，你會不可避免地受到在你的描述中使用這兩種描述方式的誘惑。比如在內勤系統的案例中，你可能會將從「處理能力」出發的那個連接命名為「錯誤發生頻率上升」（這是一個 O 型連接），或者「錯誤發生頻率下降」（這是一個 S 型連接）。

無論這種誘惑有多強，都一定要拒絕它。這就是箭頭存在的價值，尤其是 S 和 O 標誌存在的價值。實際上，這裡的因果關係只是「處理能力」直接驅動了「錯誤發生頻率」。至於後者是上升還是下降，則完全依賴於「處理能力」的上升或下降，以及兩者之間相互作用的強弱。在描述中使用「上升」這個詞，就意味著你已經在潛意識裡認為這個因果關係只會帶來單向上升的後果，問題只不過是上升的程度是普通還是非常嚴重罷了，而下降的可能性則非常不明顯，以至於在漫不經心中被忽略掉了。

如果在某些情況下你仍然認為「上升」或「下降」是對這些情況最本質的描述，那麼你可以嘗試著使用如下三個短語：第一個短語是將兩者合而為一的「上升或下降」；第二個短語是「××的壓力」；第三個短語毫無疑問最簡單，「××的變化」。這三個短語的優點是它們並沒有預先假設某種單向的變化，因此明確地指出了雙向變化的可能性。實際上，在某些情形下，使用「××的變化」可能是最好的選擇。這種情形出現在**圖表 7-2** 所示的調節迴路上。

假設**圖表 7-2** 被用於描述員工編制政策的問題，則圖中的「目標」可能就是「目標員工人數」，「實際」就是「實際員工人數」，「差異」就是「員工人數差異」。而「行動」這個詞對於這種情況也算合適，因為實

際行動通常是「招聘或解聘」，同時包含了雙向變動的含義。

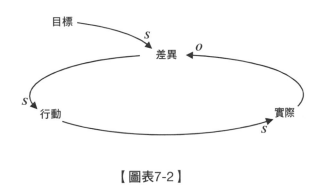

【圖表7-2】

　　然而，如果使用這個迴路來描述定價政策，我們會自然而然地寫下如下短語：「目標價格」、「實際價格」、「價格差異」，但是，我們怎樣描述為了使實際價格與目標價格相一致所採取的「行動」呢？對於我來說，我認為最恰當的短語就是「價格的變化」，或者說，「價格的上漲或下降」。

　　為什麼會這樣？我們可以從**圖表 6-7** 中找到答案——實際上，這完全是語言的問題：一方面，在英語裡確實存在著與「員工人數成長」相對應的詞（招聘），也有與「員工人數降低」相對應的詞（解聘），但卻沒有和「漲價」或「降價」相對應的英文單字。你可能會想，「通貨膨脹」或者「通貨緊縮」怎麼樣？它們難道不可以用來描述這種情況嗎？是的，在英語中它們確實有物價暴漲和暴跌的意思，但通常都用來描述總體經濟價格水準。我所認識的商界人士都不使用這兩個詞來描述產品價格，他們只是簡單地說「價格變動」。

　　因此，「×× 的變化」這個短語在大多數情況下都可以用來填充調節迴路中「行動」這個空格，但如果存在更合適、更專用的名詞，就更好了。

法則7：不要害怕從未出現過的項目

系統循環圖表不是會計上使用的試算表。當然，我也不指望你在預算報表中找到類似「處理能力」這樣的字眼。儘管我們很少提到這樣的東西，但它們卻真實存在，而且確實在驅動著事情的進展，它們非常重要。系統思考的巨大好處之一，就是它能將一些敏感內容的討論變得合法化。你同樣會發現系統循環圖表中通常都會包括「關於××的政策」這樣的字眼，這種情形在懸擺中尤其明顯；而且通常會使用「××的壓力」來描述各種不同的交互和影響。這在掌握各種複雜概念時特別有用，比如「××在吸引和保留客戶方面的效果」。實際上，我們知道，對於宣傳、廣告來說，確實存在著這樣的效果，但是很少有公司去具體衡量它們。類似地，公司樂於擁有訓練有素的員工的原因之一，就是他們認識到了「優秀員工在吸引和保留客戶方面的效果」。同樣，也很少有公司去具體衡量這個效果，然而這一效果確實存在，至少每個經歷過粗暴服務的人都能提供反面的例證。在系統循環圖表中，是事實在說話，而不是我們的測量能力在說話。因此，只要它確實存在，就抓住它並記錄下來。

法則8：隨著進展及時確定連接類型

人們通常很難想清楚究竟該使用 S 型連接還是 O 型連接，因為即使像「『那兒』上升時，『這兒』是上升（意味著 S 型連接）還是下降（意味著 O 型連接）？」這個貌似簡單的問題，實際上也需要非常清晰的思考（如果你已經忘了這一點，請參照 6.5 節）。因此，在繪製系統循環圖表時，經常會出現這樣一種情形，也就是「究竟是哪一種連接？這個問題先放一放，我最後再做決定」。不要這樣，你應該隨著你的進展隨時確定已經出現了的 S/O 型連接。

至少有兩個原因要求你這樣做。第一個原因是，這個問題本身就是對你所繪製的系統循環圖表的一種診斷，因為這個問題之所以很難回答，原因之一就是其中的某個元素可能本身就連接得不對，或者表達不準確，或者兩種情況同時存在。隨著系統循環圖表逐漸細化、深入，那些 S/O 的問題就會逐漸消失。

第二個原因是當你確定下來各種 S/O 型連接，繪製出系統循環圖表時，這一過程會幫助你理解現實背後的因果結構和支撐它的基本原理，並進一步瞭解它的動態特性。增強迴路和調節迴路具有本質的不同，因此你應該對兩者具有不同的直覺。但是，如果你沒有跟隨進度及時確定各個連接的 S/O 類型，你就無法驗證這個迴路究竟是增強迴路還是調節迴路，累積下來，麻煩只會愈來愈多。

法則9：堅持就是勝利，持續前進吧

當你剛開始進行系統思考練習的時候，通常你會充滿自信：「我肯定沒問題，它很簡單，不是嗎？」你參加了幾次討論，並就感興趣的話題取得了不少心得，然後你開始繪製系統循環圖表。接下來你就陷入了泥沼。你的系統循環圖表變得愈來愈糟糕，你對於現實和你的圖表之間的關係根本摸不著頭腦。

這種情況在每個人進行系統思考練習時都會發生，因為它實際上並不簡單。管理現實中的業務非常複雜，因此，抓住這一切的本質也就不可避免地同樣複雜。

然而這種複雜性是可以被制伏的，只要你勤奮。不要放棄，持續前進吧！嘗試一下忽略那些細枝末節會發生什麼；嘗試一下看看你能不能找到一個更高層次的概念，來涵蓋所有那些較低層次的材料。記住，對你最有價值的工具就是廢紙簍，而在你找到正確的系統循環圖表之前，你可能會

塞滿很多廢紙簍！你很可能會被本書中的這些例子所誤導，雖然我相信所有這些例子都確實有意義。然而，不要被我原先準備的那些圖所迷惑。這些圖的大多數都耗費了我數個星期的時間，我幾乎能記起我畫過的所有的圖，儘管它們沒有在書中出現，而是靜靜地躺在垃圾堆中。

法則10：好圖表必須反映實況

系統循環圖表必須反映我們所感興趣的系統的「擁有」者的觀點；也就是說，系統循環圖表必須反映出他們的思維模式。無論何時，一旦你認為你在正確的方向上有所前進，並畫出一幅圖時，就趕快和整個小組進行討論，以驗證哪些部分反映了現實，哪些部分沒有。需要特別注意那些說「嗯，我理解你的意思，但是我認為實際上不是那樣。」的人，因為這可能是由於這幅圖還沒有完成，或者實際上僅反映了你的思維模式，而不是其他人的。然而，確實很有可能的是，有些人從一個角度剖析這個世界，而有些人卻從另一個角度，因此系統循環圖表不是唯一的，可能存在兩個、三個甚至更多個系統循環圖表，它們與不同群體所持有的思維模式相對應。

如果你發現自己處於這種情形下，需要處理多個系統循環圖表，以反映不同群體對現實的認識。那麼，在每幅圖得到相應群體的確認之後，就舉行一次研討會，邀請每個群體向其他群體展示自己的系統循環圖表。這個研討會的主題就是：「我們是生活在同一個世界，還是生活在不同的世界？」讓每個群體都就自己眼中的世界暢所欲言，並靜觀最終會發生什麼。可能會發生大量的討論和爭辯，然後你就會聽到有人說類似於「真的嗎？我從來沒想過那種事」或者「但是，我是這樣看的……」這樣的話。

理論上，無論研討占時多久，你都能得到一個唯一的、一致的系統循環圖表，它包含了以前幾個不同版本的所有關鍵因素。如果討論進行得更

理想，你可能會得到這樣的結果：最終，所有與會者都會說，「啊，我現在終於明白了你在說什麼！我們正在用同樣的方式看待這個世界，這難道不是很偉大嗎？」這種情況下，思維模式得到了共鳴。

如果不能達到這種理想境界，沒有得到一致的結論，但藉由研討，至少讓所有參與者都對什麼地方存在差異，以及差異發生的原因得到更深刻的認識，也將促使每個人進行更深入的思考。

法則11：不要愛上你的圖表

一幅漂亮的系統循環圖表，布局簡潔，箭頭整齊，總體形象令人喜愛，這樣的系統循環圖表是一種威力無法想像的交流工具，與那些箭頭線條四處飄舞、錯誤或漏洞百出、到處是被胡亂塗抹的痕跡、匆匆草就的圖相比，無疑具有更大的衝擊力。我很遺憾，由於印刷的問題，迫使我修改書中所有的圖形，讓它們都只能以黑白色出現，而不能使用彩色箭頭來標注出各種不同的關鍵因素（比如政策、主迴路等）。

然而，繪製一幅漂亮的系統循環圖表所需要的細心總是意味著，在繪圖者的心中，繪製過程在某種程度上已經成為了一種藝術。因此，「藝術家」們自然而然地就會產生一種不願讓它變動的想法。當有人說「××地方怎麼樣」的時候，繪圖者就會不自覺地流露出一種拒絕的傾向：他會回答「我知道你在說什麼，但是……」

實際上，這時候你的腦袋裡出現了一場爭鬥：聰明的問題解決者在想：「是的，他說的對。」而疲憊的藝術家則說：「我昨晚熬了半夜才畫完了這幅圖，如果現在要去改變它，我太受打擊了！」

無論如何，你必須做出改變。你不會相信我將本書中這些系統循環圖表重畫了多少遍，你真的不會相信。

法則12：沒有「已經完成」的圖表

從很多方面來說，這一條法則是最重要的：沒有一個系統循環圖表是完成了的。即使對於本書中的這些例子，都稱不上是已經全部完成的系統循環圖表。我相信一些細心的讀者已經發現了一些可以改進的地方。

真實世界非常複雜，因此，任何系統循環圖表，無論它包含了多少真知灼見，都總是在強調某些因素，而忽略了其他一些因素。但是，世界在變化，可能片刻之前的次要因素現在已經變得非常重要了。我期待著這些圖表的變化。就像這個世界一樣，系統循環圖表也是有生命的東西。

12條繪製系統循環圖表的黃金法則

法則 1：瞭解問題的邊界

法則 2：從有趣的地方開始

法則 3：詢問「它將驅動什麼？」以及「它的驅動力是什麼？」

法則 4：不要陷入混亂

法則 5：不要使用動詞，請使用名詞

法則 6：不要使用類似於「在……方面成長／降低」這樣的詞

法則 7：不要害怕從未出現過的項目

法則 8：隨著進展及時確定連接類型

法則 9：堅持就是勝利，持續前進吧

法則 10：好圖表必須反映實況

法則 11：不要愛上你的圖表

法則 12：沒有「已經完成」的圖表

第三部分

應用

在這一部分，我們將接觸到系統思考的兩種基本元件，增強迴路和調節迴路，是如何結合在一起，從而為一些實際系統提供具有深刻見解的描述的。

「我們怎樣才能促進業務的成長？」這將是第 8 章的中心問題。原則上，每項業務都包含了一個作為其成長引擎的增強迴路，它應該能夠幫助業務永遠指數級成長下去，但是，我們都知道現實中並不存在這樣的情況。為什麼呢？因為每個增強迴路的周圍都圍繞著至少幾個調節迴路，它們遲早會終止這種指數級成長。在這種情況下，是應該為增強迴路「猛踩油門」呢，還是透過放鬆對增強迴路的制約而「鬆開剎車」？哪一種方式更為睿智？

第 9 章將仔細討論兩個商業問題，並展示在制定睿智決策的過程中，系統思考是如何發揮巨大作用的。在這兩個商業問題中，一個是我們在第 3 章中所討論過的電視製作公司案例的延續；另一個則發生在一家公司準備將一項關鍵活動外包出去的時候。

當然，最重要的政策是那些和經營策略相關的政策，這是第 10 章將要討論的話題。在這裡，我們將看到系統思考是怎樣成為一種強力工具，來處理每項業務都可能面臨的複雜問題，並在不確定的環境下進行最優決策的。

本部分的最後一章繪製了一幅更為宏偉的系統循環圖表。今天對人類最大的威脅之一就是「溫室效應」，而第 11 章為此提出了一種系統思考的解釋，這種解釋方法和系統思考對經營策略的描述，具有出奇的異曲同工之妙！

第 8 章

刺激成長

第5章和第6章詳細討論了系統思考的兩種基本構造塊，即增強迴路和調節迴路。實際上，僅僅使用一個迴路就可以完全描述的系統非常少見，很多系統都需要結合相互作用、相互聯繫的迴路網路才能得到很好的描述。在這些迴路網路中，一些是增強迴路，另外一些則是調節迴路。

因此，本章的目的就在於繼續我們在第5章結尾時的討論，探索當這些基本迴路銜接到一起之後所發生的現象。從業務的角度看，這一章的主題是成長。所有的業務都在竭力尋找成長的機會，但我們都知道，成長並不容易。

8.1　現實生活中，指數成長無法永續

大家不妨考慮一下我們在第5章中曾經討論過的系統循環圖表（**見圖表5-3**）。下面這幅圖描述了業務成長的引擎，如**圖表8-1**所示。

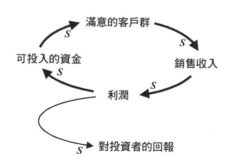

【圖表8-1】

我已經在圖中加入了一個新因素：「對投資者的回報」。這個輸出懸擺代表了整個業務的總體目標。

每項業務都包含著一個成長引擎，**圖表8-1**是這種引擎的一般形式。

我們現在已經知道，這個迴路的行為就是指數成長或者指數衰退，而且將永續進行，沒有極限。令人悲哀的是，實際系統並非如此。當然，我們並不是說這個迴路沒有表現出指數成長的行為，確切的說法是，**圖表 8-1** 所示的迴路仍不是對真實系統的恰當描述，可能還有一些實際系統中存在的事件沒有在該圖中表現出來。

其中一個事件就是市場飽和——作為一項事實，所有市場的容量都是有限的。掌握這一事件的方式之一就是引入兩個新元素：「市場總規模」和「市場占有率」，如**圖表** 8-2 所示。

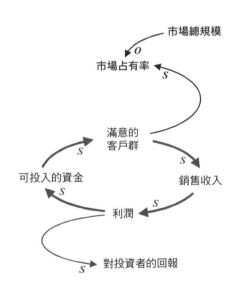

【圖表8-2】

隨著「滿意的客戶群」的增加，「市場占有率」也在上升，因此這是一個 S 型連接。但是，對於任一給定的「滿意的客戶群」，「市場總規模」愈大，「市場占有率」就愈小，因此這是一個 O 型連接。

S型連接、O型連接和算術

在系統循環圖表所掌握的關係中，有一些是概念性的，比如隨著內勤系統「工作負荷」的上升，部門的「處理能力」會下降。有些關係相對明顯一些，它們可以用算術關係來表達。我們已經遇到過這樣的例子，對差異的定義就是如此：

$$差異＝預算－實際$$

市場占有率的定義則是另一種形式：

$$市場占有率＝滿意的客戶群／市場總規模$$

一旦在元素之間建立了這種形式的算術關係，就很容易確定哪些關係是S型連接，哪些是O型連接。

通常在系統循環圖表中，上述運算式等號左邊的元素會被分別連接到右邊的兩個元素上，而且箭頭的方向總是從右邊的元素指向左邊的元素。如果右邊的元素前面是正號（比如「差異」運算式中的「預算」），或者是一個分數中的分子（比如「市場占有率」運算式中的「滿意的客戶群」），則這個連接是一個S型連接；如果右邊的元素前面是負號（比如「差異」運算式中的「實際」），或者是一個分數中的分母（比如「市場占有率」運算式中的「市場總規模」），則這個連接就是一個O型連接。

然而，大多數業務的正常特徵是，隨著「市場占有率」的上升，吸引新客戶的工作就逐漸變得困難起來。這就意味著需要引入一個從「市場占有率」指向「滿意的客戶群」的連接，而且是一個O型連接，如**圖表8-3**所示。

　　現在我們得到了一個由兩個相互連接的回饋迴路，以及一個輸入懸擺、一個輸出懸擺所組成的結構。下面的迴路是一個增強迴路，它竭力爭取指數成長；上面的迴路是一條調節迴路，它試圖實現「市場總規模」的目標。

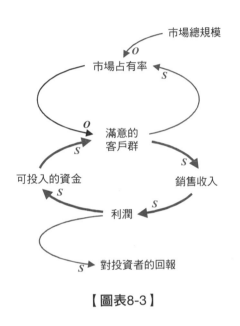

【圖表8-3】

　　當兩個環一起運行時，會發生什麼呢？起初，滿意的客戶群規模很小，遠遠不及市場總規模，這時調節迴路暫時沒有發揮作用，而增強迴路飛速旋轉，使得滿意的客戶群得以指數成長。但隨著市場占有率穩步成長，滿意的客戶群逐漸向市場總規模前進，這時吸引新客戶變得愈來愈困難，因此成長減緩。這時，調節迴路發揮了作用，為增強迴路的成長踩下了「剎車」，而且「剎車」的力度愈來愈大，直到最終成長停滯。此時，滿意的客戶群達到了市場總規模的極限（見**圖表 8-4**）。

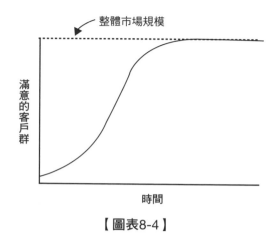

【圖表8-4】

成長上限

在很多更複雜的系統循環圖表中，**圖表 8-3** 所示的因果迴路結構（一條增強迴路連接到一個調節迴路）是一項非常常見的結構。

正如這個例子所示，我們在 5.8 節的「踩下剎車」中也曾經討論過，調節迴路的作用就是阻止增強迴路的成長，因此，這種結構被稱為「成長上限」。

如果調節迴路中存在著一個目標懸擺，就像**圖表 8-3** 那樣，那麼，增強迴路成長的極限就會受到這個懸擺的制約。這一點我們剛剛見識過。

如果迴路中不存在明確的目標懸擺，則調節迴路就扮演為增強迴路的旋轉「踩下剎車」的角色。此時，系統隨時間演變的行為，將完全依賴於這個「剎車」對增強迴路的作用方式。比如「剎車」是否平滑，「剎車」隨時間的變化是否頻繁等。在任一時刻，增強迴路和調節迴路誰占上風，都會相應地引發各種動態行為：

● 如果「剎車」有力且突然，則增強迴路的行為可能會從指數成長突然變成指數衰落。

● 如果「剎車」溫柔且保持一致的力量，則系統可能會表現出持續

成長，但成長速度會低於沒有調節迴路「剎車」效應時的指數成
長速度。

● 如果「剎車」的力量隨著時間的演進逐漸變強，系統起初會指
　數成長，然後逐漸變慢，最後可能會穩定下來。

● 如果「剎車」的力量隨著時間變化，則系統可能會一段時間成
　長，一段時間穩定，或者一段時間衰落。

「成長上限」這種結構是一種基模（archetypes）。基模是指由一
些簡化的迴路構成的、經常出現的因果迴路結構組合。

　　和永無停歇的指數成長相比，「成長上限」更接近於真實系統的實際行
為。但是，除了市場總規模之外，還有很多因素可能會限制成長，比如很少
有業務能夠獲取 100％的市場占有率。很多國家都有反壟斷法案，來限制某
個企業占據過多的市場占有率（見圖表 8-5 和圖表 8-6）。而且，總會存在
一些競爭者和新進入者與你進行永無停歇的客戶爭奪戰（見圖表 8-7）。

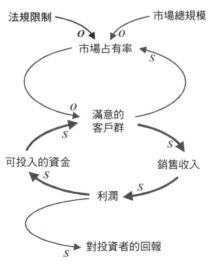

【圖表8-5】

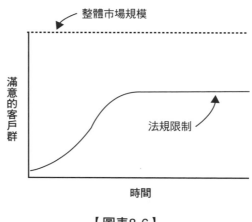

時間

【圖表8-6】

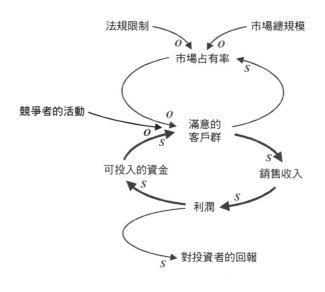

【圖表8-7】

迄今為止，我們所討論的三種限制（市場總規模、法規以及競爭）都是外部約束因素。然而，在這些外部制約因素發揮作用之前，每項業務都會很快發現自己已經面臨著其他一些因素的制約，如**圖表 8-8** 所示。

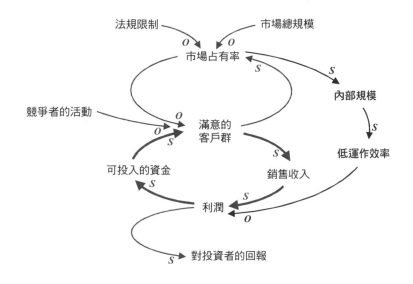

【圖表8-8】

　　這兩項新特徵代表了大量的情形。業務的成長透過「市場占有率」的擴大得到了體現，與此同時，「內部規模」也得以增加，其結果就是業務管理逐漸困難起來。各種「低運作效率」現象開始出現：系統變得笨重起來，內部的交流溝通遭到了破壞，一些人準備建造豪華的新總部……種種低效率引發的額外成本降低了「利潤」，並限制了成長──你看到那個連接「市場占有率」、「內部規模」、「低運作效率」、「利潤」、「可投入的資金」、「滿意的客戶群」，並最終回到「市場占有率」的因果迴路了嗎？

　　但是，這仍然不是故事的全部。某些「低運作效率」現象（比如供應鏈中的一個主要問題）可能會妨礙將貨物交付給零售商這一過程，從而降低「銷售收入」，並和由低效率引發的額外成本一起降低了「利潤」。由此導致的客戶服務的惡化可能也會對原有的「滿意的客戶群」產生不良影響。因此，你可以從**圖表 8-9** 中看到一幅更為完整的系統循環圖表。

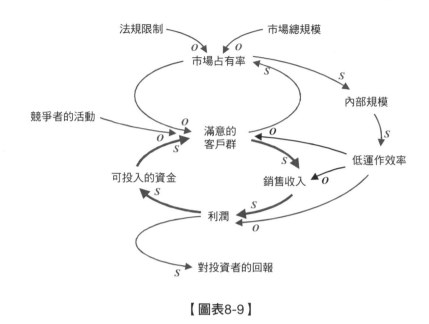

【圖表8-9】

　　這幅圖中有三條內部調節迴路，各自都可以獨立發揮作用，但它們共同的作用都是為成長「踩下剎車」。如果這些內部調節迴路中的任何一個「風頭」超過了增強迴路，這些「內傷」就可以直接限制業務的成長，而根本不需外部力量「出馬」。如果這些限制中的任何一個突然發作，也可能導致增強迴路從受限制的指數成長變成自由落體式的指數衰落。這幅系統循環圖表變得愈來愈接近實際了。

8.2　突破限制

　　圖表 8-9 一點都不簡單。然而，現在你已經知道了該如何讀系統循環圖表——複雜性就是這樣被制服的。

　　這幅圖由五個相互連接的回饋閉環，以及四個外部懸擺構成。在這五條回饋迴路中，一條是增強迴路，其他四條都是調節迴路。

　　這個唯一的增強迴路就是連接「滿意的客戶群」、「銷售收入」、「利潤」、「可投入的資金」的閉環，它是驅動業務成長的引擎。一旦環路作為增強迴路開始旋轉（通常藉由注入資本等手段來提供「可投入的資金」），原則上這個迴路會持續不斷地開始指數成長。

　　然而，由於這些內部、外部的調節迴路產生的「剎車」效應的存在，實際上這些迴路無法實現永續的指數成長。**圖表** 8-9 以一種普遍的方式展現了這些迴路。然而在日常工作中，它們往往呈現為超出負荷的任務清單上各種需要解決的問題：可能需要再招聘一些員工，來提高客服中心的服務品質；也可能需要儘快定下協定，以便準備征地、擴張工廠規模 —— 這些都是放鬆限制、促進成長的措施的例子。當然，在實際中，不可能只有三條調節迴路在限制業務的成長，至少有上百條。但是，只有一條增強迴路在苦苦掙扎著去尋求發展。

　　並不是所有這些調節迴路都在同時主動扮演著制約的角色。實際上，它們是陸續出現的：一旦你從一條調節迴路中掙脫出來，你很快就會遇上另外一條調節迴路。管理的本質就是不停地為驅動你的業務成長的增強迴路「添柴」，同時為層出不窮的限制業務成長的調節迴路「滅火」，從而形成如**圖表** 8-10 所示的成長軌跡（當然是在你措施得當的情況下）。

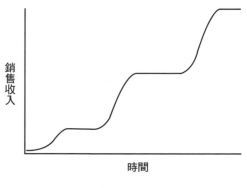

【圖表8-10】

在這個例子中，成長經常被一段段的穩定所打斷，每一段的穩定都在處理某種制約，但是最終都能夠克服這些制約。幸運的是，圖中的業務仍然能夠在飛速成長的間歇期間保持穩定。在更多情況下，我們所見到的成長曲線一般如**圖表** 8-11 所示。

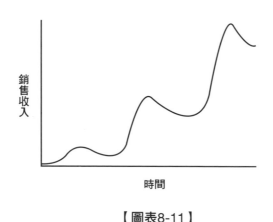

【圖表8-11】

這種成長曲線可能更為常見。在這個例子中，當增強迴路占據優勢時，業務進入指數成長週期，然後被一段衰落週期所打斷。在這種情況下，調節迴路不僅阻止了成長，還將增強迴路從良性迴圈變成了惡性循環。一旦發生了這種情況，經理們就不得不與各種約束進行搏鬥，所幸的是，最終仍然能夠在業務失敗之前消除掉這些主要制約。總的趨勢是成長，但如同那句老話所說：前途是光明的，道路是曲折的。

你管理制約的能力怎樣？

現在限制你的業務成長的三個最大因素是什麼？

你將採取什麼措施來減輕它們的影響？

一旦消除了它們的影響，緊接著出現的三個主要制約又是什麼？

你現在正在採取什麼行動來阻止它們的出現？

　　睿智的主管會在制約產生影響之前發現它們，並制定政策、採取措施來克服它們。他們的任務列表從來都不會滿，因為他們知道將自己的精力用於解決正確問題的重要性。當成長被限制的局面出現時，他們知道應該在什麼時候為基本的增強迴路加油，也知道應該在什麼時候將注意力轉移到消除制約上。

伊利雅胡·高德拉特

　　伊利雅胡·高德拉特（Eliyahu M. Goldratt）是暢銷書《目標》（*The Goal*）的作者。和大多數暢銷書不同，這本書不是對各種關鍵點的列表，而更像是一本講述一個故事的小說。故事以一家製造業公司作為背景，並與日常業務管理中常見的問題緊密相關。然而，整個故事的主旨都是在講述需要注意業務中的瓶頸和約束。如果你能夠辨識並管理這些因素，想辦法減輕它們的影響，其他的問題都可以輕鬆解決。

　　近年來，高德拉特進一步發展了他的制約理論，並發表了三部新著，分別是《絕不是靠運氣》（*It's Not Luck*）、《關鍵鏈》（*Critical Chain*）和《仍然不足夠》（*Necessary but not Sufficient*）。

8.3　城市人口成長

8.3.1　背景

　　並不是只有業務才會成長，各種組織都會成長：人口、城市、國家、文明……然而，這些都不可能無限制地永續成長──成長遲早會停止。組織、人口、城市、國家、文明遲早會穩定下來，或者開始衰落。因此，讓我們把注意力暫時從業務上移開片刻，來看一看一幅更宏偉的場景：城市的成長以及工業革命的起因。我們將會看到，這個故事中也包含著同樣對業務具有重要意義的資訊。

測試：是誰踩下了工業革命的油門

18 世紀中期發端於英國的「工業革命」，將整個世界經濟從農業時代推送到工業時代。你認為是誰踩下了工業革命的油門？

那些接受過正統教育的人通常的回答是「煤炭」：在燃煤蒸汽機中，人們發現了一種可以控制的力量，它將人們從依靠自己肌肉或牲畜的力量中解放出來。那些思維深刻一些的人可能的回答是「啟蒙運動」：這是一場政治和社會結構的變動，它將人們從貪婪的國王和暴君的壓迫下解放出來。然而，系統思考者卻可能回答是「茶」。

茶？難道引發如此壯觀的工業革命的「油門」就是「茶」？胡扯！

我也同意這個結論有些出人意料，而且我也不否認煤炭和啟蒙運動，以及大量其他事物的重要性。然而，茶對工業革命的貢獻確實比其他任何事物都要大。現在，讓我來講講這個故事吧。

8.3.2　人口成長動態

我從審查人口成長，尤其是城市人口成長的方式開始。當然，這完全依賴於「出生人數」，如**圖表 8-12** 所示。

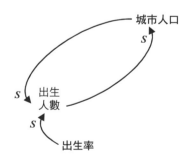

【圖表8-12】

通常情況下，「城市人口」愈多，「出生人數」就愈多；而「出生人數」愈多，「城市人口」也就愈多。兩者之間有時會存在時滯，這是小孩長大成人的時間。但是，為了系統循環圖表的整潔起見，我沒有明確標注出這一延遲。這是一個我們都很熟悉的增強迴路，它會呈現出指數成長的狀態，其成長速率主要取決於「出生率」。這是一個統計資料，指的是在任一給定時刻每千人中出生的嬰兒數。實際上，還有另外一個影響人口規模的因素，即「平均壽命」。隨著人口平均壽命變長，人口規模也會上升，這一點和出生人數無關。為簡單起見，我忽略這種效應。

另一個單向連接的例子

很值得在這裡停頓一下，並思考這幅系統循環圖表中的 S 型連接。隨著「出生率」的增加，「出生人數」也會增加，因此這是一個 S 型連接；隨著「出生人數」的增加，「城市人口」也會增加，因此這也是一個 S 型連接；而隨著「城市人口」的增加，成人就愈來愈多，從而「出生人數」也會增加，因此這是第三個 S 型連接。所有這些 S 型連接都符合常理。

然而，如果我們反向測試一下這些連接，會發生什麼事情呢？隨著「出生率」的下降，「出生人數」也在下降，這意味著兩者向同一方向移動，證實這是一個 S 型連接。類似地，隨著「城市人口」的減少，成人數量也在減少，我們可以認為「出生人數」也會下降——兩者再次向同一方向移動，證明這也是一個 S 型連接。

然而，隨著「出生人數」的減少，「城市人口」並不會減少；實際情況是「城市人口」繼續增加，只不過是速度放慢了而已。因此，我們就面臨這樣的環境：出生人數在下降，但城市人口仍然在增加，儘管很緩慢。這就意味著這個連接不是 S 型連接，而是一個 O 型連接。

實際上，這個連接確實是一個 S 型連接，因為我們在倒咖啡的例

子中就已經碰到過一個類似的情形，那裡就有一個單方向起作用的 S
型連接，當時的解釋是那是一個本質不可逆的過程——向杯中倒咖啡
的動作只會讓杯中的咖啡變得更滿。這兒的解釋也是一樣，生育同樣
是一個本質不可逆的過程，它只會讓人口變得更多，而不會變得更少。
因此，其對應的系統循環圖表當然也會呈現出單向作用的特性。這樣
的單向連接不時出現，關於它們通常會在什麼場合出現的討論，請參
見 12.6 節的「回顧單向連接」中的討論。

　　然而，人口並不是在無止境地成長，因此**圖表 8-12** 中肯定還遺漏了一
些因素。最重要的因素之一就是「死亡人數」，如**圖表 8-13** 所示。

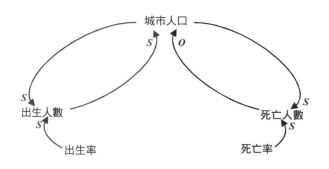

【圖表8-13】

　　「城市人口」愈多，「死亡人數」愈多。但是由於「死亡人數」產生
了消耗城市人口的作用，因此這是一個 O 型連接。

測試：這個系統循環圖表行為如何

　　圖表 8-13 中有一個增強迴路，「出生人數」驅動著「城市人口」
的增加。這條增強迴路和一條調節迴路聯繫在一起，「死亡人數」降

低了「城市人口」。

　　這幅圖和描述業務成長的**圖表** 8-3 在哪些方面有相似之處？在哪些方面存在不同？系統整體的動態行為如何？

　　如果你將**圖表** 8-13 與描述業務成長的**圖表** 8-3 相比較，你會發現兩者之間存在著一個非常重要的相似點：它們的基本結構都是一條增強迴路和一條調節迴路在相互作用。就像你已經見到的那樣，調節迴路的作用就是為增強迴路的旋轉踩下剎車。

　　然而，兩者之間還存在著一個重要的差異。業務成長的系統循環圖表中包括一個輸出懸擺（「對投資者的回報」，這是系統的總目標）和一個輸入懸擺（「市場總規模」，它的作用是將業務成長限制到一個極限）。但人口系統沒有某種意義上的系統目標，因此人口成長的系統循環圖表中沒有任何輸出懸擺。不過，人口系統確實包括兩個輸入懸擺（「出生率」和「死亡率」），但它們的作用和業務成長例子中的「市場總規模」的作用卻大相逕庭。

　　在業務成長的例子中，「市場總規模」代表著系統總體無法超越的容量，因此它扮演了目標懸擺的角色，它允許系統逼近這一極限，但卻永遠無法超越它。而在人口系統中，「出生率」和「死亡率」並不代表任何無法超越的系統容量限制，它們只是界定了增強迴路旋轉的強度（「出生率」愈高，「城市人口」成長得愈快）和調節迴路剎車的力度（「死亡率」愈高，「城市人口」降低得愈快）。因此，這些懸擺並不是目標懸擺，而是速率懸擺。我們在**圖表** 5-10 中已經見到過這樣的速率懸擺了。

　　因此，迄今為止圖中所示人口系統的動態行為就是無節制地成長，沒有任何極限，因為圖中並沒有任何關於極限的暗示。正如 8.1 節的「成長上限」中的討論所指出的那樣，這種人口系統（假設平均壽命恆定）可能會呈現出各種各樣的動態行為，而這一切完全依賴於各個時刻「出生率」

204

和「死亡率」的力量對比。比如：

- 如果一段時間裡出生率和死亡率持平，則人口會保持穩定。
- 如果一段時期內出生率始終超出死亡率，且兩者之差保持恆定，則人口會呈指數成長，整體成長速率則由出生率和死亡率之差決定。
- 如果一段時期內死亡率始終超過出生率，且兩者之差保持恆定，則人口會呈指數下降，整體下降速率則由死亡率和出生率之差決定。
- 如果一段時期內出生率和死亡率的變化獨立不相關，則根據具體情況的不同，人口可能會保持恆定，也可能會成長或下降，這時人口隨時間演變的曲線看起來就會像是一條波浪線。

這是我們已經多次見到的一種現象的另一個例子：一個非常簡單的結構可能會呈現出非常複雜的動態行為。

當然，**圖表** 8-13 支持了青蛙和睡蓮的故事。多年來，睡蓮的種群規模一直保持恆定，它們一直在池塘的另一端占據著不變的面積。然後，一些化學物質汙染了池塘，導致了睡蓮「出生率」的提高，但卻沒有降低「死亡率」，這就導致睡蓮呈現出每 24 小時成長一倍的指數成長局面。

8.3.3 驅動經濟繁榮

由於城市人口並沒有被束縛在土地上，他們可以自由選擇自己願意做的工作。他們製造、交換貨物，積極參與經濟活動，創造了「經濟繁榮」。創造財富的過程非常具有誘惑力。1400 年前後的倫敦市市長迪克·惠廷頓（Dick Whittington）曾在三個不同場合說道：「倫敦的大街上堆滿了金子。」對於像迪克·惠廷頓這樣希望在倫敦發財，並獲取自己的「剩餘財富」的農村小夥子來說，城市當然是一塊巨大的磁鐵。「經濟繁榮」驅動了「城市移民」，從而進一步增加了「城市人口」，如**圖表** 8-14 所示。

這裡引入了第二條增強迴路，它同樣會增加城市人口。

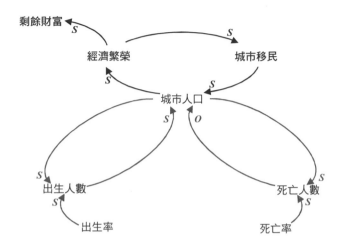

【圖表8-14】

8.3.4　城市人口無法無止境地成長

　　隨著城市的成長，發生了兩件很重要的事情。第一件事情就是不斷增加的「城市人口」，逐漸加重了當地農業資源的壓力。當「對食物的需求」開始超出當地的供給能力時，「饑荒」發生的可能性就增加了；一旦「饑荒」發生，不僅大幅提高了「死亡率」，同時也會降低「出生率」。由於這兩者的降低，「成年人口」大幅度降低，經過一段時間之後開始恢復穩定，最終和當地「農業能力」相匹配，如**圖表 8-15** 所示。

　　從結構上看，這幅改進後的系統循環圖表包含兩條相互連接的增強迴路（一個由「出生人數」所驅動，另外一個由「經濟繁榮」所驅動），並與三條調節迴路相關聯（最初那條由「死亡人數」驅動的調節迴路和兩條新的調節迴路）：一條從「城市人口」開始，經過「對食物的需求」、「饑荒」，最終回到「死亡率」；另一條沿相同路徑回到「出生率」。數一數 O 型連接的個數就可以知道，確實存在著三條調節迴路。

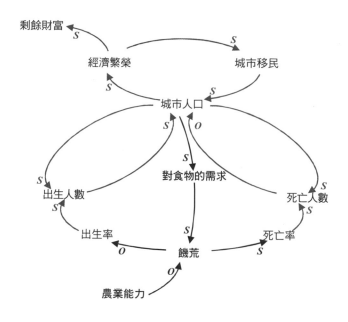

【圖表8-15】

　　這三條調節迴路共同限制了兩條增強迴路的成長。現在這個極限被一個新懸擺「農業能力」所決定。這是一個系統無法超越的容量限制，因此它扮演了目標懸擺的角色——它定義了對成長的最終限制。這個系統無法無限制地成長，它必須受到「農業能力」的限制。

　　然而，由於成長的「城市人口」還會帶來另外一種效應，為此我們還需要增加一項新因素：「過度擁擠」和與此相關的各類「疾病」，比如類似於麻疹、流感這樣的傳染病，以及傷寒、瘟疫這類由於汙染而引發的疾病。所有這些疾病都會降低人口規模，如**圖表 8-16** 所示。

　　數個世紀以來，西歐城市社會的成長一直被上述這個模型所支配。城市發展到一定規模之後，或者饑荒，或者疾病，再或者就會爆發戰爭，然後大幅度削減成年人口。只有當有利於成長的環境再次出現時，成長才會

重現。在 18 世紀早期，人口成長一直受到當地農業生產力的制約，儘管有些幸運的地方饑荒的限制表現得比較弱，但疾病一直是人口成長背後揮之不去的陰影。

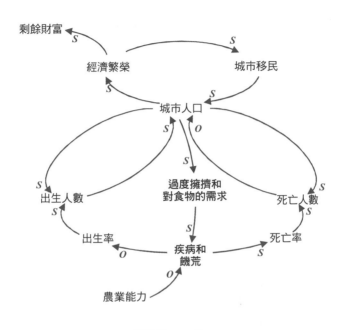

【圖表8-16】

測試：如何促進人口的成長

假設現在是 1750 年，而你恰巧是歐洲一個小國的君主。現在的時機非常好：你的國土肥沃，城市繁榮，國民富足。作為一位擁有三個健康繼承人的 34 歲的世襲國王，你根本不用顧慮繼位的問題，你的目光放在了長期發展上。

你希望採取一些政策來促進國家的經濟繁榮，而且作為一位仁慈的獨裁者，你擁有為所欲為的權力，但是，你當然希望採取睿智的行動。

你有如下四項選擇：

A. 尋找藉口和鄰國發動一場戰爭

B. 邀請新潮經濟學家亞當‧斯密（Adam Smith），離開寒冷的格拉斯哥到溫暖的首都定居，並在你的王國裡嘗試他的新理論

C. 作為社會的楷模，啟動一種喝早茶和下午茶的潮流

D. 引入一種全新的概念──兒童福利津貼，這在某種意義上是一種「反向稅」，即讓國家為生育孩子的家庭進行補貼

你會選擇哪個方案？

睿智的君主進行了痛苦的沉思，在接受了多位著名顧問的諮詢之後，宣布選擇 D 方案，即一種全新的「反向稅」。決策制定後不久，檔案記錄者發現了一份記錄著君主思考過程的備忘錄：

選擇 A：向鄰國發動一場戰爭，可能可以獲得提高我們農業能力的成果，但由於我們目前農業能力沒有任何問題，而且這種舉動會對我們的人口，特別是城市青壯年，產生不可避免的削弱。因此，A 看起來並不是明智之舉，因為我們的目標是獲得經濟繁榮，而不是為了榮耀，或者僅僅是為了戰爭而戰爭。而且，對於戰爭而言，失敗的可能性總是存在。歷史告訴我們，戰爭，尤其是針對鄰國的戰爭，通常只會使戰勝者和戰敗者的境況都變得更差，而很難讓獲勝者取得財富。

選擇 B：邀請亞當‧斯密來做我們新政府的首席經濟顧問，是一個有趣的建議，但是他實際會做些什麼，我們還不清楚。近期的歷史表明，任命一位蘇格蘭裔財政奇才效果不佳。畢竟不久之前約翰‧勞（John Law）剛剛毀壞了人口最多，也是表面上最具有經濟實力的法國。

我認為方案 C 無關緊要。飲茶有什麼用？

方案 D 是一個真正的創新，也是我們最終的選擇。在我們這個王

國漫長而光榮的歷史上，我們忠誠的國民一直是國家稅收的主要來源，因此，君主向他們撥一些錢一點都不新鮮。但是，這個想法背後的思想卻非常漂亮！這個思想的基礎是它認識到了我們經濟成長的主要動力是人口成長，而人口成長主要受出生率的影響。難道還有什麼措施能夠比兒童福利津貼更能促進出生率的提高嗎？太迂回了，嗯？當然，我們知道這個政策需要經過一些年頭才能看出效益，而短期內它確實會增加財務負擔。沒關係，我們不是在尋找速效療法嗎？長期利益才是最重要的。為城市居民額外增加一些補貼怎麼樣？這樣就可以保證城市人口會是成長最快的那部分了。

這位君主採納了方案 D，並持續實施了 20 年。然而，她注意到，出現了一些原來未曾預料到的現象：雖然出生率不出所料在上升，但財富卻減少了；城市人口並沒有成長；經濟雖然成長了一點，但並沒有像她期望的那麼多！出人意料的是，死亡率在迅速上升。事實上，城市經歷了幾次可怕的疾病的侵襲；整個經濟中唯一的亮點就是殯葬業。也有一些新生兒增加，但更多的人在死去——城市人口正在慢慢減少。

唯一的例外就是一個和印度群島有海上貿易的海港。這個城市不斷成長，最後成為這個大陸上最大的城市。這是一件非常幸運的事，因為這個城市的貿易稅在供養著整個「反向稅」計畫。多麼幸運的事啊！

因此，君主來到了這個繁榮的海港，她試圖去理解為什麼只有這兒那麼繁榮。在正式的招待會上，市長為她呈上了一杯淺棕色的液體。

「我們可以用它幹什麼？」她問道。

「飲用，陛下！」

「飲用？」

「是的，陛下！飲用。非常美味，但是，我必須承認，這依賴於您後天形成的味覺習慣。它在這座美好的城市裡極度流行。」

「真的？哦，好吧，既然你那樣說。它叫什麼？」

「茶，陛下！」

茶確實是一種令人愉快的飲料。它不單具有良好的口感，還有一定藥效：它包含單寧酸，可以殺菌。它沒有現代的抗生素這樣強力，但是它足夠將疾病的制約減弱一點點，從而恰恰保證了出生率稍稍高於死亡率，而且持續時間足夠長，保證了人口的自然成長能夠持續進行下去。實際上，飲茶具有雙重效應：一方面，茶自身具有輕微的抗菌作用，另一方面，泡茶需要將水燒開，從而殺死了生水中的細菌。需要注意的是，這一切都發生在人們還沒有接觸到「公共衛生」這個詞之前。

儘管非常令人驚訝，當時沒有一個人認識到其中的奧秘，但是這個故事確實是真實的。18 世紀晚期，歐洲某個地區養成了飲茶的習慣，這就是英國。在歐洲，只有英國的人口在不斷克服限制其他地區人口發展的制約（由於過度擁擠而引發的各種疾病），保持不斷成長。請注意，死亡率實際上僅僅降低了一點點，但是只要它持續低於出生率，人口就會指數成長。這正是發生在英國城市中的歷史。

18 世紀的英國恰好還得到了其他一些有利因素：充足的煤炭、貿易和文化交流，以及至少有一段時間的政治和社會的啟蒙。這就是為什麼工業革命會在大不列顛出現，這是由茶在不經意之間引發的一場革命。

8.3.5　最終的系統循環圖表

圖表 8-17 就是這個故事最終的系統循環圖表。

這是一個「成長上限」的結構，系統的產出是「剩餘財富」。系統最終會受到「農業能力」的制約，它決定了人口總數超出食物所能供養的上限這一臨界點，從而導致饑荒。由於「農業能力」是有限的，它代表著一個最終的、不變的制約。儘管這一制約可以透過提高農業生產力，或發現新的食物來源而得到緩和，但是永遠也無法消除。

　　第二種制約是「疾病」，主要是由於過度擁擠而造成的。這可以藉由公共衛生計畫和醫藥技術而得以緩和——無論是透過有計畫地使用諸如抗生素之類的藥物，還是在完全不經意的情況下養成了飲茶的習慣。和「農業能力」不一樣的是，「疾病」的力量並不是無限的，因此它實際上扮演了一種動態的制約，而不是最終的制約。如果「農業能力」不是一個有限的約束，那麼，「城市人口」就會跟隨「出生率」和「死亡率」的變動而增加或減少，而後者則完全由「疾病和饑荒」所決定。因此，如果沒有「饑荒」，「疾病」也得到了緩和，「城市人口」就會不斷成長，「剩餘財富」也一樣。

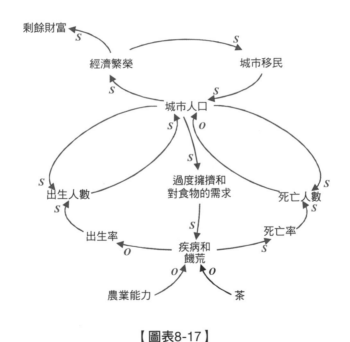

【圖表8-17】

8.3.6　這個故事的意義

　　儘管有些戲劇化，但這個故事確實是真實的。它所討論的，完全是關

於如何在現實世界中刺激成長，在不可避免受到外界約束的情況下實現成長。

這個例子強調了兩種政策的不同，儘管它們都可以用來刺激受制約下的成長。

第一種政策是對作為成長引擎的增強迴路進行鼓勵。對應到這個故事中，就是鼓勵生育（這樣就刺激了經過「出生人數」的那條增強迴路），以及聘用亞當·斯密先生（從而刺激了經過「經濟繁榮」的那條增強迴路）。

亞當 · 斯密

亞當·斯密於 1723 年生於愛丁堡附近，並因其宏著《國富論》而聲名卓著。這本書於 1776 年首次印刷就在經濟學界引發了一場革命，其在經濟學界的深遠影響，可以與同年發生在費城的政治事件的影響相媲美。儘管他自己並不清楚，但他實際上也是一位系統思考者。他的大部分著作，不僅僅是經濟學著作，還有關於社會哲學方面的著作，都是關於如何協調一個「有序的社會」的，而這一點，用系統思考的術語來說，就是如何設計一個自組織的社會系統。

斯密的著作主要依據兩個中心概念：「理性人」，它產生了限制個體行為的作用（用系統思考的術語來說，就是自願約束個體行為）；「看不見的手」，透過它，各種個體追逐利益最大化的行為為整個社會帶來了益處。用系統思考的術語來說，斯密當然是在描述一個結構良好的經濟系統所自然而然流露出來的性質。

另一種政策就是緩和制約，在這個故事中就是發起戰爭（其目標就是獲取更大的「農業能力」），或者透過飲茶（一種無意的行為，但是確實產生了預防「疾病」的作用）。

8.4　不用猛踩油門，鬆開剎車就夠了

儘管促使增強迴路旋轉得更快的政策既明顯又易於實施，但這種政策通常都不夠睿智。因為在這種情況下，你愈是用力推動一個最根本的制約，它的反彈力就會愈大。

一個明顯睿智得多的政策，就是緩和制約，因為一旦緩和制約，增強迴路就會自動按照自己的節奏旋轉起來，而不用外界的干涉。這和英國透過飲茶，而不知不覺地實現了人口的成長是同一道理。政府並沒有要求人們去飲茶，或者生更多的孩子。人們仍然像往常那樣飲茶和生孩子，但是死亡率下降了，因此人口自然就成長了。考慮到這條迴路當前還是一個良性迴圈，而不是惡性循環，只要消除這些制約，順其自然就可以實現成長了。

說起來容易，做起來難。在實際中，採取緩和約束的政策通常很困難。人們很可能由於沒有意識到約束的存在，而無法找到正確的措施；也有可能會將正確的措施看作是過於迂迴、無足輕重的方案而被忽略。你曾經聽說過一家公司持續地為一種已經失去競爭力的產品大肆宣傳嗎？這是在緩和制約，還是在猛踩油門？

當成長開始受到制約的時候，睿智的經理們會針對如何緩和約束展開工作，而不是更加用力地推動增強迴路。這是因為他們對業務內外的因果迴路都有著深刻的理解。

如何縮短你的待辦事項表？

你和你的同事們很可能正發瘋般地採取行動，發起提議，指導專案，填滿你們的待辦事項表。請花一點時間，為這些行為中最重要的部分做個清單，並將它們填在圖表 8-18 最左邊那列：

【圖表 8-18】

行動	推動增強迴路	緩和制約	其他

　　然後，為每項行動選擇一個類別。

　　如果你為某項行動選擇了「其他」，那麼，你為什麼要採取這項行動？

　　如果你為某項行動選擇了「推動增強迴路」，那麼：

● 對應的迴路是否受到了制約？

● 如果受到了約束，制約是什麼？

● 你怎麼知道該迴路受到這種制約？

● 需要採取什麼行動來緩和這種制約？

● 你能採取一些比你正使用的措施更好的措施嗎？

　　這對縮短你的待辦事項表有幫助嗎？

第 9 章

決策、團隊工作和領導力

第 8 章著重討論了如何管理業務成長，並強調了究竟應該為增強迴路猛踩油門，還是應該去緩和調節迴路的制約兩難境地。為增強迴路猛踩油門通常是最明顯的選擇，而且一般具有速療作用。緩和制約的措施通常難以想到，而且執行起來也比較困難，但是它也經常是更為睿智的做法。

這一章我們將鑽研一些更具體的層次，並介紹兩個例子。這兩個例子展示了系統思考如何啟發人們制定政策，並幫助人們從各種速效療法中辨別出更為魯棒的解決方案，從而引導人們採取更為睿智的措施。第一個案例是我們在第 3 章中探討過的電視製作公司案例的延伸；第二個案例則是關於外包，以及由此導致的發包方和承包商之間的相互依賴問題。在這兩個故事的背後，是兩個共同的話題：團隊工作和領導力。

9.1　人才問題

第一個故事是關於在電視行業中，系統思考是如何幫助一群高階主管解決所謂的「人才問題」的。雖然這個故事發生在特定的行業背景下，但它完全適用於更廣的範圍。同時，該故事的重點不在於發現系統隨著時間演變的更多細節，而在於如何制定睿智而可靠的政策，即尋找那種能夠保證穩定成長或緩和破壞性約束的政策。因此，這裡沒有什麼圖畫，但卻有一大堆系統循環圖表！

大多數業務都面臨著控制成本的壓力。在**圖表 3-1** 中我們就曾見到過**圖表 9-1** 所示的內容：

圖表 9-1 由兩個相互糾纏的增強迴路組成，它們都可能呈現出指數成長或指數衰落的行為。圖中所使用的語言具有衰落的暗示，但是我相信你已經看出，這些迴路同樣可以作為良性迴圈而存在。

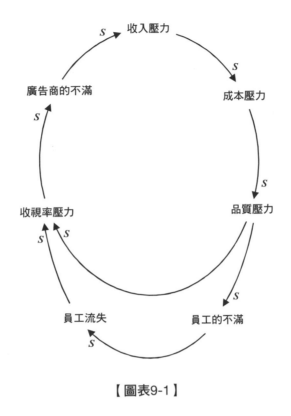

【圖表9-1】

　　管理團隊所面臨的一個限制業務成長的最大制約就是人才問題，即一些關鍵人物的流失給業務帶來的衝擊。這些關鍵人物包括影視明星，重要的幕後職員，經驗豐富且能力頗強的劇本作者、製片人和設計師。在英國，這個問題相對較新。幾年之前，電視產業中只有幾家公司，BBC 占據了壟斷地位，從一家公司跳槽到另外一家的情況非常少見，因為一旦某人成為某個電視製作公司的員工，他就傾向於一直待在那家公司。

　　但電視行業管制的逐步解除，以及不斷出現的新技術改變了這種局面。隨著廣播電臺和電視臺不斷開出很多新頻道，有線電視、衛星頻道，還有網路等各種播出方式的不斷出現，這個行業中出現了很多新公司，因此，各種人才就可以不斷流動了。

最明顯的速效療法就是加薪挽留，即一旦一位明星威脅說要離開公司，就為他加薪，從而挽留住他。然而，這可能並不是最聰明的做法。為了更進一步地探討這個問題，該公司成立了一個跨部門的小組，採用系統思考方法來研究這個問題。在此過程中，我們發現有如下三種主要觀點：

1. 高階主管的觀點：他們一方面在尋找促進業務成長的途徑，另一方面在控制成本。
2. 明星的觀點：他們對公司的忠誠度變得愈來愈脆弱。
3. 非明星員工的觀點：他們目前雖躲在明星的陰影後面，但其心中卻燃燒著成為明星的雄心壯志。

睿智就是用整體的觀點去看待問題，並理解各種可能行為的後果。因此，我們將以這三種人的視角各自繪製一幅系統循環圖表，這對理解和解決問題更有幫助。

9.1.1　高階主管的觀點

我們的出發點是認識到很多電視行業的高階主管都被很強的「個人雄心」所驅動。他們渴望成功，而在這個行業中，成功的標誌就是觀看他們節目的觀眾人數，如**圖表 9-2** 所示。

【圖表9-2】

不斷成長的「對高收視率的需求」提高了「對明星的依賴」，因為正是明星們（包括明星劇作家、明星製片人、明星設計師、明星演員）在吸

引觀眾。這進一步加重了「對明星流失的恐懼」，也加重了「滿足明星要求的壓力」。而明星們意識到了自己不斷成長的力量，他們就開始交涉，要求更高的工資和福利。但如果同時還要執行「削減成本政策」，會發生什麼衝突？這是發生在害怕因為對明星說「不」，而導致他們離開公司，從而損害了自身利益基礎的主管腦海裡的一場衝突，如**圖表** 9-3 所示。

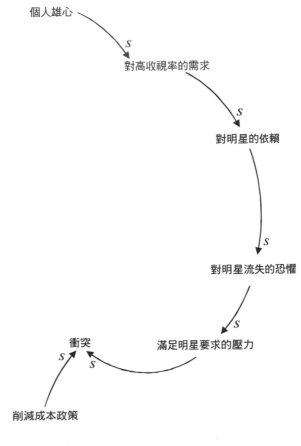

【圖表9-3】

屈服於「滿足明星要求的壓力」的速效療法是如此誘人。我現在就可以進行這項交易：「不會有其他人知道這件事的，而且在我必須向我的上

司報告這件事情時，收視率肯定已經上升，因此，我一定要這樣做……」

　　不幸的是，事情的發展並不是那麼簡單而理想。就你所知，有多少家公司裡面能夠保留住「不會有其他人知道」的秘密？特殊交易的內幕很快就洩露出去了，如**圖表** 9-4 所示。

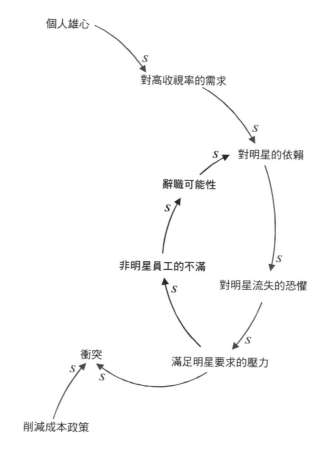

【圖表9-4】

　　就這樣，這個所謂的最佳處理措施引發了「非明星員工的不滿」，即那些經驗豐富但還沒有成為聚光燈焦點的員工，包括各種助理、低層人員，

以及相對年輕一些的職員。他們可能不是明星，但他們在公司中仍然扮演著重要的角色。如果這一不滿持續上漲，導致他們「辭職可能性」的上升，這進一步加重了「對明星的依賴」。對於明星來說，經理們匆忙選擇屈服於「滿足明星要求的壓力」毫無疑問是個好消息，但對於其他的任何人而言，都是一個壞消息。

　　這些人中甚至還包括可憐的高階主管。「衝突」還沒有消除，可是怎麼去解決它呢？「如果我向那些明星讓步，即使是很小的讓步，」經理會想，「我就要承受巨大的『從其他地方削減成本的壓力』，而這只會更進一步加重那些『非明星員工的不滿』，從而進一步加劇『衝突』。其結果就是進一步加重了我的『壓力』，甚至可能會影響到我個人的績效。這就意味著，為了我自身地位的穩固，我『對高收視率的需求』就更加重要了……」這一過程，如**圖表** 9-5 所示。

　　沒有人說高階主管的日子非常輕鬆，而**圖表** 9-5 則揭示了其中的原因。所有這些迴路都是增強迴路（如果你願意數一數，會發現這裡有很多閉環），每次無情的旋轉都加劇了其他迴路的窘境。難怪這些經理都那麼緊張。

　　無論如何，問題還擺在那裡：什麼是在這種形勢下所能採用的最睿智的政策？**圖表** 9-5 是高階主管眼中的世界，但這還不是故事的全部。

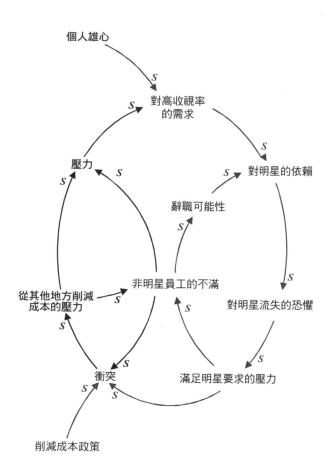

【圖表9-5】

9.1.2　明星的觀點

圖表 9-6 是一位明星對同一形勢進行觀察的起始點。

明星們同樣也有充分的「個人雄心」，表現為「成為明星的願望」。然而，明星中也有大牌明星和小有名氣之分。任何一位具有雄心壯志的明星，都永遠不會滿足於他「當前的知名度」。因此，「成為明星的願望」本質上是想成為一位更有名氣的明星。名氣愈大，「公眾矚目度」就愈高，

這會進一步加重他的「自負」，為「成為（更有名氣的）明星的願望」火上加油。這個美妙的、自我縱容的增強迴路（在這裡使用「良性迴圈」可能不太合適），很容易得到那些曾經有過「主角」經歷的人的認可。

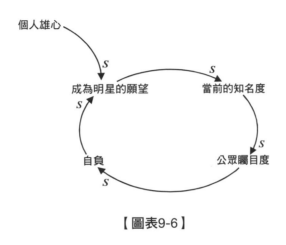

【圖表9-6】

　　明星的「公眾矚目度」愈高，他「對公司的價值」就愈大；明星的「自負」感愈強，他認為自己與公司「討價還價的能力」就愈高，尤其是在「解除管制和新技術」的出現，而導致「新雇主吸引力」增加的情況下，如**圖表 9-7** 所示。

　　從明星的視角看，他們「對公司的價值」的增加，應該會提高公司對他們的要求「讓步的可能性」。由「新雇主吸引力」所驅動的明星的「討價還價的能力」與公司「讓步的可能性」，在明星的心中形成了衝突：「我是不是應該辭職？我還能把公司逼得多緊？還有多少討價還價的餘地？在其他地方遇到更好的環境的可能性有多大？」如果公司滿足了他們的要求，或者其他雇主不具有吸引力，這個衝突自然好解決。但是，如果公司堅持不讓步，或者明星從競爭對手那裡得到了更好的承諾，這就會增加明星「辭職的可能性」。

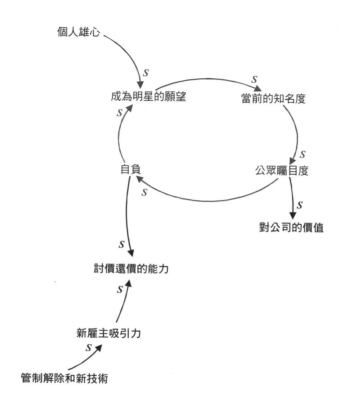

【圖表9-7】

圖表 9-8 就是一幅從明星的角度繪製的系統循環圖表。

這個系統循環圖表中只包括一條增強迴路,即圖中上方的「主角」迴路。其他的因素都和一些懸擺相關:「個人雄心」是目標懸擺,「管制解除和新技術」表示外部驅動因素,而「辭職的可能性」是系統結果。明星究竟是去是留這一「衝突」透過兩邊的 S 型連接和 O 型連接進行平衡。如果得到了平衡,明星就會留下來;如果無法平衡,則「辭職的可能性」就會相應地上升。

在迄今為止的這兩幅圖中,我們可以看出經理的視角和明星的視角大相徑庭。這種情況很容易理解,因為在這場爭鬥中,他們處於兩個對立的

陣營。但是，我們還是沒有講完整個故事，因為還有另外一個派系。

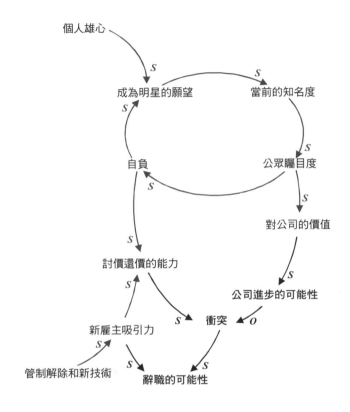

【圖表9-8】

9.1.3 非明星員工的觀點

　　除了明星以外，公司還需要大量的其他工作人員，也在盡力去吸引最優秀、最聰明的人才。那些加入公司的年輕人願意主動學習，但他們同樣也壯志淩雲，希望成為未來的明星。**圖表 9-9** 就是代表著他們視角的系統循環圖表。

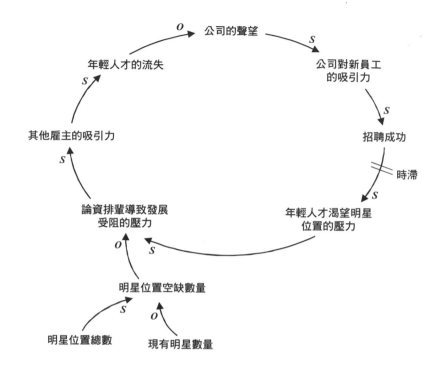

【圖表9-9】

這幅系統循環圖表符合常識嗎？

現在你已經見過大量的系統循環圖表了，那麼好好看一看這幅圖，並盡量直接從圖中瞭解這個故事。你同意這幅圖所傳遞的資訊嗎？你贊成這裡面的 S 型連接和 O 型連接嗎？這個回饋迴路的行為如何？站在公司的立場上，這是一個好消息，還是一個壞消息？

從上面開始，「公司的聲望」愈好，「公司對新員工的吸引力」愈大，公司就能愈容易「招聘成功」。但是，一段時間之後，滿懷雄心的年輕員工就開始尋找成為明星的機會，幾年前公司「招聘成功」愈大，現在「年

輕人才渴望明星位置的壓力」就愈大，然而公司當前的「明星位置空缺數量」是有限的，這一數字由「明星位置總數」和「現有明星數量」之差決定。考慮到現有明星的雄心，他們主動為年輕人才讓出位子的可能性幾乎為零，因此，「現有明星數量」愈多，「明星位置空缺數量」就愈少。年輕人才由於「論資排輩導致發展受阻的壓力」就愈大。在等待現有明星退役的過程中，年輕人才變得愈來愈沮喪，而其他雇主的吸引力就開始變得愈來愈強，這將導致「年輕人才的流失」。而這種大批跳槽的流言最終會傳播到社會上，破壞「公司的聲望」。

　　這是一個調節迴路，它會圍繞著「明星位置空缺數量」逐漸穩定下來。對於公司來說，這是一個雙料的壞消息：它既約束了成長，還導致了公司名譽受損。

9.1.4　最佳政策是什麼？

　　這三幅系統循環圖表描述了這個案例中所涉及的三個主要利益群體的視角和觀點。

你該怎麼做？

　　再看一眼剛才那三幅系統循環圖表。你會採取什麼政策來解決這種人才問題？

　　屈服於明星的要求這一速效療法，肯定不是明智的做法，這一點我們已經達成了共識。實際上，儘管問題的焦點在明星身上，但最睿智的政策並不是透過研究他們的系統循環圖表而得到的。恰恰相反，最終的解決方案是在審查高階主管和非明星員工的系統循環圖表的過程中得到的。

　　問題的本質在於明星的「勒索」這一潛在威脅。這一因素在高階主管的系統循環圖表中是藉由「對明星的依賴」的方式表現出來的。如果能夠

打破這種依賴關係，那麼，明星們就再也無法利用這種威脅，局面也就會穩定下來。怎樣才能達到這一點呢？

答案可以從非明星員工的系統循環圖表中找到。在這個系統循環圖表中，「年輕人才的流失」是「論資排輩導致發展受阻的壓力」的結果。盡可能地為年輕人創造成名的機會，難道不是擺脫對現役明星的依賴的最佳途徑嗎？一方面，這可以減輕「對明星的依賴」；另一方面，還可以平緩年輕人的「論資排輩導致發展受阻的壓力」。另外，這樣做（至少）還有三種有益的副作用：它將減少「年輕人才的流失」；有助於消除各種危害「公司的聲望」的舉動；避免直接與競爭對手爭奪訓練有素的員工，從而在保護公司競爭優勢的同時，消除了員工的議價能力。

這種為年輕員工創造更多機會的政策顯然具有很多好處，但是它也有一個不利的地方：它認為公司應該拒絕明星們的「勒索」——如果他們因此而選擇辭職，那麼就讓他們捲舖蓋走人好了。

可以採取幾種方式來實施這個政策：第一種方式是增加節目的種類和數量，從而增加更多的「明星位置總數」，並承諾盡量讓年輕人來承擔這些節目的工作；第二種方式是尋找一些途徑，讓「現有明星數量」能夠得到較為平均的分配，但這需要現役明星為年輕人才騰出位置，而那些較為自負的明星可能不願意這樣做。如果這種做法導致了一些明星的辭職，公司應該順其自然。這樣，等待成名的年輕人才很快就會得到證明自己的機會。**圖表 9-10** 是高階主管眼中的新系統循環圖表，其中加入了一項新因素，「年輕人才的開發」。這一因素的引入為系統帶來了穩定。

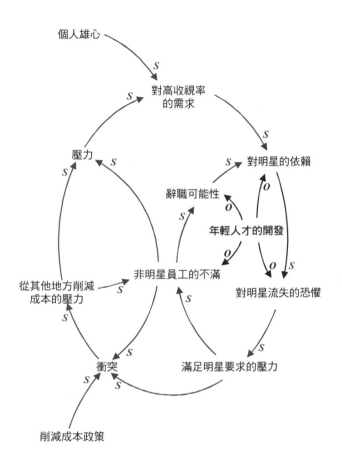

個人雄心

對高收視率
的需求

壓力

對明星的依賴

辭職可能性

年輕人才的開發

非明星員工的不滿

從其他地方削減
成本的壓力

對明星流失的恐懼

衝突

滿足明星要求的壓力

削減成本政策

【圖表9-10】

　　圖表 9-11 是非明星員工眼中的新系統循環圖表，其中增加了兩個因素，「節目創新」和「位置重分配」，這兩個因素都受到了「年輕人才的開發」這一政策的推動。

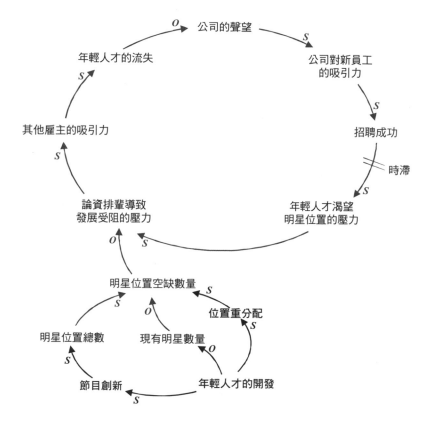

【圖表9-11】

很顯然,這項政策並不是能夠讓每個人都永遠幸福生活的「魔杖」。我們所付出的代價是,對於現役明星來說,重視「年輕人才的開發」可能不是一個好消息。**圖表 9-12** 描述了明星眼中的調整後的世界。

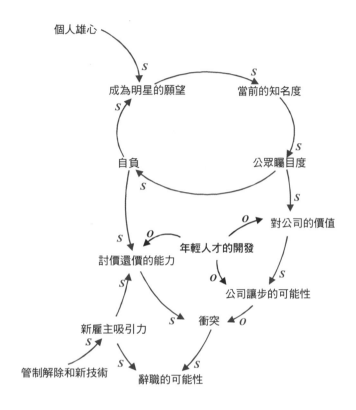

【圖表9-12】

9.2　太明顯了

以「事後諸葛」的觀點來看，這當然非常明顯——事實上，可以這樣說，所有的好主意和睿智決策，在事後看來都非常「顯然」。然而，當你身處局中，所有人都逼著你馬上做出決定時，當電話鈴不斷響起、馬上就要決定預算方案、你將在 20 分鐘後和分析家舉行一次會晤，以及當你面臨著日常業務工作中的種種困擾時，事情可能就不是那麼顯然了。

從我的經驗來看，系統循環圖表經常受到兩方面的挑戰：

它們太微不足道了，沒有展示出任何新東西。

透過系統循環圖表所獲得的「見地」（包括各種理解、政策的形成，以及各種動態行為）都不言自明，根本不需要辛辛苦苦地繪製出系統循環圖表就可以輕鬆得到。

從某種意義上說，第一點確實成立：繪製系統循環圖表的目的就是去捕捉現實，好的系統循環圖表，必須能夠反映現實。因此，它就無法包含任何「新」東西。實際上，如果一幅圖並不遵從實際，或沒能合乎邏輯，那麼它或者是一幅還不完整的圖，或者根本就是一幅錯誤的圖。因此，一幅好的系統循環圖表能夠且必須簡潔而深刻地反映現實。然而，簡潔並不意味著微不足道。繪製一幅能將人們關注的目光引導到最重要的系統特徵，並清晰呈現各種關鍵連接的系統循環圖表，需要非常細心的觀察、獨具見地的理解和深刻的思想。

第二種意見似乎有些憤世嫉俗。正如我剛剛指出的那樣，以事後諸葛的觀點看，所有睿智的政策都是不言自明的，但是當我們面臨抉擇時，尤其是面對那些兩難境地，需要我們在各種同樣「好」或者差不多「差」的選擇中挑選其一時，事情就變得不是那麼簡單了。如果決策是那麼簡單，我們曾經有過的諸多不明智的選擇又該做何解釋呢？

也許有人會說，歷史上睿智的人在決策時並沒有繪製系統循環圖表。然而，歷史上又有多少人能和那些偉人並肩而立呢？對於我們這些不能和所羅門王並肩的人來說，系統循環圖表將非常有幫助。繪製並使用好的系統循環圖表本身就是在「見樹又見林」。從事後的觀點看，這當然非常輕鬆，因此，憤世嫉俗者看不起系統循環圖表也很自然。但是，當你處在黑暗的樹林中的時候，這就一點兒也不簡單了。在護林人將樹林中正確的大樹漆上了亮麗的黃色之後，「見樹又見林」當然就非常容易了。而這正是一幅好系統循環圖表所要完成的工作。當你繪製一幅系統循環圖表時，你就是那個護林人，從各種有趣但是並不非常重要的樹木中，分辨出重要的

樹木；為真正有意義的樹木塗上亮麗的黃漆；找出正確的大樹，從而避免人們陷入「半個大象」的陷阱。

我的比喻有點離題太遠，但是我想你應該能夠理解我的意思。系統思考的創始人之一叫傑・福瑞斯特（Jay W. Forrester），其中 Forrester 正是護林人的意思。這難道不是一個巧合嗎？

傑・福瑞斯特

傑・福瑞斯特的職涯有著輝煌的紀錄。他在電腦發展史、和冷戰相關的地理政治事件、社會政策的制定以及教育管理等多個領域都有重要地位。他還是系統思考的創始人之一，特別在使用電腦模擬方面獨具建樹。

傑・福瑞斯特於 1918 年出生於內布拉斯加州克萊馬克斯附近的農場，並在內布拉斯加州立大學獲得電子工程學學士學位後，進入麻省理工學院攻讀碩士學位。在致力於創建世界上第一台即時電腦「旋風」的專案中，他創造了一種存儲資訊的新方法，並以自己的名字申請了專利。最早的電腦採用真空管存儲資訊，後來很快採用了電子管存儲資訊。這些設備都非常笨拙、緩慢且耗電。由於採用一種被稱為「鐵氧體」（ferrite）的特殊磁性材料製造了隨機記憶體，福瑞斯特為電子電腦的體系和性能帶來了革命性的變化。這項電腦記憶體製造技術最早於 1949 年應用於工業生產，直到 1970 年代才被現在的矽晶記憶體技術所取代。

在 1950 年代早期，福瑞斯特是美國政府 SAGE 專案的總監，該專案是一個非常龐大複雜的防空系統，它使用「旋風」電腦去控制雷達來監控飛越北美上空的飛機，並記錄下它們的飛行軌跡。SAGE 於 1958 年投入使用，在 1983 年更新換代之前，一直是美國軍事策略中的關鍵元件之一。

福瑞斯特於 1956 年進入麻省理工史隆管理學院，他在那裡設立了一個專案，促成《成長的極限》一書的出版。為了支持這本書中的觀點，他還指導專案組採用電腦模擬的方法進行了相應的定量分析。他一直領導該部門到 1989 年，至今該部門仍然是系統思考和系統動力學的世界中心。福瑞斯特現在仍然非常活躍，他於 1998 年被任命為麻省理工學院榮譽退休教授，現在的主要研究興趣在於總體經濟和教育。

9.3　心智模式

系統循環圖表必須反映現實——但是，應該是誰眼中的現實？我們每個人所見到的現實可能相去甚遠。更重要的是，你的地位可能沒有我重要，你所認為的最佳措施可能和我的選擇有所不同。這不是一個正確或錯誤的問題，只不過再一次證明了我們看待這個世界的方式有所不同而已。

我們現在最應該馬上做的三件事是什麼？

下次你再開會的時候，可以在會議結束之前和與會者說：「會議開得很棒。咱們每個人都在一張紙上按照重要性排序，寫下三件我們應該馬上就做的事情吧。」

然後，當與會者都寫下了自己的任務清單之後，你將所有人的選擇都收集上來。除非會議已經明確地就下一步的措施達成了一致，否則，我猜測所有人按照相同順序寫下相同事情的可能性為零——絕對是零，而不是幾乎為零。肯定存在著部分重合的可能性，因為所有人都在參加同一個會議。但是，差異是不可避免的。可能一個人認為最重要的事情就是把專案團隊組織起來，而另外一個人則認為應該將本次會議的成果通報給未能參加會議的人。

這並不是由於人們開會時注意力分散所致，也不是由於一些邪惡

的精靈對參與會議的人散布了不滿，更不是會議主持人無能。這完全是由於不同的人所持有的對這個世界的不同看法所致——而且，這些看法中的每一種都是合理的！

這些差異非常重要，因為它們強化了我們面對同一問題的態度和行動。我們都曾玩過「打賭」的遊戲，就是預言在某些特定情況下，我們的同事會採取的行動。比如，如果你們正在就預算問題進行討論，那些狂熱地相信廣告是唯一刺激銷售的利器的人，會強烈要求增加宣傳預算；那些相信招聘更多的銷售人員，並確保他們對公司產品瞭若指掌是唯一刺激銷售利器的人，則會同樣強烈地要求增加招聘和培訓的預算——這種觀點也沒有錯。

原則上，這兩種觀點是無法調和的，因為它們是基於兩種對這個世界運作方式的不同理解。推崇廣告的人相信銷售收入的強心針就是廣告，推崇招聘和培訓的人則有著不同的想法。就增加業務收入的最佳方式而言，這兩種人有著不同的觀點——以及不同的心智模式（mental models）。因此，在系統循環圖表中，他們會畫出不同的結構來反映他們眼中的「現實」，如**圖表 9-13** 和**圖表 9-14** 所示。

【圖表9-13】

【圖表9-14】

　　當然，這兩種因素（以及其他各種因素）都會影響銷售收入。然而，不同的人對這些因素的相對重要性可以有不同的見解，從而會做出不同的選擇。心智模式強烈地影響著人們的決策和行為。

　　你現在應該可以瞭解，系統思考，尤其是繪製系統循環圖表，對於幫助人們浮現自己的心智模式，確實是一種強大的工具。實際上，從絕對的意義上說，至今為止你所見到的（以及你還沒有見到的）系統循環圖表都不是關於現實的描述。準確地說，它們只是我的心智模式對我眼中世界的行為方式的二次描述。

彼得·聖吉

　　正如 9.2 節中對傑·福瑞斯特的介紹中提到的，位於波士頓附近劍橋的麻省理工學院是全球系統思考的中心。這一領域當前的領袖之一就是彼得·聖吉（Peter Senge），麻省理工史隆管理學院組織學習中心的主任。在他的暢銷書《第五項修練》中，聖吉強調了心智模式作為行為最基本驅動因素的重要性。他強調，如果我們希望理解並欣賞他人的行為，我們就需要理解並欣賞他們的心智模式；同樣地，如果其他人希望理解並欣賞我們的行為，他們就必須理解並欣賞我們的心智模式。

　　無論如何，很少有人會到處宣揚「我關於銷售收入基本驅動因素的心智模式就是強調廣告（或者其他）」；相反地，我們的心智模式

通常只是「神龍見首不見尾」，有些時候比較明顯，有些時候不太明顯，通常都是透過言行表現出來。

　　這就讓陳述並分享彼此的心智模式這一過程，變得更像是一種冗長的猜謎遊戲。系統思考以及繪製系統循環圖表可以讓這個過程變得更加具體而有效。

　　「系統思考」和「心智模式」構成彼得·聖吉書名中五項修練的兩條。另外三項修練分別是「自我超越」（卓越地完成你的工作）、「共同願景」（彼此對他人的心智模式具有完整而深刻的理解*）、「團隊學習」（當作為一個團隊而不是一群個體工作時，團隊為了更加有效地發揮其力量所自然而然地表現出來的一種性質）。

　　聖吉認為，絕大多數交流不暢，都源於未能理解他人的基本信念，未能理解他人深信不疑的心智模式。與仔細傾聽並尊敬他人的心智模式這一做法不同，我們通常會充滿了強烈的說服信念，試圖強行讓別人接受我們的心智模式，但當那些「傻瓜」沒有接受時，我們就感到受到了挫折。這一過程，如**圖表 9-15** 所示。

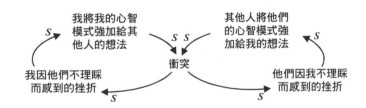

【圖表9-15】

譯注：

*原文如此。按照通常理解，共同願景指的是組織中所有成員共同渴望實現的未來景象，是他們的共同理想。它能使不同個性的人凝聚在一起，朝著組織共同的目標前進。

這兩個增強迴路同步發生作用，以指數成長的方式加重了衝突的氣氛，直到衝突爆發為止。

那麼，最睿智的方式是什麼？其實很簡單，那就是：停止強行說服，開始傾聽吧。

儘管系統循環圖表是一種視覺化的東西，但它們同樣有助於你去傾聽，因為審視別人的系統循環圖表實際上也就是在「傾聽」他們的思考過程；同樣地，任何正在審視你的系統循環圖表的人，也在「傾聽」著你的思考過程。

9.4　團隊工作

在第 1 章介紹湧現和自組織這兩個系統層次的概念時，我提到了團隊工作，這兩個話題在後文中還將會有所涉及。但是，這裡我們將從另外一個角度來審視這個主題。

什麼是高績效團隊？

看看這個定義：高績效團隊指的是一組心智模式（特別是基礎價值觀）自然和諧的人。

在我看來，心智模式和團隊是兩個密不可分的概念，高績效團隊必然擁有一組共同的心智模式。團隊中的每個人根本不用擔心其他人的進展，因為他們知道彼此不需要在工作進度與工作方式上相互遷就。這種高績效團隊通常很難在短時間內組建完成，但是，如果人們相互溝通、彼此傾聽，就最基礎的價值觀達成一致，那麼，經過足夠的磨合時間，就有可能創建出一支高績效團隊。

挑選團隊成員

　　1805 年，在特拉法爾加海戰中取得輝煌戰績的海軍遠征艦隊出發之前，海軍中將納爾遜爵士在倫敦和他的老闆，第一海軍大臣巴勒姆爵士舉行了一次會晤。會晤中，巴勒姆交給納爾遜一份海軍名單，其中包含了當時正在服役的所有海軍軍官的名字，並請他從中挑選出合適的人來組成自己的艦隊。納爾遜將名單交還給巴勒姆，並說：「您來挑吧，閣下。同樣的精神在指導著我們這支隊伍。您不會挑錯的。」

　　儘管納爾遜的語言有些古老，但他的意思仍然如同水晶般清澈。讓同事選擇伴隨自己遠征的戰友，而他對於帶上任何人都無所顧慮。這是因為他深深地瞭解他們中的每一個人，他多次培訓他們，和他們一起工作，一起討論策略戰術，一起分享管理艦船以及領導團隊的經驗和智慧。經過一段時間之後，他們已經將彼此的心智模式，改造為一個自然統一的思維模式：「同樣的精神在指導著我們這支隊伍。」難怪納爾遜的艦隊被尊稱為「兄弟連」。

電話號碼本測試

　　你和你的總經理正在討論如何組建一個團隊來負責一項重要的專案。總經理交給你一個內部電話號碼本，並請你從中選擇合適的人員加入你所領導的團隊。你會不會將電話號碼本交還給總經理，並告訴他：「您來選吧。他們都是很棒的人選，我們的思維方式一致。無論您選擇誰，我們都會成為一支優秀的團隊？」

　　為什麼做不到？

　　心智模式隱藏得非常深。它支撐著我們的行動、行為和選擇。彼此之間的心智模式的重疊程度，決定了聚在一起的一群人是一盤散沙，還是一

個高績效團隊。構建高績效團隊最有效方式就是構建一種共同的心智模式，從而使得團隊中的每個成員都能說：「是的，我也用這種方式看世界。」系統循環圖表可以讓深藏的心智模式暴露出來，因此是構建高績效團隊的有利工具。

這種關係能夠持續多久？

「嗨！這個周末去劇院吧！」

「我不是很想去……我想是不是可以去一些更安靜、更隱秘的地方？去一些很棒的地方吃晚飯怎麼樣？」

「那也很好啊。但是我真的很想去看看湯姆·斯道帕德的新戲——他的戲總是那麼棒！」

「是的，他確實很棒。但看戲時需要聚精會神，這會讓我頭疼。我喜歡一些比較輕鬆的事情。吃晚飯怎麼樣？」

他們陷入了沉默。

「如果你愛我，那麼你放棄吧，咱們去劇院。」

「是的，如果你愛我，那麼你放棄吧，咱們去吃晚飯。」

然後，他們都開始想：「這種情況為什麼會一再發生呢？如果我們能自然而然地想做同一件事，情況會不會變得好一些呢？」

請允許我採用系統之所以成為系統的幾個關鍵特徵，作為對「團隊」討論的總結。這幾個特徵我在第 1 章裡就已經介紹過，它們分別是湧現、自組織、回饋和能量流。從系統的觀點看，團隊就是由若干個體參與者組成的系統，藉由自組織以獲取更好的秩序、促進協調並達到更高的績效水準時，所表現出來的湧現特性。為了呈現出這一特性，需要各種內部回饋機制，以及流過整個系統的能量流。更進一步地，我們知道系統的精髓就是它的元件之間的連接，而不是作為獨立個體呈現出來的各種特性。

　　這些聽起來非常抽象、理論化，充滿了學術腔調。讓我來把它盡量實用化一些。如果我們試圖構建一個團隊，我們實際上是在準備設計一個系統。因此，最關鍵的設計原則就是要在各個組成部件之間建立起正確的聯繫。

　　在我們的例子裡，這些組件當然都是人。你怎樣才能在人們之間建立聯繫？

　　交談是一種方式。它確實是在人們之間建立聯繫的一種方式，但是它可能會面臨著建立單向聯繫的危險，因為有可能會出現這種情況：說話的人不斷地向心不在焉的聽眾灌輸著自己的想法，但是收效甚微。

　　實際上，傾聽是一種更好地建立聯繫的方法。「主動」的傾聽效果尤佳，而「被動」的傾聽則無法達到建立聯繫的作用。在「主動」傾聽模式下，傾聽的人向說話的人傳遞明確的資訊，以表明自己清晰地理解並正在思考說話人所傳遞的想法；而對於「被動」傾聽，聽的人只是坐在那裡，說話的人對於聽眾有沒有聽懂自己的意思一無所知，他的眼前一片茫然。如果使用系統思考的術語來描述，就是：主動傾聽可以清晰地向傳播資訊的人傳遞聽眾已經成功接收到該資訊的資訊。這難道不正是回饋的一種表現嗎？我們在第 1 章中已經看到，回饋正是自組織系統的一種自然屬性。

　　那麼，我們應該談論些什麼，應該傾聽些什麼？從我的經驗來看，如果你和同伴的討論，仍然停留在「我是否完成了上次會議指派給我的任務」這種層次，你們就還沒有建立高績效的團隊。就業務中的事務這一層次進行的交流，無法達到創建高績效團隊的目的。我們必須進行更深層次的交流——必須在心智模式的層次上交流，或者更進一步地說，在真正的自我這一層次上交流。

　　我們中的很多人會發現這種交流令人非常不舒服：我們不喜歡現身說法，希望談話內容能夠遠離我們自身。然而，在第 1 章中我曾指出，自組織系統還有另外一個本質要求，即系統中個體的行為需要受到制約。在這

個案例裡，這種約束就是團隊成員必須承擔主動傾聽、並接受團隊的目標和價值觀這一義務。簡而言之，團隊成員必須更加緊密聯繫。在人們之間建立聯繫需要耗費大量的時間、勞動和精力，下文的這件軼事就驗證了這一點。

關於團隊工作的一個故事

1993 年我參加了一次英國管理顧問業合夥人的定期會議，東道主是永道公司。大概有 100 位管理顧問公司合夥人參加了會議，他們全都接受過高學歷教育，每個人都自信非常成功。那天的主題就是團隊工作，其議程也非常普通：大會報告、分組討論、全體報告。

會議快要結束時，那家管理顧問公司的老闆瑪律科姆·科斯特（Malcolm Coster）做了一次禮節性的閉幕致詞。他是一個很好的演說家，總能抓住聽眾的注意力，因此他做得很好，甚至很有魅力。那天他所涉及的領域也是大家都很熟悉的領域：我們應該怎樣相互協作、共用先進經驗、共用管理顧問。在瑪律科姆演講時，我的目光在屋子裡飄移，從一張張合夥人的面孔上掃過。在我做這件事的時候，一些想法突然在我的腦海裡浮現出來：「那天我見過的那個傢伙是誰？」「坐在托尼邊上的那位女士叫什麼名字？我想我從來都沒見過她。」「那些來自愛丁堡的傢伙們都是什麼人？他們為什麼擠成一團地坐著？」

在演講結束時，瑪律科姆請大家提問。會場中出現了常見的沉默，甚至持續的時間比平常還要長。很明顯，他的演講並沒有讓大家產生什麼疑問。因此，我舉起了手。

「丹尼斯？」

「我可以問一個問題嗎？不是問你，而是問這裡在座的每一個人。謝謝！我估計今天這間屋子裡大概有一百人。有沒有誰知道其他九十九個人的名字？」

　　我停頓了一下，四顧之後發現沒有一個人舉手——沒有一個人。

　　「如果我們連其他人的名字都不知道，我們究竟要怎樣才能成為一支高績效的團隊呢？」

　　創建並維持一支高績效團隊需要大量的時間和精力，這一點並不偶然；實際上，它是系統理論的直接推論。我們已經知道，自組織系統必然是一個開放系統，需要外界持續地提供能量流來維持它的秩序和內聚性。在團隊工作的環境下，這就是團隊領導所要處理的事情：主動為團隊輸入能量，並使其在團隊內部流轉，尤其是在面臨困境的時候。難怪成為一名領導者非常辛苦。它不僅需要小心地構建並持續維持各個成員之間的聯繫，還需要不斷地為團隊提供能量。

　　但是，這當然正是納爾遜構建「兄弟連」時所做的事情。

9.5　外包、合夥以及跨邊界衝突

　　提到團隊工作的時候，我們通常會把它當作一種發生在我們組織內部的事情。確實，在某些組織中，人們將這種觀念發展到了極致，以至於「團隊」的定義就是「自己人」，任何團隊之外的人都是「敵人」——尤其是我們的競爭者。從商業上看，在這個業務聯繫逐漸增多的世界，這種頗具諷刺意味的畫面確實非常幼稚。如果你我觀念涇渭分明、「非贏即輸」，在很多情況下將很難實現我們的目標。但這種觀念現在仍然非常流行。

　　商業活動中敵對形勢最強烈的情況之一，就是發生在合約談判時。例如，一家過去一直都自己處理內部工程問題的公用事業公司，比如自來水公司、電力公司、天然氣供應商或者鐵路公司，希望選擇一家承包商為它負責管道、線路、鐵路網等的維護和更新。儘管這些公用事業在很多國家都已經私有化，但在特定地區仍然會有壟斷存在，因此，它們的議價能力

很強。相反，由於同一地區能夠承擔工程任務的公司很多，因此，單個承包商在這一談判中的地位非常弱小。

假如這家公用事業公司邀請了 12 家工程公司共同談判，並誘導它們答應了各種條件，還將這些條件寫入了合約。在這種情況下，雙方的信任非常脆弱，而公用事業公司正在玩的遊戲實際上就是：「我們怎樣才能迫使這些承包商接受最低的成本？」同樣地，承包商們則會想：「我們怎樣以最低的報價來獲得合約，而簽訂合約之後，我們就想方設法對原始合約進行各種修訂來提高價格？」

經過一段耗時費力的談判之後，其中一個承包商獲得了合約。由於它可能報價過低，所以，它會尋找各種能夠從合約中取得追加款的可能，直至能夠盈利為止。當然，公用事業公司也瞭解這一點，因此它小心提防，堵住每個可能的漏洞。這個遊戲會一直玩到下一次談判為止。大家都彼此懷疑，不相信規則，每出現一種情況，都要追溯到當初合約的具體細節上去──這樣，最終最大的贏家是律師，而不是你或我。

對於公用事業公司來說，這是最睿智的方法嗎？

9.5.1　購買者眼中的世界

購買者（在這個例子中就是公用事業公司，但從一般意義上講就是任何需要將一項活動外包出去的組織）既要使股東滿意，同時也要使客戶滿意。「購買者滿足股東期望的壓力」通常可以表示成「購買者獲得穩定利潤流的壓力」，因為這對股東來說，意味著穩定而可靠的分利，它適合投資者投資諸如公共事業這類「安全」行業的需求。同樣地，「購買者滿足客戶期望的壓力」可以表述為「對高技術標準和高服務品質的需求」，因為安全和服務對於公用事業公司非常重要，如**圖表 9-16** 所示。公司同樣還擁有一個「外包政策」，它可能被法律法規所約束，也可能被削減長期成本的希望所限制，還可能僅僅因為擁有一項外包政策是件很時髦的事情。

無論如何，將一件迄今為止都一直內部處理的事務外包出去，必然會造成「購買者對承包商的依賴」，因為如果承包商無法完成任務，購買者就要承受相應損失。

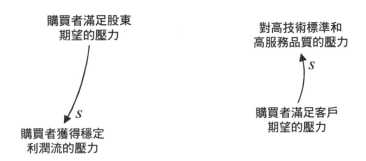

【圖表9-16】

　　最近一段時間最著名的這類例子，可以參見 5.7 節中對英國鐵路公司事故的那一段描述。那個故事就是英國鐵路軌道網的擁有者——鐵路軌道公司，將對軌道的檢查和維護交給幾個工程公司承包，其中一家叫做巴爾弗比緹的公司，沒能完成它對哈特菲爾德這一段鐵軌的維護任務。是巴爾弗比緹公司忽視了履行合約義務？還是鐵路軌道公司沒有對合約執行情況進行監督？透過調查，這些疑問無疑都可以得到答案。但無論調查結果如何，唯一毫無疑問的事情就是，購買者準備外包出去的任務愈關鍵，購買者對承包商的依賴就愈強，如**圖表 9-17** 所示。

　　於是，鐵路軌道公司發現，不僅僅是成本，在其他方面也存在這樣一個現象：購買者對承包商的依賴愈大，「購買者成本上漲和品質問題的風險」就愈大，因為在這種情況下，承包商會尋找機會來利用它的有利地位，盡可能地「偷工減料」，或利用每個機會抬高成本。這些因素結合起來，共同顯著地加劇了「購買者控制外包業務的成本和品質的壓力」，如**圖表 9-18** 所示。

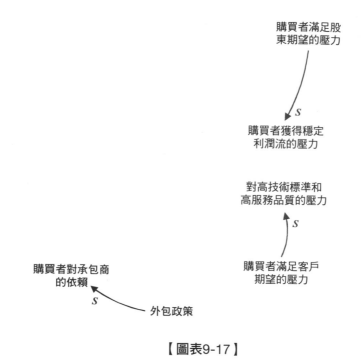

【圖表9-17】

　　這就陷入了一個兩難境地：購買者完全依賴承包商，以便能夠按照事先商議的成本、保質保量地完成工作，但由於該項工作已經被外包出去了，購買者就喪失了對這項工作進行管理控制的權力。這個歷來由內部管理的過程現在被合約所控制。那場嚴重的車禍發生後的幾個月，鐵路軌道公司的首席執行官史蒂夫‧馬歇爾在 BBC 的電視節目《全景》中被問及鐵路私有化之後，公司的理事會都在做些什麼工作時，回答道：「我們將絕大部分時間都花在了合約談判上。」

　　然而，對於購買者來說，在求助於律師之前，上述困境最可能的解決出路，就是要求承包商就其當前正在進行的工作提供更詳細的報告：調度報告、已完成的活動的報告、品質標準遵循情況報告。同時，購買者也會建立自己的檢查團隊，來檢驗承包商的進展和品質，並對承包商正在執行的品質標準進行監督和審查。

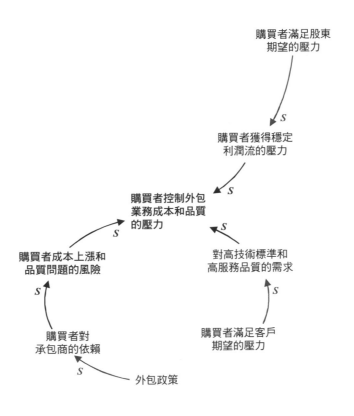

【圖表9-18】

　　「購買者控制外包業務成本和品質的壓力」的增加，導致了「購買者干涉承包商內部過程的壓力」。對於承包商來說，這當然非常不受歡迎。隨著干涉層次的升高，將逐漸侵蝕「購買者—承包商關係的品質」，如**圖表 9-19** 所示。

　　購買者—承包商關係惡化的一個可能後果，就是刺激承包商變得難以合作。對於那些合約上沒有明確規定，但購買者又希望承包商完成的工作，這一點體現得更為明顯。這就導致了更多的會議，並引發了更多關於合約內容的爭吵。當「承包商就增加保證金對購買者施加的壓力」增加時，承包商的一切手段就都用上了。

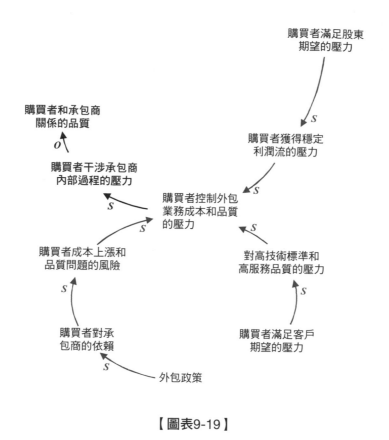

【圖表9-19】

從購買者的角度看，這實在是一個壞消息。成本不再符合原來的預期，而且「購買者利潤受到侵蝕的可能性」逐漸增大。然而，由於仍然處於「購買者滿足股東期望的壓力」之下，因此，這就帶來了更大的「購買者獲得穩定利潤流的壓力」，這將進一步加劇「購買者控制外包業務的成本和品質的壓力」。這樣，我們就得到了一個破壞性的惡性循環，如**圖表 9-20** 所示。

處理這種情況的一種方式就是同時擁有多家承包商，從而避免「購買者對承包商的依賴」過高。這對於清潔和餐飲這類外包服務效果明顯，但

對於資訊技術、工程或建設等外包服務來說，則不那麼容易。購買者應採取怎樣的睿智政策，既可以避免與承包商的長期不和，又可以避免被承包商「勒索」而支付日益昂貴的帳單呢？

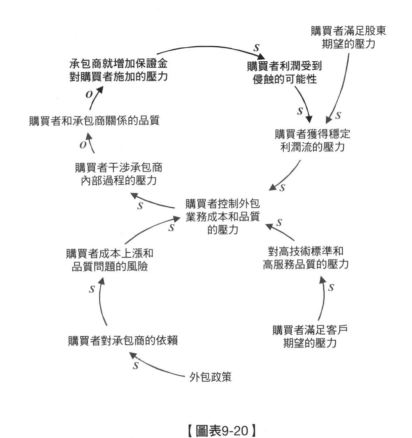

【圖表9-20】

9.5.2　承包商眼中的世界

　　與此同時，承包商看到的世界又是怎樣的呢？承包商同樣也需要滿足股東的期望，因此，「承包商滿足股東期望的壓力」自然導致了「承包商獲得利潤的壓力」。對於承包商而言，這一壓力的緩和途徑就是獲取新合約，並保證當前的合約能夠盈利。因此，這自然產生了「承包商獲取新合

約的壓力」，又驅動著「承包商壓低報價的壓力」，兩者共同確保承包商能夠贏得合約。一旦獲得合約，「承包商獲得利潤的壓力」和當初為了贏得合約而報價過低結合在一起，就導致了「承包商尋找變通和偷工減料的壓力」，如**圖表** 9-21 所示。

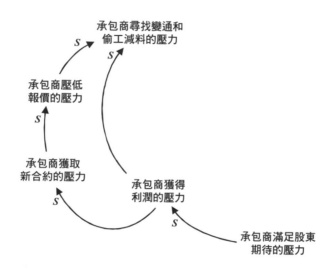

【圖表9-21】

「承包商尋找變通和偷工減料的壓力」不可避免的結果就是「衝突」，我們從購買者的觀點已經瞭解到，這將導致對「購買者——承包商關係的品質」的侵蝕。從承包商的角度看，這種情況非常危險，因為它不僅增加了「承包商失去合約的風險」，還增加了失去「未來業務」的風險。

承包商對於這一風險的態度會影響到「承包商妥協的意願」。如果承包商做出了讓步，這將緩和「承包商尋找變通和偷工減料的壓力」，局面就此穩定下來；如果承包商繼續堅持，關係就會進一步僵化。「承包商妥協的意願」本身受到「承包商獲得利潤的壓力」和「承包商對購買者依賴度的感知」。比如，假設承包商從當前其他業務中獲得了足夠的利潤，而

且它和購買者的關係相對薄弱，承包商的態度相對會柔和一些；相反，如果承包商當前財務狀況緊張，而且購買者嚴重依賴承包商，那麼，由於承包商失去這份合約的風險很小，它的態度就可能非常強硬，如**圖表** 9-22 所示。

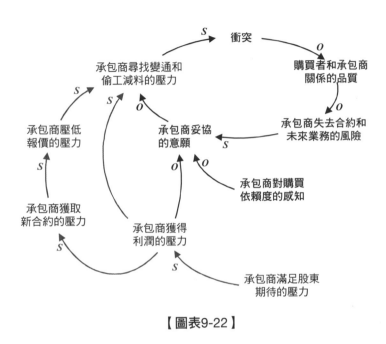

【圖表9-22】

　　這幅圖中只有一個閉環，而且是一個調節迴路，這意味著承包商試圖穩定這種形勢，並在「承包商滿足股東期望的壓力」和「承包商失去合約的風險」之間尋找平衡。對於後者，承包商只能透過「承包商對購買者依賴度的感知」來評價。購買者可以藉由讓承包商瞭解有很多其他承包商備選，而且它們還能以更便宜的價格更好地完成工作，甚至以解除合約相威脅等方式來影響承包商的這種感知（很多購買者也確實是這樣做的）。然而，通常最終都是由承包商來決定是否冒這個風險。

　　結果就是，這一局勢以一種武裝停戰協議的形勢穩定下來。承包商仍然不斷地尋找機會來試探購買者的底線，而購買者則不斷地威脅要更換供

應商，並且購買者對承包商方面可能出現可怕的錯誤，從而觸怒了自己的客戶這一點始終充滿了疑慮。

9.5.3　有沒有更好的方法

> **更好的方法**
>
> 　　再看一看分別代表購買者觀點和承包商觀點的系統循環圖表。它們合乎常理嗎？它們是不是反映現實？你能否找出一條政策使雙方都受益？

　　解決衝突的一種方式就是從雙方的角度分別繪製系統循環圖表，找出一些能夠讓雙方都受益的政策或措施。這無疑是一種雙贏的局面。

　　在這個例子裡，需要解決兩個根本問題。首先，購買者和承包商的目標不同，而且處於衝突狀態：購買者希望節省成本，而承包商希望賺取利潤。由於承包商的利潤增加了購買者的成本，這就不可避免地成為了零和博弈。實際上，我們都知道，情況遠比這更複雜。節省成本並不是購買者唯一的、最終的、超越一切的目標。購買者必須提供某種產品或服務，如潔淨的飲用水、可靠的鐵路運輸服務，或者其他服務，滿足客戶對這些服務的需求。另一方面，承包商也並不希望以損壞自己聲譽的代價來獲得利潤。承包商希望把業務做得漂亮，而購買者也需要高品質有保障的服務，因此，雙方利益存在著某種共同之處。

　　第二個問題就是對不確定性的管理，在工程和建築行業尤其如此。很多關於合約變更的爭論，都產生於應該由誰對原始合約中沒有明確規定的東西所帶來的成本負責的分歧。承包商認為，購買者在一開始就應該想到這些，但卻沒有將它列入合約中，因此應該承擔變更合約的成本；而購買者則認為，承包商應該能夠預料到，在它們必須挖一條溝的地方會需要一

個 1.5 公尺的地下混凝土構件，但卻沒有將這種可能性反映到方案中來。

　　實際上，雙方都明白合約的規範根本不可能非常完備，預料之外的事情在專案中總是會不斷出現。因此，與其就責任和成本爭論不休，為什麼不盡量去預測這些事情，並準備一些建設性的方法來解決問題，並在這一過程中，由雙方共同分擔成本和收益呢？

　　圖表 9-23 和**圖表** 9-24 展示了上述政策，即購買者和承包商統一雙方的目標並承諾分享利潤，對於雙方都有所裨益的情形。

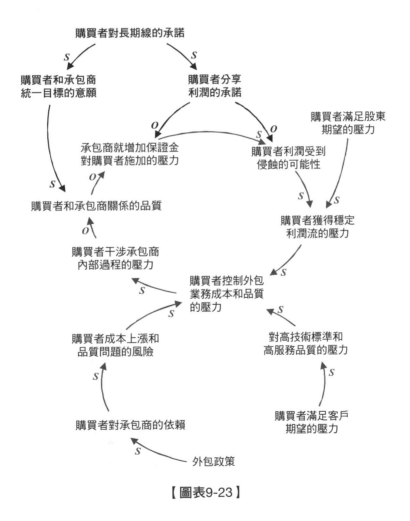

【圖表9-23】

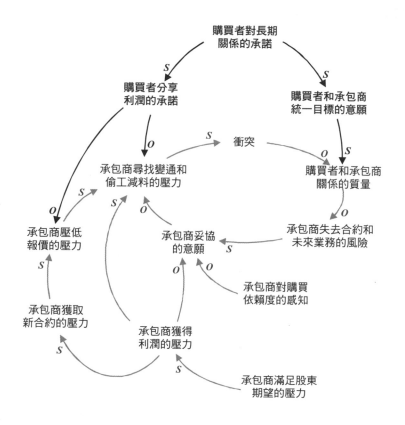

【圖表9-24】

「購買者分享利潤的承諾」對承包商來說是一個非常強烈的信號，這意味著合約變更遊戲並不是讓承包商有利可圖的唯一方式。從承包商的觀點來看，它鼓勵承包商在一開始時就提出更為真實的競價，並有助於創造雙方共同致力於解決問題，而不是修訂合約的環境。從購買者的角度來看，儘管最初需要承諾的成本會增加，但成本升高從而導致利潤受到侵蝕的風險得到了降低。畢竟，一開始就承諾一個較高但是穩定的價格，比開始承諾一個較低的價格但後來不斷成長要好得多——無論如何，工程的總造價是一定的。

更根本的原因在於，「購買者和承包商統一目標的意願」促進了雙方關係品質的改善，使其從對立的零和博弈變為雙贏的夥伴關係。

這些政策的基礎都是「購買者對長期關係的承諾」，即透過承諾與目標一致的承包商保持長期的夥伴關係，將長期合作的意願具體化。這一承諾是購買者提供的禮物，而不是一種速效療法。但是，這是最佳政策嗎？

確實，正是購買者擁有啟用這種睿智解決方案的機會，因為在這種關係下，購買者占據了主動地位。在大多數購買者─承包商關係中，雙方地位並不平等。主導地位通常由購買者占據，購買者可以決定這種關係敵對程度的高低。然而，睿智的購買者不會濫用這種主導地位，它會利用這一機會重新對關係進行定義，使其從主僕關係變為對等關係，從而將其從零和博弈變為雙贏局面。

團隊工作並不一定只在一個組織內部發生，它同樣可以跨越組織的邊界，甚至消除組織的邊界。

9.5.4　系統的觀點

結合對人才管理的案例研究，讓我從系統的觀點對這兩個案例進行一些總結。

在這些案例中，我們的目標是考慮兩個分立的系統──購買者和承包商，並試圖將兩者結合為一個更高層次的系統，一個能夠展現出雙贏這一湧現特性的系統。這並不是自發形成的，也不是偶爾出現的，只有在我們對系統理論瞭解得足夠深，並明白睿智的解決方案必須能夠促進兩個組成系統之間的聯繫這一點，才能得出正確的結論。我們同樣明白，為了促進湧現性質的出現，還必須提供適當的回饋機制，必須對各個組成系統的行為進行制約，系統中必須存在外界流入的能量流。

因此，解決方案的關鍵是「購買者和承包商統一目標的意願」，這一點就絲毫不會令人驚訝了。它肯定意味著更深層次的聯繫。然而，為了促

成這一局面的出現，必須約束雙方的行為。我們已經看到，這一解決方案依賴於「購買者分享利潤的承諾」，從而限制了購買者針對合約「毫釐必爭」的傾向。類似地，承包商控制自己「尋找變通和偷工減料的壓力」，從而制約承包商就每一項原始合約中未明確約定的情況「斤斤計較」的傾向。當然，這裡的回饋機制就是雙方對彼此是否仍在遵守遊戲規則的感知——我們都知道，一旦衝突爆發，宣布「是它們先開始這樣做的」是多麼容易！

流經系統以維持這種湧現屬性的能量流是什麼呢？這再一次被歸結到領導力這一點上。通常情況是，層峰相信彼此之間已經就一種新的合作方式達成了一致，但事情經常在中層遭到破壞。比如，承包商一位盛氣凌人的現場經理和購買者一位同樣好鬥的品質檢查員之間爆發了一場爭吵。這需要大量的能量來保證雙方老闆繼續保持統一，並在雙方的組織中貫徹這種統一。

無論如何，我們在納爾遜的故事中都已經看到，那正是對什麼是領導力的絕佳詮釋。

第 10 章

控制桿、成果和策略

本章的討論又深入了一個層次，我們將主要討論業務策略問題。本章的中心是一幅適用於所有業務的系統循環圖表，它將為形成策略框架的核心業務提供幫助。

10.1　控制桿

管理就是採取行動，制定決策，做睿智的事情。每項睿智的決策都會導致一個行動，或者也可能是明確指明不做某件事的共識，每個行動都會透過給現狀帶來改變而表明它的存在。我們在 6.3 節的結尾已經看到，從很多方面上看，管理都像是在推動一台巨大的機器：經理決定該做什麼，他們控制著這台機器；而機器則按照控制指令運作。當然，這台「機器」的大多數零件由人組成，並不按照任何「機械」的方式做出反應。儘管如此，我們仍然可以打個盡量恰當的比方：管理團隊坐在主控台前面，拉一拉控制桿（lever），轉一轉這個旋鈕，按一按那個開關。

每個控制桿都有一個名稱，比如「員工人數」，決定了你應該雇用多少員工；「銷售管道」，決定了你所採用的控制市場的方式；「IT 投資」，決定了你每年在資訊技術方面花費的資金。無論在什麼時候，每個控制桿都具備兩種狀態，第一種是實際狀態，代表了這一控制桿當前的數值。當無法使用數值來表示時，也可以是對其狀況的描述。因此，「員工人數」的實際狀況可能是「到今天為止，我們雇用了 3000 人」；「銷售管道」的實際狀況則是「現在我們使用直郵和電話銷售作為接觸市場的方式」；而「IT 投資」的現狀則可能是「我們當前在 IT 方面的投資是每月 150 萬英鎊」。

每個控制桿除了有一個實際狀態之外，還和一個目標狀態相關，它詳細描述了這個控制桿應該達到的數值，而不是現在的情況。這些目標狀態反映了管理政策或預算。因此，員工人數控制桿的目標數值可能是「今年

年底之前，我們爭取擁有3200名員工」；銷售管道控制桿的目標可能是「我們的政策就是將來透過直郵和電話銷售來接觸客戶」；IT 投資控制桿的目標內容可能是「我們的預算是每月投資 130 萬英鎊用於 IT 建設」。在第一種情況下，實際員工人數仍然落後於年末目標，因此很可能需要進行一次招聘活動；在第二種情況下，銷售管道控制桿的現狀和其目標狀態一致，因此可以不必採取任何措施；在第三種情況下，實際每月 IT 投資額度超出了預算，這就可能需要執行某種成本削減策略。

　　有些組織為了將預算與目標兩者分清，將預算定義為「必須達到的事情」，而目標則定義為「如果能夠達到，會非常好」。這就意味著，每個控制桿現在都擁有了三種狀態：實際、預算和目標。然而，從見樹又見林的角度看，或從策略的觀點看，相對於部門預算這種瑣碎的事情，我們對於管理政策更感興趣。因此，我們僅以實際和目標兩種狀態作為討論的基礎。

你的業務中控制桿是什麼？

　　暫停一下，回顧一下在你的業務中曾採取過的決策和行動。對於這些決策和行動來說，那些拉進拉出的控制桿是什麼？它們的名稱是什麼？目標狀態和實際狀態又是什麼？

　　這個問題比它看起來要困難，可能會引出一個很長的清單清單。然而，你會發現這個清單可以結構化，因為這些控制桿可以按照一定的層次結構劃分為幾個較小的組，這一層次結構反映了你的組織中的預算結構。比如，員工人數控制桿的實際狀態可能是 3000 人，但是這可能會由一些諸如「行銷人員總數」、「財務人員總數」、「製造人員總數」等更低層次的小控制桿組成，這一分解和你的組織結構相一致。這些小控制桿還可以更進一步細分為「約克工廠的員工人數」、「貝森斯托克工廠的員工人數」等等。

　　這種逐步分解的結果對應於逐步精細化的管理實踐：它們所對應的範圍愈來愈小，可控制的時間也愈來愈短。當然，最重要的控制桿是處於頂層的那些控制桿，它們代表了由董事會制定的基礎策略政策，比如公司總人數應該是多少，應該採用什麼樣的銷售管道，總的 IT 投資應該是多少等等。而較低層次的管理則對應於為了將這些政策變為現實所需要採取的行動：招聘、解雇和培訓；創造新的銷售管道；購買新的 IT 設備，建設新的 IT 系統等。

策略是什麼？

　　關於策略有很多種定義，它們在各種商學院的課本裡隨處可見。這裡我們從更實證的角度出發，可以根據你所有控制桿的目標狀態對策略做出定義。

　　無論何時，無論什麼業務，其中的每個控制桿都會擁有一種目標狀態。策略形成就是高層管理團隊決定將這些控制桿重設為何種狀態的過程。一旦制定了這些政策，策略實施就變為執行所有對應的行動，從而使控制桿的實際狀態與目標狀態相一致。

　　策略就是重設控制桿的目標狀態。從理論上講，確定應該在什麼地方設立控制桿，然後採取相應的行動，是一名經理實際所能做的唯一的事情。

10.2　成果

　　成果（outcomes）就是業務的結果。成果同樣有名稱和狀態。與控制桿相類似，成果的狀態也有兩種：目標狀態代表了我們期望取得的成果，而實際狀態就是我們現在已經取得的成果。

你的業務成果是什麼？

　　花一點時間來列舉一下你的業務成果。對於每一項成果，它所對應的目標狀態和實際狀態分別是什麼？

　　通常結果列表都要比控制桿列表短得多，一般會由如下這些因素組成：

- 銷售量
- 銷售收入
- 利潤
- 對投資者的回報
- 市場占有率
- 贏得新客戶的速度
- 股價
- 聲望
- 服務品質
- 生產能力
- 員工士氣
- 信用等級

　　像銷售量這樣的因素，你可以按照自己對詳細程度的不同偏好，從產品、管道、市場等多方面進行分析，但總體來說，它們代表的都是同一個概念，類似地，像員工士氣這樣的因素，也可以分解為員工流失率、缺勤率等等。和我們處理控制桿的方式類似，我們也可以將成果按照一定的層次組織起來。而且，即使是那些我們一般不希望看到的成果（比如員工流失率），同樣也有目標值和實際值。

10.3　控制桿和成果是如何連接的

對比控制桿列表和成果列表

　　將你所列出的控制桿列表和成果列表相對照，你有沒有發現一些
特別的，或者奇怪的、有趣的事情呢？

　　絕大多數人在對比時會發現，控制桿列表通常明顯地比成果列表長出
很多，即使是在政策的層次上。較少有人注意到另一個事實（當然在我看
來，也是同樣非常有趣的一點），即兩個列表上的因素完全不同：沒有一
個成果出現在控制桿列表中，同樣也沒有一個控制桿出現在成果列表中。

　　比如，從來沒有一個控制桿被命名為「銷售量」、「利潤」、「股價」
或者其他類似的名稱。確實，有很多控制桿在影響著這些成果，比如「廣
告」影響著「銷售量」；「人工成本」影響著「利潤」；「公關活動」影
響著「股價」。無論如何，這些控制桿都只是在影響相應的成果，而不能
直接決定這些成果。如果你堅信廣告可以促進銷售，那麼你可以根據自己
的意願在廣告上進行高投入，但實際的銷售量仍然依賴於市場的恩賜。除
了動員你的親戚朋友去商店購買你的產品之外，你所能做的就只剩下坐在
那兒，祈禱著廣告能給你帶來你所希望的效果。

　　有時候當人們在進行這項對比時，他們會發現同一個因素可能在控制
桿列表和成果列表上同時出現了，這種情況你可能也會碰到。然而，如果
回頭再看看這兩個列表，你會發現在對某些因素進行分類時，可能曾經出
現了差錯。比如，你的成果列表上可能會出現「員工人數」這一因素，然
而實際上這真的是一個成果、是你的業務的一項目標嗎？你真的會僅僅為
了達到某個員工人數而去招聘或解雇員工嗎？根據我所瞭解的大多數商業
案例，員工人數只是為了達到某個目的而採取的手段——可能是為了提供
某種服務，也可能是為了操作一台機器或設備，而成果來自於這一系列的

勞動，可能最終以銷售額和利潤（對於商業組織而言），或生產能力和服務（對於非營利機構而言）的形式展現。

　　類似地，有時候「銷售額」也會在控制桿列表中出現。我想我們都很希望是這樣。如果我們中有人能夠變出一種名叫「銷售額」的控制桿，那麼我們所要做的事情就簡單了，我們只需拉動這個控制桿，銷售額就直接產生，然後我們就可以開心地享樂去了。即使在採用直接銷售的情況下，你所能真正拉動的控制桿，也只不過是根據客戶的需要，去設計一些影響它們的要素，比如活期貸款利率、聯繫列表以及其他類似的東西。在沒有法律強制購買作為後臺的情況下，實際銷售情況只是客戶的恩賜——如果客戶不願購買你的東西，你一點辦法都沒有。

　　因此，一個深刻的事實就是，任何主管都沒有能夠直接影響成果的措施可供採用。也就是說，經理無法採取任何手段去直接影響銷售額、利潤、員工士氣和股價。更確切地說，經理所能採取的措施，即他們實際能夠拉動的控制桿，只能透過因果關係鏈間接地作用到成果上面，而且這些因果關係鏈在邏輯上可能非常複雜，也可能包括大量的時滯。

　　沒有任何控制桿和成果直接關聯；同樣，也沒有任何一種成果和某個控制桿直接關聯。控制桿和成果之間的聯繫都是間接的——無論是從邏輯上，還是從時間上。

　　這一點非常值得我們去思考。上述陳述並不是說控制桿和成果之間根本沒有聯繫。相反，它指出兩者之間存在著聯繫，但這種聯繫是間接的，可能包含著微妙的因果關係，也可能包含了時滯。關於這一點的一個很好的例子就是「廣告」和「銷售量」之間的聯繫。這一聯繫既間接又微妙。我們中很少有人能夠真正準確地認清廣告對於銷售量究竟能起多大作用，而能夠說出下面這段話的人則更為少見：「如果我們本周末在廣告上投入某個數量的資金，我保證在接下來的五天裡，銷售規模會達到某某程度。」這一因果關係的本質就是不明確的，基本上不可能使用演算法或方程式來

描述。

　　毫無疑問，我們中的大多數都相信廣告確實影響著銷售，但是這一聯繫的本質是間接的——比如，假設在同一個周末，競爭對手的廣告攻勢也比以往更加猛烈，又會發生怎樣的情況呢？廣告需要多長時間才能影響到銷售呢？雖然對於衝動購買型的商品和日常用品，你可以就電視廣告播出之後的銷售情況進行多少有些合理的推測，但對於像汽車、洗衣機和旅遊這樣的商品和服務而言，可能更加難以度量。我們能夠而且也確實能夠拉動廣告這個控制桿，但是也只能希望或者相信一些有益的事情最終會發生。我們可以羅織各種證據來說服自己廣告確實有益；可供採用的方法包括對受眾的注意力研究、消費偏好分析，甚至是偏好轉換函數分析等等。然而，無論這些關於廣告正在達到你期望的效果的分析怎樣動聽、證據怎樣鮮明，都改變不了這樣一個事實，即廣告花費和銷售量、銷售收入以及利潤之間的實際聯繫，無論從邏輯上看，還是從時間上看，都是間接的。

　　「廣告」（控制桿）和「銷售量」（成果）之間的連接是模糊連接（見4.10節和第 7 章的規則 6），說明這一點的一個簡單例子，即我們相信它的存在，但卻無法用演算法或公式表達。很多重要的連接都具有這種性質，但與此同時，還有很多其他連接，尤其是那些定義了財務關係的連接，可以使用更為確切的方式表達出來。比如「廣告」和「利潤」之間的聯繫的一個方面，就在廣告成本的定義中得到了體現：廣告成本是整個業務運營成本的一部分，而業務運營成本進而又影響了利潤。儘管兩者之間可能還需要經過一些中間步驟（比如，如果在海外進行廣告，我們還必須考慮匯率的因素），這一聯繫仍得到了良好的定義——這些中間步驟只需要進行合適的計算就可以了。

　　然而，基本的事實仍然沒有變：「廣告」和「銷售量」之間，或者「廣告」和「利潤」之間，或者任何兩個控制桿和成果之間，都不存在直接的聯繫。沒有一位主管能夠採取任何措施去直接影響某項成果。

為什麼管理一項業務是那麼難？

作為一名經理，你所需要做的唯一一件事就是操作這些控制桿——決定它們的目標狀態，採取相應的措施來促使其實際狀態和目標狀態相一致。

作為一名經理，你所希望的唯一一樣東西就是持續獲得一個完整的受歡迎的成果集。

然而，控制桿和成果之間的任何聯繫都是間接的——無論是從邏輯上，還是從時間上。

因此，你在現實中能做的唯一一件事就是向你堅信的目標狀態拉動控制桿，然後閉上眼睛，祈禱正確結果的出現。

你別無選擇。

這就是管理一項業務那麼難的原因。

當然，你也不是看不見這些——我肯定你也同意我的比喻。實際上，你也在持續地用目標狀態來測量現實狀態。一旦發生了什麼「列車出軌」的事情，你就會相應地採取措施。但是，是什麼類型的措施呢？你會重設控制桿——那也是你唯一可做的事情。你可能會將「價格」控制桿拉下一點兒，並期望它有助於擴大銷售規模；或者將「促銷」控制桿拉上一點兒，以爭取實現同樣的目標；也可能你會試圖取消「培訓開支」，以節約成本，從而使「利潤」更加符合預期。你所採取的任何行動都是而且都只能是重設一個或者更多的控制桿。顯然，重設控制桿通常會導致在加強某項期望的成果的同時削弱了另外的成果。比如，在廣告上花費更多，可能確實會（最終）增加銷售收入，但是同樣也會增加成本，從而（馬上）危及了利潤。總體效果是什麼？度過這段時期需要多長時間？你很難說清楚。因此，管理一項業務確實非常困難。

10.4　控制桿、成果和系統思考

　　上面這幾頁內容充滿了系統思考的思想。最明顯的就是最後一段，它指出對比監控目標成果和實際成果，能夠導致重設一個或多個控制桿。這當然是一個調節迴路，如**圖表** 10-1 所示。

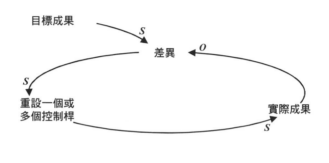

【圖表10-1】

　　然而，到目前為止，你可能會根據我們上面的那個論斷，「確切地說，經理所能採取的措施，即他們實際能夠拉動的控制桿，只能透過因果關係鏈間接地作用到成果上面，而且這些因果關係鏈在邏輯上可能非常複雜，也可能包括大量的時滯」，而對系統思考的重要性產生懷疑。本章下面幾節將向你展示，系統思考能夠幫助你描繪出這些間接的聯繫都是什麼樣子，以及它們怎樣隨著時間而演化。處理這種複雜性正是系統思考所擅長的內容。

10.5　控制桿、成果和迴路

　　我們的出發點就是用系統循環圖表來描述一些控制桿和成果。考慮到對於任何實際系統，控制桿和成果的總量都可能非常多，將它們全部描述

出來肯定只能得到一幅混亂不堪的系統循環圖表，因此，從清晰的角度出
發，我們這裡只關注兩個成果指標（「市場占有率」和「對投資者的回報」）
和一個控制桿（「員工總數」）。在後文我們將會看到，我們可以很方便
地在圖中添加其他的控制桿和成果。

　　圖表 10-2 就是這樣一幅系統循環圖表。

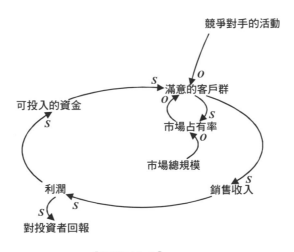

【圖表10-2】

　　圖中兩個最重要的成果就是市場占有率和對投資者的回報，它們都是
實際成果，都是透過對當前業務的總體情況進行度量得出的。我們後面將
會看到目標成果——希望達到的市場占有率和預期實現的對投資者的回
報——也可以添加到這幅圖中來。

　　這幅圖當然是我們業已非常熟悉的、驅動業務成長的增強迴路圖。正
如我們在第 8 章所見，本質上指數成長的增強迴路在實際中受到了多種因
素的制約，這些因素中既有內部因素，也有外部因素。**圖表** 10-2 暫時只表
示出兩個制約，即「總體市場規模」和「競爭對手的活動」。所有的業務
都至少擁有一個類似的業務成長引擎，而所有業務管理的目標都是試圖使
這個增強迴路旋轉得更快一些。

然而，經理並不擁有能夠直接影響「市場占有率」和「對投資者的回報」這兩個關鍵成果的控制桿。假設我們這裡討論的業務是發生在一種服務業中（比如軟體業），那麼其中最關鍵的一個控制桿就是「員工總數」（在本案例中，我使用「員工總數」這個詞來指代一個更廣泛的含義，不僅包括員工的數量，還包括培訓和管理等）。讓我們做一個更進一步的假設，即層峰團隊已經一致認為當前成長的主要制約就是員工總數，為了緩和這個制約，當前既需要增加員工人數，又需要提高員工的技能。這就產生了需要為員工總數控制桿重新設定一個目標狀態，即「新的目標員工總數」的決策。「新的目標員工總數」和「實際員工總數」的比較導致了「員工總數差距」的上升。這一變動引發了「招聘、解聘和培訓」等活動，從而使得「實際員工總數」和「新的目標員工總數」所代表的政策取得一致。這當然是一個調節迴路，如**圖表 10-3** 所示。

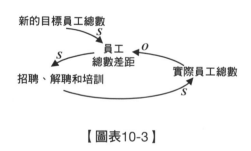

【圖表10-3】

員工總數控制桿的目標狀態「新的目標員工總數」就是一個政策輸入懸擺，目前我們對此暫不做解釋，很快我們就會在 10.10 節看到它是如何確定的。

所有控制桿都可以使用調節迴路表示

所有的控制桿可以使用調節迴路表示：

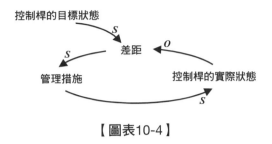

【圖表10-4】

其中：

● 「控制桿的目標狀態」通常通過政策確定。

● 「控制桿的實際狀態」由當前的現實確定。

● 「管理措施」就是為了使實際狀態與目標狀態相一致所需要採

  取的行動。

如果我們將這兩個迴路放在一起，就會得到**圖表 10-5**。

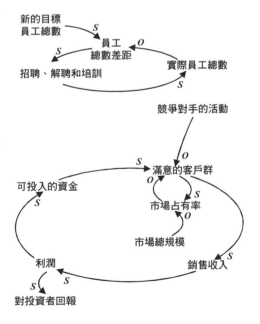

【圖表10-5】

經理所能採取的行動都局限在調節迴路之中：制定將員工總數控制桿的目標狀態重新設定為「新的目標員工總數」這一決策，執行相應的「招聘、解聘和培訓」等活動，以使「實際員工總數」和「新的目標員工總數」所代表的政策相一致。然而，所有這些活動的成果都體現在增強迴路中，它們藉由市場占有率和對投資者的回報培育了增強迴路成長的土壤。

現在，這兩幅圖暫時還沒有聯繫起來。這正是對控制桿和成果之間沒有直接連接這一原則的生動寫照。

不過，聯繫確實是存在的——但是它們在哪兒？

10.6　將兩個迴路連接起來

確定連接部位的方法其實很簡單，就是從調節迴路上任意選擇一個元素，再從增強迴路上選擇一個元素，並提出這樣的問題：「無論從哪個方向上看，從調節迴路上選擇的這個元素和從增強迴路上選擇的這個元素之間，是否存在著一條因果關係鏈？」如果存在，我們就可以描述它；如果沒有，就繼續考慮調節迴路上的這個元素和增強迴路上的其他元素之間是否存在著這樣的因果鏈。透過對調節迴路上的所有元素系統地執行這一操作，並檢驗它們和增強迴路上所有元素之間的關係，可以確保我們已經考慮過所有的可能情況了。

我們用調節迴路中「新的目標員工總數」舉個例子。它和增強迴路中的「客戶」有什麼聯繫嗎？比如，擁有超過 300 多名軟體發展人員的期望會不會影響現有的客戶群？是否可以吸引到新的客戶？這可能會引發大量的媒體宣傳，從而提高公司的聲望，有助於公司進入一些潛在客戶的候選名單。當然，這只是一種可能。同樣地，良好的公眾知名度也有助於提高公司的股票價格。

實際上，我沒有在「新的目標員工總數」這一控制桿和增強迴路上的

任何元素之間看到任何聯繫，因此，我們來試試調節迴路上的另一個因素，
比如「實際員工總數」。

　　這個因素似乎更有希望，因為我在「實際員工總數」和「利潤」之間
看到了一種聯繫。很明顯，很多成本都和僱傭關係相關，例如工資、福利、
雇員稅等。這些成本愈高，「利潤」就愈少。同樣地，拉動「招聘、解聘
和培訓」等控制桿也會增加很多成本，如廣告費、支付給代理機構的傭金、
解雇員工的遣散費、培訓成本等，我們可以將這些都歸結到一個名為「變
革專案的成本」之下。這會為系統循環圖表引入兩條額外的聯繫，它們都
是從調節迴路指向增強迴路，而且都經過「總人力資源成本」這一元素，
如**圖表** 10-6 所示。

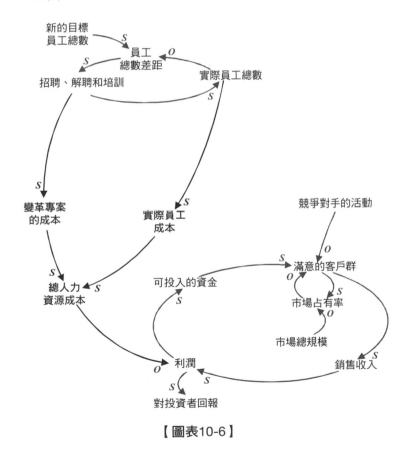

【圖表10-6】

這些在增強迴路中新添加的連接都是 O 型連接，因此它們將產生剎車的作用，這確實符合常理。這幅圖同時還指出了另一個很重要的問題，即「總人力資源成本」由兩個主要部分構成：較穩定的部分是我們所擁有的員工總數帶來的「實際員工成本」，以及臨時性的、變動性比較大的「變革專案的成本」，而後者可以歸結到和控制桿「招聘、解聘和培訓」相關的活動上來。

是否還有從實際員工總數出發的其他連接？

回到調節迴路中的「實際員工總數」，並再次考察它與增強迴路中各個因素的關係。是否還有其他連接？如果是，你如何描述這些連接？

實際上，確實還有其他連接，這也是一個非常重要的連接。它把「實際員工總數」和「客戶」聯繫了起來。讓我來解釋一下我如何看待這一連接的含義，你也可以用你自己的思維模式來檢驗我的觀點是不是正確。

由於假設當前的業務是軟體發展，作為一種服務業，能否成功依賴於我們所開發的軟體的品質。軟體愈好，我們在進行專案評估以及交付時的處境就愈好，銷售過程就愈專業，業務也會愈成功。然而，這一切都依賴於人的支持：如果員工的水準太低或者人數太少，關鍵人物就會負荷過度，從而可能導致業務的失敗。因此，我們的業務基礎就是「實際員工總數」所代表的員工之間的關係，以及員工與「客戶」之間的關係。優秀的員工會讓客戶保持愉快的心情，從而增加了重複購買的機會以及贏得新客戶的機會。

因此，在「實際員工總數」和「客戶」之間肯定應該存在著一種聯繫，因為這正是幫助我們維持業務運轉的根源。然而，這個連接非常模糊：我們無法使用方程式來描述這種關係，也無法使用會計手段對它進行定義。

但是，這並不妨礙它作為一個事實的存在，我們可以創造一個詞來描述我心中的這個概念，姑且稱之為「擁有優秀員工對吸引和保持客戶的作用」，如**圖表** 10-7 所示。

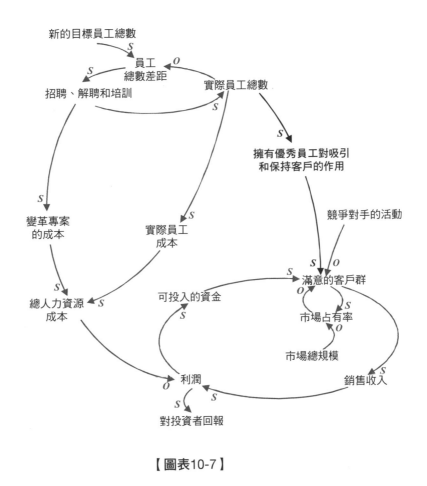

【圖表10-7】

這就觸發了從「招聘、解聘和培訓」控制桿到「擁有優秀員工對吸引和保持客戶的作用」之間的聯繫。

是 S 型連接？還是 O 型連接？

你是否同意在「招聘、解聘和培訓」控制桿到「擁有優秀員工對吸引和保持客戶的作用」之間存在著聯繫？如果存在，這種聯繫是 S 型連接還是 O 型連接？

我相信它們之間應該有一個連接，而且是 O 型連接。通常一個變革計畫，總會暫時降低一個組織的運作效率。有經驗的員工被招聘和培訓工作所占用，從而被迫減少了用於直接接觸客戶的時間。如果發生了裁員，這不僅需要花費各級管理者一定的精力和時間，還會降低員工士氣。「招聘、解聘和培訓」控制桿，就代表了在執行這些措施所進行的各種工作，因此，從我的思維模式來看，我認為從「招聘、解聘和培訓」控制桿到「擁有優秀員工對吸引和保持客戶的作用」之間應該是一個 O 型連接。對這個控制桿相關的活動投入愈大，組織關注客戶的注意力就愈低，如圖表10-8所示。任何曾經做過經理的人可能都會有類似的體會。

最後這個連接是不是有些出乎你的意料？你可能認為這應該是一個 S 型連接，因為「招聘、解聘和培訓」的最終用意當然是為了提高「擁有優秀員工對吸引和保持客戶的作用」。沒錯，這個邏輯是對的，但這只是「招聘、解聘和培訓」成功完成之後的效果。我們需要正確分辨變革過程本身，和它一旦完成後所產生的結果對組織的不同效應。變革專案執行過程中的「招聘、解聘和培訓」所帶來的負面效應，恰恰在圖中的 O 型連接中展現。而項目完成後的促進效應是從提高「實際員工總數」中展現的，而這已經在圖中展現為從「實際員工總數」，到「擁有優秀員工對吸引和保持客戶的作用」之間的連接，這確實也是一個 S 型連接。在調節迴路中，措施（在這個例子裡就是「招聘、解聘和培訓」）通常是一些暫時的、會帶來負面效應的活動，其作用通常只在措施執行時發揮效力。

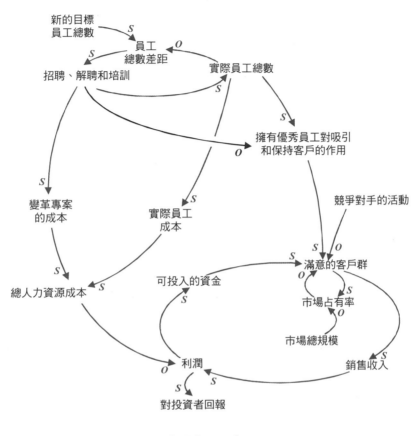

【圖表10-8】

10.7　最後一個連接

被遺漏的連接

在調節迴路和增強迴路之間還存在著一個連接，你發現了嗎？

到現在為止，圖中從調節迴路到增強迴路之間已經存在著兩個連接了，其效果恰恰相反。經過「總人力資源成本」到「利潤」的連接是一個 O 型連接，因此產生了減緩增強迴路旋轉的作用，而經過「擁有優秀員工對吸

引和保持客戶的作用」到「滿意的客戶群」的連接是一個 S 型連接，從而產生了為增強迴路踩下油門的作用。這符合常理，因為管理的主題就是對這兩種效應的平衡。

然而，這兩個迴路之間還存在著一個更重要的連接。但是這個連接卻是從增強迴路出發，指向調節迴路：它連接了「可投入的資金」和「招聘、解聘和培訓」，而且是一個 S 型連接。

至今為止，在這個故事中，或者更確切地說是在前面各章節中所述的故事中，我都故意略掉了一個很重要的話題：從「可投入的資金」到「滿意的客戶群」之間的連接。我們可以從直覺上判斷出這一連接確實存在，因此，在至今為止的所有系統循環圖表上都表示出這一連接肯定沒有問題。然而，這種處理方式忽略了投資是如何工作的這一問題。這並不是自發發生的，它之所以能夠發生，是因為經理決定在某個專案進行投資，以幫助爭取新客戶及保留現有客戶，這也正是在至今為止的所有系統循環圖表中只使用一個箭頭來連接「可投入的資金」和「滿意的客戶群」的原因。

然而，在當前這個案例裡，是什麼在幫助爭取新客戶及保留現有客戶呢？肯定是「招聘、解聘和培訓」這一活動，而它需要「可投入的資金」的支援，因此這裡存在著一個從「可投入的資金」到「招聘、解聘和培訓」的連接，它代替了從「可投入的資金」到「滿意的客戶群」的連接。從概念上講，這些連接都是唯一的，但是我們現在找到了一個調節迴路，而且我們也辨識出這個連接的實際含義。

圖表 10-9 描述了這種情況，並用一個虛線表示了這個被代替掉的連接。

這幅圖符合常理嗎？

仔細看一看圖表 10-9。它符合常理嗎？增強迴路在哪裡？它和原來的那個調節迴路有什麼關係？

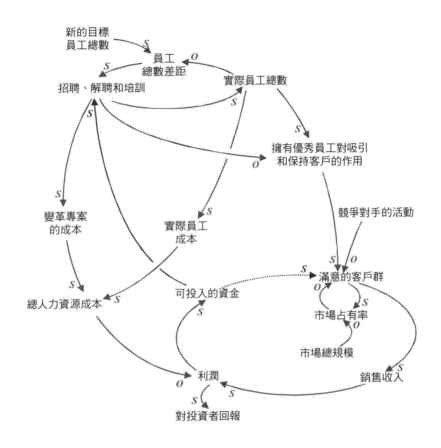

【圖表10-9】

　　我相信它確實符合常理，因為我們在後面就要看到，這幅圖是通用策略系統循環圖表的一個基本構建模組。增強迴路本質上仍然存在，不過換了一個新路徑：從「滿意的客戶群」開始，經過「銷售收入」、「利潤」和「可投入的資金」，然後轉向「招聘、解聘和培訓」，繼而是「實際員工總數」，接著掉回頭來經過「擁有優秀員工對吸引和保持客戶的作用」回到「滿意的客戶群」。這個迴路一路上都是 S 型連接。這就是最初的那個增強迴路，但是這裡不僅明確地指出了「可投入的資金」的使用方式，

即「招聘、解聘和培訓」，還明確指出了為什麼要對這項活動投資，即為了提高「擁有優秀員工對吸引和保持客戶的作用」。所有這一切都是：

- 被「新的目標員工總數」這一輸入政策懸擺所驅動。
- 獲得市場占有率和對投資者的回報這兩個成果，同時都受到如下因素的制約：

——外部制約因素：競爭對手的活動和市場總規模。

——內部制約因素：總人力資源成本，以及進行「招聘、解聘和培訓」干擾了「擁有優秀員工對吸引和保持客戶的作用」。

在這個例子裡，從調節迴路到增強迴路只有一條連接

這幅圖有一個很顯著的特點，即只有一條連接從調節迴路指向增強迴路。這意味著只有一種管理行為可以讓增強迴路旋轉得更快些。其他連接都扮演了「剎車」的角色。

這一驅動連接非常關鍵。離開了它，增強迴路就會逐漸萎縮，直至停滯，甚至可能退化到指數衰退的情況。然而，這個最重要的連接在圖中卻表現為一個模糊連接——「擁有優秀員工對吸引和保留客戶的作用」。

10.8　其他控制桿作用如何

其他控制桿

迄今為止，這幅圖展示了業務成長的增強迴路和擁有員工總人數控制桿的調節迴路。如果我們當初選擇組織關於品牌形象的政策作為出發點，這幅圖看起來又會是什麼樣子呢？

圖表 10-10 能否反映這一變化？

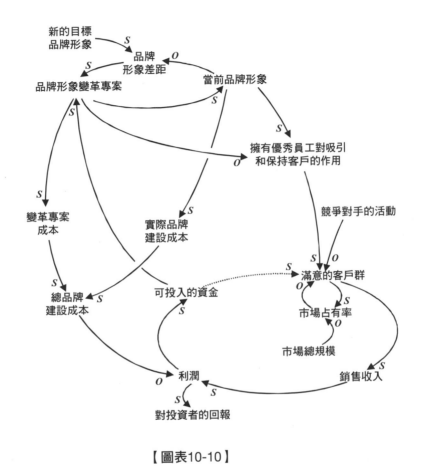

【圖表10-10】

　　在這裡，故事的動因是建立更時髦的品牌、更改公司名稱或公司標誌的想法。這就產生了「新的目標品牌形象」，這與「當前品牌形象」顯著不同，因此產生了一種「品牌形象差距」，從而啟動了一項「品牌形象變革專案」。

　　這當然會產生顯著的「變革專案成本」，它需要「可投入的資金」的資助。另外，在穩定狀態下，無論對於新品牌形象，還是舊品牌形象，都

會產生「實際品牌建設成本」，它是「總品牌建設成本」中的一部分。

我們為什麼要採取這些行動？因為我們相信一種可以稱為「品牌形象對於吸引和保留客戶的作用」的概念。如果不相信這個，我們就不會投資，不是嗎？同樣地，變革專案本身通常會產生一種負面效應，因為資深經理花費了大量的時間去爭論新的名字以及新標誌的色彩，而客戶們則會感到疑惑：這個陌生的而無法發音的新名字是什麼意思？

這幅圖和上幅圖有什麼區別？

實際上，除了一些具體名詞的改變之外（比如「招聘、解聘和培訓」變成了「品牌形象變革專案」等），這幅圖和上面那幅圖並沒有其他不同。由於兩個故事的環境不同，這些名詞變動實屬正常，但是，從結構的觀點來看，這兩幅圖是完全一樣的。

我確信你一定也已經猜到，即使我們選擇「定價策略」、「資產政策」或者其他任何政策作為出發點，這些系統循環圖表也還是一樣的。確實，這幅圖非常具有一般性。

無論控制桿是什麼，它都會和一個調節迴路相關。在這個調節迴路內部，該控制桿任何目標狀態和實際狀態的偏差都會觸發一個管理措施。這通常是某種形式的變革計畫，它持續的時間完全依賴於使實際狀況與目標狀況達成一致所需的時間。

這些工作的總體目標是為了調整控制桿的實際狀態，對業務成長引擎有利，而這通常表現為能夠吸引和保留客戶。

維護控制桿的實際狀態產生了運營成本，變革專案也是一樣。它們共同回饋到增強迴路，共同產生消耗利潤的作用。同時，變革專案本身通常也可能會帶來負面影響。

變革專案的經費來源通常是資金投入，而且由於經費的來源通常只有

一個，因此每個控制桿都會參與到對資金投入的競爭中來。管理者最重要的管理決策就是在這些相互競爭的控制桿調節中分配預算基金。這一決策決定了在各種各樣的控制桿中哪一個更有活力，而分配預算的總體目的就是為業務的指數成長加油，盡可能有效地促進所期望成果的成長。這是一個非常需要智慧的決策。

10.9　通用商業模型

正如我們在列舉關鍵控制桿及成果時所看到的那樣，成果的數量通常明顯少於控制桿的數量。一般來說，一個增強引擎總是被很多不同的控制桿控制著。從上面論述可知，由於所有控制桿和成長引擎的相互作用方式都很類似，因此我們可以得到一個更接近實際的業務模型，如**圖表 10-11**所示。

圖表 10-11 展示了一個具有兩個成果（「對投資者的回報」和「市場占有率」）與四個控制桿（「員工政策」、「品牌政策」、「產品政策」、「資產政策」）的業務模型。每個與之相關的調節迴路都在圖中使用一個標誌加以標注，而這些調節迴路和成長引擎的相互作用都抽象為成本和成長驅動因素，後者是對各控制桿對吸引和保留客戶具體作用的簡單表述。

在成長引擎的中間是資金分配，它代表了公司如何在各種不同的控制桿之間分配成長引擎所帶來的利潤的決策。

你的組織如何進行投資分配決策？

每項業務都要進行這種決策，那麼，你的組織是如何進行決策的？是否在完整地理解了本圖相關成長驅動因素的基礎上進行決策的？

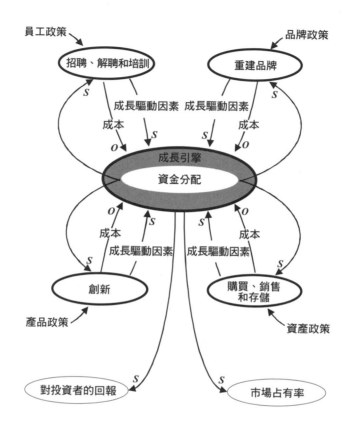

【圖表10-11】

雖然**圖表** 10-11 已經顯得很複雜而抽象了,但在真實的商業環境中,沒有任何一項業務只有四個控制桿,它們會受到很多控制桿的交互作用。不過,如果你認真地跟著我們從本書的開頭閱讀並練習到現在,我確信你已經可以看到一項多重控制桿的業務,是如何繪製在這幅圖上的,而且你也會看到擁有不同成長引擎的業務是如何描述出來的。

然而,這並不僅僅是一幅圖,它同時也是進行電腦模擬建模的橋梁。根據本圖所包含的邏輯,你就可以構建出自己的擁有各種不同「控制桿」的「控制台」。這個模型也保證了我們可以對業務進行動態模擬,並得到

類似於**圖表 5-8、圖表 8-4、圖表 8-10、圖表 8-11** 這樣的圖。電腦模擬會將靜態的紙面模型變為動態的「電影」——這種「電影」才當之無愧地配得上「系統動力學」這個詞。我將在第 12 章和第 13 章進一步剖析這一主題。因為各個控制桿相關的通用結構的行為基本一致，所以構建一個策略系統的系統動力學模型，並不像你想像得那麼困難。原則上，你只需要構建兩個通用模組，其中一個就是成長引擎，另一個就是控制桿的通用結構。然後複製控制桿模組，進行適當的修改，並輔以合適的資料，就可以輕鬆地完成工作了。

相對於構建各個控制桿的模組邏輯而言，為它們填上合適的資料更為困難。對每個控制桿而言，最重要的因素就是「×× 對吸引和保留客戶的作用」，而這一關鍵因素卻是非常模糊的。這類因素和你在會計報表上看到的內容屬於完全不同的範疇，它們只存在於睿智的策略家所描繪的系統動力模型中。系統動力學模型對模糊變數的承受能力非常高，這是因為即使無法清晰地描述它們，但系統思考理論仍然認識到了模糊變數之所以重要的意義。

績效評估

「如果你無法測量它，你就無法管理它。」這句話非常有道理。從另外一個角度看，所有績效評估系統的目標都是去評測那些你需要管理的因素。

它們真的能做到嗎？

系統思考的精髓就是去處理這種複雜性，從而透過森林找到合適的樹木，並分辨出最重要的因素。因此，系統循環圖表中所描述的那些因素就正是你要管理的內容。然而，如果你瀏覽了本書中的大多數圖，你會發現圖中的一些因素（比如「銷售收入」和「利潤」）能夠在會計記錄中找到。但是很多因素，尤其是像「優秀的員工對吸引和

保留客戶的作用」這樣的成長驅動因素就很難在會計紀錄中找到蹤影。

因此，業務評測系統難道僅僅是記錄那些易於測量的因素，而放過了其他因素嗎？實際上，它應該是測量所有真正重要的因素，即使它們非常難以測量。繪製系統循環圖表的另一項好處是，在繪製過程中有助於辨識出需要控制的關鍵因素，而睿智的組織就會開始著手解決如何測量的問題。在這方面取得成功的企業將會獲得豐厚的利潤回報。

10.10　完整的圖像

在這一節裡，我會把迄今為止我們所遇到過的圖中兩類看起來關係不大的因素，使用懸擺連接起來。

首先是關於控制桿目標狀態的問題。在至今為止所有的圖中，控制桿的目標狀態（比如「新的目標員工總數」或「新的品牌形象」）都是標明調節迴路目標狀態的輸入懸擺。那麼，這些目標來自何方？

其次是成果的目標狀態問題，這一問題在至今為止所有的圖上都沒有出現過。以前圖上出現的所有這些成果因素，比如對「投資者的回報」和「市場占有率」，都是代表著當前業務運行成效的實際成果，而不是目標狀態。

實際上，控制桿和成果這兩類看起來關係不大的因素，可以在同一張圖中連接起來，如**圖表 10-12** 所示。通常，「改變一個或多個控制桿目標狀態的決策」都是由「目標成果」和「實際成果」之間的「差異」所確定的。

這幅調節迴路圖驅動著「實際成果」向「目標成果」逼近。業務引擎代表了前面那些圖的內容，它有一個輸入懸擺，代表著所有控制桿目標狀態的集合，它也有一個輸出懸擺，代表了所有實際成果的集合。

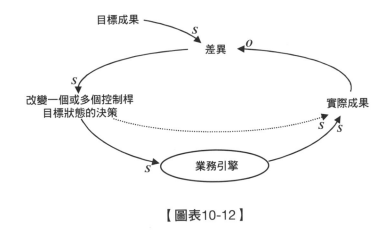

【圖表10-12】

　　實際上，在大多數業務中，依照所選取的時間尺度的不同，**圖表10-12** 的調節迴路可能會在三個層面上運作。在最短的時間尺度上，即一個會計年度之內，尤其是在接近會計年度結束時，「目標成果」就可以具體化為「本年度的預算」，而「實際成果」則具體化為「本年度的累計」，它可以從最近一段時間的管理會計記錄中得到。由「差異」所驅動的行動就是尋找各種「短期修正措施」，比如削減培訓經費（短期內重設員工總人數的控制桿），或者是一場新的促銷活動（短期內重設市場占有率的控制桿），或者其他方式，期望能夠將年度實際費用與年度預算保持一致，如**圖表 10-13** 所示。

　　從中期來看，可以使用一幅類似的圖來描述確定下一年預算的過程，如**圖表 10-14** 所示。

　　這一過程在不同業務中的運作方式有所不同。那些採用「從上到下」方式的公司，會從「下一年預算目標」開始；那些採用「由下而上」方式的公司，會在彙集了所有部門預算之後，再從「當前預算要求」開始。無論採用哪種方式，所有的組織都會經歷這個迴圈，透過協商、爭論、交涉，直到最終達成協定，並具體體現為「預算」，它既代表了下一年業務發展

的目標成果，也代表了下一年業務控制桿的目標狀態。一旦已經就控制桿目標狀態達成一致，就會將它們同控制桿當前狀態進行比較，見**圖表 10-12。圖表** 10-14 底部所示的箭頭採用虛線形式，以表示這中間存在的一條資訊流，而不是因果關係；同時，這個箭頭上面沒有 S 型連接或 O 型連接的標誌，這是因為「隨著圍繞預算的協商和爭論的增加，達成的下一年目標成果和控制桿目標狀態是增加還是減少」這一問題並沒有實際意義。這是高層次系統循環圖表的特點，它們通常都在處理一些比較抽象的概念。

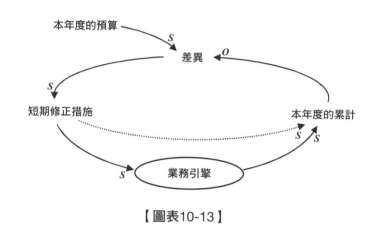

【圖表10-13】

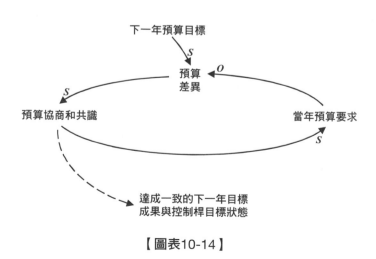

【圖表10-14】

從結構上說，這幅圖同樣適用於策略層次。當然，這裡的時間尺度就更長了一些。儘管所使用的詞語相差甚遠，但是圖形本身，無論是結構，還是概念，都是一樣的，如**圖表** 10-15 所示。

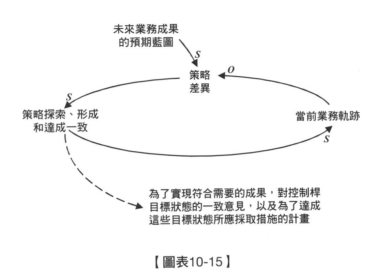

【圖表10-15】

這幅圖表達了這樣的意思：從本質上說「策略探索、形成和達成一致」的過程的驅動因素是本圖中所稱的「策略差異」，即「未來業務成果的預期藍圖」與「當前業務軌跡」之間的不匹配。正如我們所見，經理能夠採取的唯一相關措施，只能是重設控制桿狀態，也就是「為了實現符合需要的成果，對控制桿目標狀態的一致意見，以及為了達成這些目標狀態所應採取措施的計畫」。

然而，「未來業務成果的預期藍圖」從哪裡來？在我看來，它有一個而且只有一個驅動因素，那就是高層管理團隊的「雄心、遠見和想像力」，如**圖表** 10-16 所示。

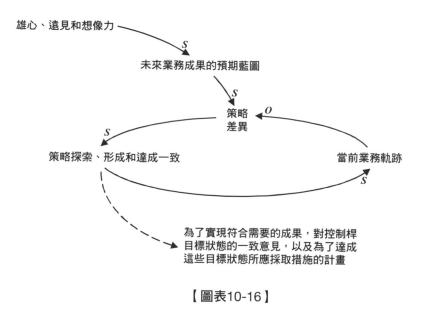

【圖表10-16】

把上面三段內容結合起來，就可以畫出一幅真正的「大圖」，如**圖表10-17**所示。

組織如何確定策略？

圖表 10-18 揭示了三種不同的策略形成方式：

● 方式 1：對「當前業務軌跡」的總體評價是「好的……真的不清楚……可能正常吧」，這樣的組織沒有多少「雄心、遠見和想像力」，從而「策略差異」相對較小。

● 方式 2：業務正在接近危機，對「當前業務軌跡」的總體評價是「我們可能會陷入一片混亂」。這種情況下，儘管沒有多少「雄心、遠見和想像力」，但「策略差異」仍然非常顯著，只是其驅動因素是危機，而不是「雄心、遠見和想像力」。

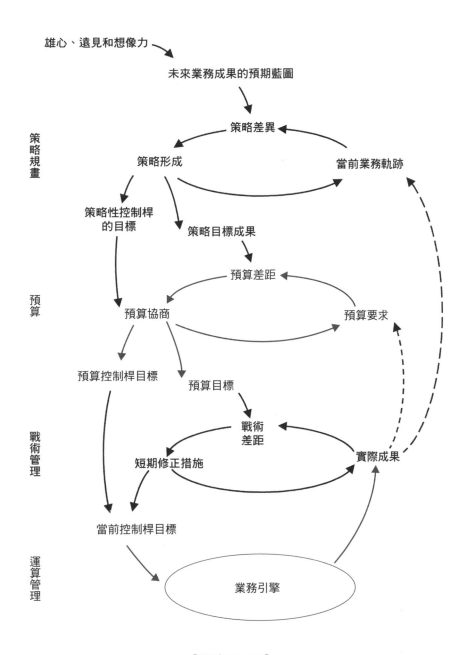

【圖表10-17】

● 方式 3：組織具有高度的「雄心、遠見和想像力」，而且業務
走勢良好。「策略差異」非常顯著，但是這主要是由於擁有非
常宏偉的「未來業務成果的預期藍圖」所致。

你所在的組織目前是哪種方式？

10.11　激發雄心、遠見和想像力

圖表 10-17 指出，業務策略的根本驅動因素在於組織（或者更準確地說是領導者）的「雄心、遠見和想像力」，它會具體表現為「未來業務成果的預期藍圖」。相反地，「雄心、遠見和想像力」愈小，策略就愈平庸，這一點在商界教父蓋瑞・哈默爾（Gary Hamel）的《啟動變革》（*Leading the Revolution*）一書中得到了明確闡述：「讓計畫人員去創造策略，就像要求磚匠去塑造米開朗基羅的聖母像一樣。」

大量理論研究指出，遠見和想像力這類特徵是來自於個人的性格，只有很少的人生來就具備這種特質。我當然同意有些人具有驚人的領袖魅力，他們是真正的遠見家；但是我也不同意其他人在這一點上都一無是處。在我看來，我們每個人都具有透視未來景象的能力，都可以激發自己的想像力，從而擁有偉大的想法。只要擁有勇於嘗試的意願，掌握相關的工具和技巧，瞭解相關的知識，充滿自信，就可以提高這些特質。

所以，請允許我用介紹一種能夠激發雄心、遠見和想像力的方法來結束這一章。我在前文已經提到，策略管理方面有無數的書，還有更多的方法、工具、技巧和分析手段。不過，我打算在這裡介紹的是情境規畫（scenario planning）方法。

支援情境規畫的思維模式其實是一個很簡單的想法，即沒有一個人能夠預測未來。令人悲哀的是，這一想法可能導致有些人在制定長期規畫方面無所作為，因為未來總有很多壞消息在等待著你。因此，我們所

能採用的最佳方式似乎就只是根據不斷出現的情況而進行一系列的日常決策。這種「守株待兔」式的策略決策方式被很多人（包括情境規畫專家）認為不僅僅是一種管理缺位，同時也是一種嚴重的邏輯缺陷。因為一些決策必然需要很長時間去實施才能取得成果。例如，你希望開發一個新市場，新建一個重要的工廠，或者開發一種新藥，這些決策都需要很長時間才能看到結果，這通常超出了人們預測未來的能力。然而，這樣的預測卻非做不可。

對預測問題的另一種反應就是「我可以讓未來成真」。我可能無法預測所有的事情，但是，至少就我的業務而言，「我可以用我自己的方式做到這一點」。持這種觀點的人通常都是非常強力而富有支配感的人物，而且有時候他們也確實能夠發揮影響力，但有時候他們也做不到這一點。

情境規畫專家則採取了中庸的態度。儘管未來充滿了不確定因素，但是仍然必須制定決策。有些事情我能夠控制，但也有很多東西超出了我的控制。因此，我們所能採取的最佳措施就是，在現在這個時點上，對一系列可信的、可能出現的未來情境進行決策，並仔細檢驗。這樣，一旦這些未來情境真的發生了，我們就可以採用已經驗證過的決策。積極地重複這一行為，我們就可以盡量降低因為突然面對意料之外的事件，而陷入慌亂的可能，並大幅增加「抓住下一波浪潮」的機會。

上帝、賭徒、學究和嚮導

圖表 10-18 展示了從個人風格和信念兩個角度，對計畫方式的另一種劃分結果。縱軸代表「風格」，包括「控制」和「授權」兩種；橫軸代表「信念」，包括「預測」和「探索」兩種。

那些相信自己可以預測並控制未來的人是上帝。他們躊躇滿志，而且知道一切問題的答案。他們根本不需要任何計畫方法——他們就

是有決斷力。

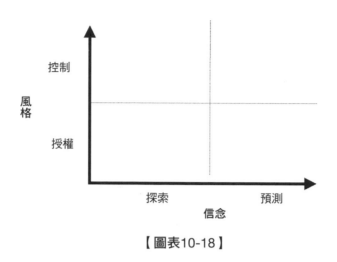

【圖表10-18】

　　那些在預測未來上不夠自信，但同樣具有強烈控制感的人是賭徒。他們明白自己不會每注必贏，因此他們希望瞭解成功的機會。賭徒們需要而且很欣賞財務分析。

　　那些希望授權，但認為他們能夠預測未來的人是學究。他們偏愛分析、方法、資料和技術，因為他們總是在尋找「正確的」答案。學究們是深受歡迎的管理顧問，總是會有很多人願意為最新的「管理潮流」買單。

　　最後一角留給了嚮導。和學究們不同的是，嚮導們不相信僅僅因為掌握了正確的技術就能夠自然地發現「正確的」答案。相反，他們知道未來無法預測，因此他們試圖睿智地引導著自己的組織在各種不確定性之間穿行。嚮導們發現，情境規畫是一種非常有幫助的工具。

　　我認為，進行情境規畫的最簡單方法就是完成如**圖表10-19**所示的表。欄代表著變化的世界，第一欄（A）是當前世界，另外那些欄（B、C、D、E）則是幾種可能的未來世界。三個列分別代表著環境、控制桿和成果。

我們首先來看第一欄，當前世界。這一欄的中間和最下面兩個空格不需要進一步的解釋，它們分別包括你所列出的所有控制桿和成果的名字及當前狀態，這是本章前面幾節討論的內容。

描述＼變化的世界	A	B	C	D	E
環境					
控制桿					
成果					

【圖表10-19】

無論如何，你的業務必然存在於一定的環境下——存在於當前世界的特定環境中。因此，環境空格應該包括對當前環境的描述。對當前環境的最佳描述方式就是結構化的要點清單，每一點都是當前業務環境的某一具體特徵。描述的重點不在於你的業務特點如何，因為這一內容基本上可以透過控制桿和成果的名稱及狀態得知。相反地，環境描述的重點在於外部環境的特點，比如政治環境、行業結構、競爭對手活動、人口等社會因素，以及影響你的業務和客戶的技術趨勢等技術因素。

這些描述需要大量深入的思考、討論和思路的清晰化，它必須能夠通過所謂的「火星人測試」，即如果你給一位正向地球進發的火星人發一封電子郵件，為他描述地球的景色，而他一降落就發現你所描述的正是他所看到的，那麼你就通過了「火星人測試」。同樣地，這些描述還必須非常

具體，打個比方說，就是要畫一幅工筆花鳥，而不是一幅潑墨山水。因此，如果你在「行業結構」、「政治環境」、「人口」以及其他條目下列舉了幾百條因素，根本不必驚訝。

10.12　如何具有創意

到目前為止，我們所描述的過程只填充了情境規畫表中第一欄的空格，也就是說，只完成了當前的世界。接下來的步驟就是想像力發揮作用的時候了，因為它正是定義一系列可能的未來世界（五年、十年或者二十年後，你的業務所處的運行環境）的關鍵技能。

新事物至少要有一點與眾不同

考慮一個你很熟悉的簡單情形——比如，下西洋棋。假設你已經使用要點清單的方式完整地描述了棋局，而且在細節方面足以通過火星人測試，這樣當一位火星人降落在地球上時，他僅僅依靠你的描述就能發現這是在下西洋棋，而不是在踢足球、玩牌或者開董事會。

現在想像一下，如果你還有對另外一個遊戲的類似描述——比如說，西洋跳棋。你能根據自己的描述將這兩種棋類遊戲區分開來嗎？它們很相似——都有黑白格子；都是兩個玩家，在桌子邊上，在一塊板上面玩；使用的板子也是一樣的，都是 8×8 的方格棋盤；都是老少皆宜、男女不限的遊戲。西洋棋和西洋跳棋之間的不同之處，在非常底層的細節上：它們的棋子不同，而且移動的規則也不一樣。

現在想像一種不存在的遊戲。「瘋狂的想法，」你可能會這樣說，「我怎麼能想像出一種不存在的遊戲呢？」

事實上這還是有跡可循的。以一種現有的遊戲（如西洋棋）為藍本，列舉出它的特徵。然後，選擇其中一個特徵並改變它。一旦改變

了這條規則，這個遊戲就不再是西洋棋了，因為你改變了它的特徵。
這個遊戲你從來沒見過，因此它可能是一個新遊戲。比如，國際象棋
的一個特徵就是「所有的方格都是一樣的」，這意味著沒有「特殊」
方格，如果你創造了一個特殊方格，一切就都變了（中國象棋中就有
「米」字形帥府的「特殊」方格）。

　　如果西洋棋中出現了一個或多個特殊方格，會發生什麼事情？你
可能永遠都不會被「將」死；也可能兩個棋子會占據同一個格子；或
者是同一方的「王」和「後」，可以生一個孩子—— 一個「王子」（它
可能成為一個「騎士」），或「公主」（一個新棋子？比如一個小一
些的「後」——可以任意方向移動，但是每次只能走兩格？）……

　　上面這個文字方塊中略述的這一過程，在幫助你激發想像力方面具有
非常強大的幫助作用，它可以提高你的創造力，使你新的思路噴湧而出。
上述方法的作用可以歸結到以下兩個根本方面：

　　業務中的創造和創新從來不會無中生有地出現，也不會在完全不熟悉
的領域出現。也就是說，它們總是在你熟悉的領域出現，從那些你已經獲
得成功的領域出現。因此，任何從一張白紙開始的做法都忽視了你已經擁
有的知識——這是創新最重要的養分。

　　其次，上述方法揭示出，一旦提出了一個新想法，新想法和現有想法
之間的差異只是一些細節上的差異。

　　因此，這一過程的出發點並不是一張白紙，而是對你所瞭解的當前的
一切以要點列表的形式的綜合描述。一旦形成了這張列表，下一步就是選
擇某項特徵並質疑：「可以怎樣改變這一特徵？」這就迫使必須就差異進
行交流，而差異正是創新的來源。「新的必然是不同的」，這句話千真萬確，
「不同的未必是新的」，這句話我們也都明白。然而，就差異進行交流確
實是一個好的出發點。

這一過程被稱作「創新行動」（InnovAction），在我的另一本書《創意管理》（*Smart Things to Know about Innovation and Creativity*）中有詳細介紹。如果你希望找一些類似的例子，在那本書中可以找到很多，但是，對於試圖瞭解如何應用情境規畫而言，你現在的基礎已經足夠了。對當前世界的各種描述進行整理的過程，給你提供了一個良好的出發點，比如你對當前世界的描述是「行業結構的特點是有 4 家全球型機構，在英國有 16 家大公司和很多小公司」，這一描述本身就為你想像不同點提供了廣闊的舞臺。

如果 4 家全球型機構合併了會怎樣？如果英國的 16 家公司分拆了怎麼辦？如果小企業聯合起來怎麼辦？所有這些都有可能發生。如果某種情況發生，而我們靜觀待變，會對我們的當前業務產生怎樣的影響？我們會變得更強大，還是遭到削弱？如果會遭到削弱，我們現在應該做些什麼才能變得強大？可能我們需要啟動一項關於合併的討論，從而改變我們「合併和收購」控制桿的狀態。這實際上就是策略的素材。

通過依次選擇當前世界的特徵並質疑「如果它有不同的選擇，世界會變得怎樣」，你可以獲得很多很多對未來世界的描述——特別是在 12 人左右的研討會上，這一效果更為明顯。實際上，一兩天的研討會效果比較理想。理論上可能得到成百上千種結果，暫時看起來會是一團糟，但是當不同的主題逐漸匯聚到一起的時候，就會逐漸形成多個自身一致的主題組。這有助於對一系列未來世界的可能描述進一步達成一致。

再經過一定的整理，就完成了情境規畫表中的第一行，我們已經就可能的未來世界進行了深具見地的分析和描述，它們既與對當前世界的描述保持一致，又存在著不同。

這一過程的一個重要特徵就是沒有做出任何判斷，無論是對某種特定情形出現的可能性，還是我們所希望的未來世界，都不做出判斷。我們實際上只是在列舉可能發生的情況，而不是在判斷各種可能性，或者列舉我

們希望發生的事情。

10.13　回到控制桿和成果

　　目前我們已經達到的階段是：我們已經完成了**圖表 10-17** 第一行中的各種環境的描述，它們代表了我們所選擇的世界，而且和當今世界一樣，它們也有控制桿和成果。

　　下一步的工作就是針對每個可能的未來世界提問題，「如果各控制桿仍然保持在當前世界中的位置，相應的成果是『好』還是『壞』？」這就是用各種可能的未來世界對控制桿當前狀態進行測試。在某種意義上，這是一個想像力和直覺的問題：我們能否想像，在任意給定的未來環境下，運行於現有的政策框架下的業務績效會變得怎樣？

　　我們中只有很少一部分人能夠依靠直覺回答這個問題，大部分都辦不到。這些控制桿和成果之間的聯繫，在時間和邏輯上都被割裂了，而且最終結果嚴重依賴於相應的環境。這就是系統思考真正的幫助意義的所在：它提供了一種強有力的分析框架來處理這一切。而且，在得到電腦模擬支援的情況下，這一工具的作用就更加有力，因為這樣就可以追蹤業務的演進過程，可以看到業務是如何從當前的世界演進到未來的世界的。實際上，情境規畫中的「情境」二字指的就是這些講述業務如何經過幾種可能途徑，從當前世界演化到未來世界的故事。

　　假設你認為在某種未來世界中，使用當前世界中的控制桿的狀態會讓你的業務成果獲得「壞」的評價。你下一步會做些什麼？你會重新設定控制桿的狀態，並力圖找到為了獲得「好」的成果，應該將控制桿狀態設定成什麼樣子。這就是雄心發揮作用的地方，因為可能需要將控制桿設定到一個與當前狀態差距很大的目標狀態，或者引入一個新的控制桿——全新的產品、全新的市場或者全新的方法，或者以上都引入。實際上，這些控

制桿一直都存在，只是在此之前，它們的目標狀態和實際狀態之間的差異一直是零而已。控制桿狀態的設定再一次需要直覺的支援，或者需要參照系統循環圖表，再或者需要電腦模擬模型的支援。

因此，在審查了每一個未來世界之後，你會獲得一張完整的圖表。你擁有對當前世界和可能的未來世界詳細而完整的描述，在每一個世界中，你在最下列填入最「好」的成果；在中間列，你指明了為了獲取這些好的成果，控制桿的狀態必須設置成什麼樣子。

接下來，有趣的故事將開始上演，因為這將是你開始決策的起點。正是在這一點上，不同的企業採取了不同的方式。有些企業傾向於低風險，它們試圖在多種不同的未來世界中，選擇盡量一致或者相似的控制桿狀態，這意味著在這種選擇下，儘管未來可能沿著很多條路徑向前演進，但組織的業務都將保持相對穩健。另外一些企業則會採取風險較高、把握較小的方式：管理團隊制定了一個奮鬥目標，然後奮力拚搏。情境規畫練習可能會指出，如果未來沿著某條特定路徑演進，企業會取得輝煌的成功；沿著其他一些路徑前進，則會取得一定程度的成功；而在另外一些情況下，則可能會走向災難。在這種選擇下，雖然有些情境後果不佳，但至少部分結果非常有吸引力，從而使整個團隊擁有為它奮鬥的雄心、遠見和想像力。他們會投入地去做——當然，是靠睿智的分析，而不是匹夫之勇。

情境規畫過程指出，選擇特定策略路線將決定企業在什麼樣的外部環境下，會帶來一場策略成功；而在另外一些外部環境下，會產生負面影響。因此，隨著未來逐漸演變成真，組織就可以跟蹤當前發生的一切，儘早就當前環境變化趨勢是好是壞進行預警。如果趨勢好，那麼一切都很好；如果不好，那就可能需要重新考慮策略。無論如何，這種做法都不再是對特定外界事件的「膝跳式」反射；相反地，這表明，我們清楚地認識到我們並不能控制一切事情。

這項練習的成果可以歸納為四點：

1. 借助於對未來世界的描述，它令人關注未來的情況。
2. 它清楚地指明了在某一特定未來世界中，各控制桿應處的狀態。
3. 將這些策略控制桿目標狀態同實際狀態相比較，它指出了為了彌補這些差距所應該採取的措施。
4. 它有助於形成對未來和當前情勢的深刻認識，培養積極性和奉獻精神。

第 11 章

公共政策

11.1　系統思考同樣適用於公共政策事務

　　本書中至今為止的絕大多數例子都和商業相關，都是在處理像是業務如何平穩成長、如何形成策略這樣的事情。然而，系統思考絕不僅僅限於商業和商業組織。傑‧福瑞斯特的大多數開創型的工作都和公共政策有關，比如他在 1969 年出版的《城市動力學》中，討論了城市中心衰敗的問題；在 1971 年出版的《世界動力學》中，強調了人口成長和環境汙染問題。而由彼得‧聖吉和他的研究小組在 2000 年出版的《學習型學校》（*Schools that Learn*）中，所探討的也完全是教育問題。

　　因此，在本章中，我們將透過分析人口成長、「全球暖化」等問題，來演示系統思考如何應用於公共政策領域。「全球暖化」，即地球溫度逐漸上升，雖然每年上升只有攝氏零點幾度，但它對這個星球上的所有人都具有重大意義。這一問題最近也常出現在報紙的頭條，例如，美國總統布希拒絕簽訂《京都議定書》。這份於 1997 年在聯合國的支持下簽訂的條約聲明，39 個簽約國（包括美國、英國、法國、德國、日本、俄國和中國等）承諾，減少從汽車和工廠中排放的溫室氣體（大多數環境學家和科學家認為溫室氣體是地球變暖的主要原因）。和其他協約一樣，這一協定需要各成員國定期再次簽署，而美國於 2001 年拒絕在《京都議定書》上簽字。由於美國是世界上最大的溫室氣體排放國（占世界排放總量的 25%），布希總統拒絕限制它們的排放量，顯然具有深遠的影響。

　　布希總統的決策明智嗎？他是否正在協助某些組織和個人對這個行星施虐？

　　我相信，閱讀完本章之後，你會形成一個更為全面的看法。接下來的幾頁中將會展示一些反映我的思維模式的系統循環圖表，它們展示了我對這一複雜系統行為的理解。你可能不贊成，沒問題！希望這會激發你繪製出自己的系統循環圖表，而且如果你這樣做了，請告訴我！

11.2　重提人口

　　這一問題的出發點就是人口成長的系統動力學模型。我們在第 8 章已經看到,「人口」的成長可以使用一對相互連接的回饋迴路來表示:一個被「出生率」驅動的增強迴路,和一個被「死亡率」驅動的調節迴路。**圖表 11-1** 是對**圖表 8-13** 的一個更通用的表示,這裡的「人口」現在指的是全球總人口,不分年齡,不分城市人口還是農村人口。

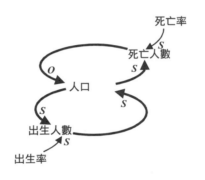

【圖表11-1】

　　這個增強迴路本應是指數成長,但是卻因為調節迴路而受到了抑制。由於「出生率」和「死亡率」都是速率懸擺,而不是目標懸擺,因此這個系統並不會向某個目標匯聚,而是會不斷成長、減少或者穩定,這完全取決於「出生率」和「死亡率」的動態作用。除了自然衰老過程之外,影響「死亡率」的主要因素就是「疾病」了,如**圖表 11-2** 所示。

　　隨著「人口」的增加,各種類型的經濟活動水準也會提高:不僅基於城鎮的製造和貿易活動水準在提高,基於農村的農業活動水準也在提高。在這些活動中,一些是出於生存的需要,如糧食生產;還有一些則是因為人們「對財富的欲望」所致,如**圖表 11-3** 所示。

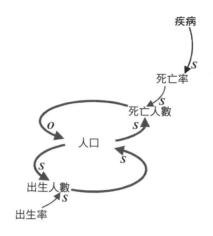

【圖表11-2】

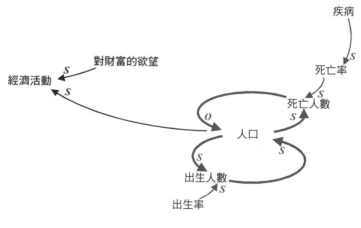

【圖表11-3】

11.3 經濟活動的後果

　　「經濟活動」確實能夠創造財富、改善生活的品質，但這並不是唯一的結果。隨著「經濟活動」的成長，「資源消耗量」也在上升。當資源很充裕時，當然天下太平；但是，當存在因「資源總量」限制，資源（如土地、

水、石油、礦產等）不夠充裕時，就引發了「對稀缺資源的競爭」，進而引發「饑荒」和「戰爭」。這將會提高「死亡率」，從而打亂了增強迴路的指數成長。另外，隨著人口成長，「汙染」也日益嚴重，這不僅是指產生的垃圾愈來愈多，而且還包括廣義的對汙染的定義，如過度擁擠、生活品質退化等。這當然會增加「疾病」的發生率，如**圖表 11-4** 所示。

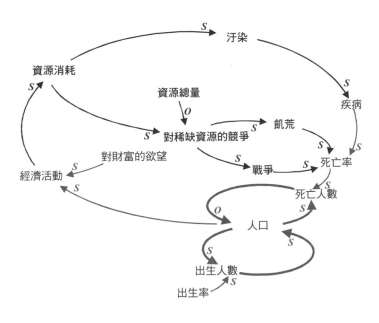

【圖表11-4】

11.4　**系統的結構和行為**

在上面這個結構中，存在一個增強迴路——連接著「人口」和「出生人數」，以及四個調節迴路，它們起著一定的「剎車」作用。其中，從「人口」經過「死亡人數」回到「人口」的調節迴路代表著自然衰老的過程，其他三個分別經過「疾病」、「饑荒」和「戰爭」，都大大提高了死亡率，使其遠遠超出了自然衰老的死亡率水準。

　　這四個回饋迴路都可以在人類歷史上找到痕跡。實際上，1498 年杜勒（Albrecht Düer）的木刻《天啟四騎士》（*Four Horsemen of the Apocalypse*）所描繪的正是饑荒、瘟疫、戰爭和死亡。

　　唯一能夠最終對成長產生制約作用的就是「資源總量」目標懸擺，無論人口在這四位「騎兵」的影響下成長、減少還是穩定，「資源總量」都保持不變。幾個世紀以來，儘管這四位「騎兵」為人類帶來了各種浩劫，但是出生率始終都領先於死亡率，因此世界人口始終在成長，不過非常緩慢。1000 年，全世界人口估計在 3 億左右；到了 1800 年，已經上升到了 10 億，如**圖表 11-5** 所示。

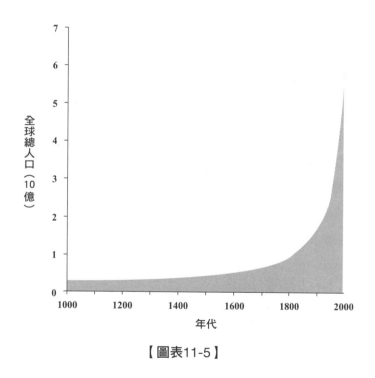

【圖表11-5】

　　然而，自 1800 年以來，人口成長的速度迅速快了起來，而且愈來愈快：1927 年成長到 20 億；1960 年達到 30 億；1974 年達到 40 億；1987 年達到 50 億；1999 年達到 60 億。預測顯示，到 2013 年，地球總人口

會達到 70 億；2028 年達到 80 億；而到 2054 年，則會達到 90 億。

　　對於這種戲劇化的成長，有兩種主要解釋。一種解釋是因為農業水準迅速發展，它減輕了食物供應「資源總量」的約束，至少在部分地區是這樣；第二種解釋是「衛生保健」條件得以改善，這緩和了另一個約束，如**圖表** 11-6 所示。

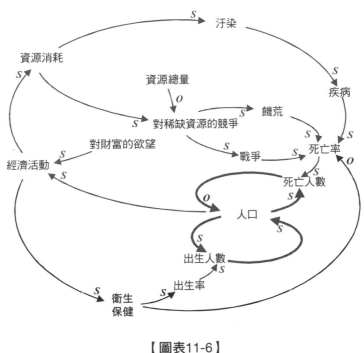

【圖表11-6】

　　藉由改善飲食和營養結構、加強公共衛生建設（比如自來水工程）、臨床醫療技術的發展，以及過去 60 年中抗生素的使用，「衛生保健」得到了改善。這不僅降低了「死亡率」（降低新生兒死亡率，延長人均壽命並戰勝疾病），還提高了「出生率」，因為育齡期婦女的健康狀況得到了很大改善。

出生率和死亡率之間差距的逐漸拉大，帶來了戲劇化的效果。假設出生率為 15 ，而死亡率為 12 ，人口成長的關鍵驅動因素就是這個淨差值 3 。假設現在死亡率從 12 下降到了 10 ，而出生率從 15 上升到了 16 ，那麼淨差值現在就變成了 6 ：變為原來的兩倍！死亡率和出生率的微小變化帶來了淨差值的較大變化，一旦這個指數成長引擎開始轉動，它就會愈來愈快……

一項可以用來減緩人口成長的措施就是降低出生率，比如推廣避孕措施和家庭計畫生育。然而，過去三、四十年的經驗表明，推廣避孕措施只是一種速效療法，只起有限的作用，這在最需要控制人口的發展中國家尤其明顯。一個更為睿智的政策就是「婦女教育」——儘管社會可能需要很長時間才會願意這樣做，如**圖表 11-7** 所示。

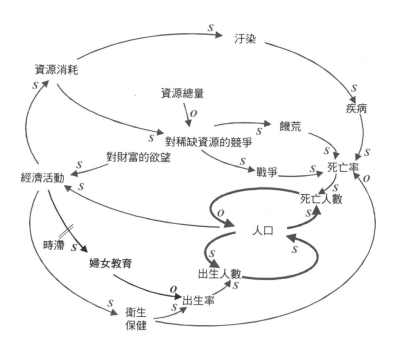

【圖表11-7】

　　這幅圖就是基於我的思維模式對過去五十年左右所發生事件的解釋。但是，還有些不同：過去 20 年中還發生了其他一些事情，為了揭示這個問題，我們需要到火星上做一次旅行。

11.5　蓋婭

　　如果你準備去火星，你會立刻發現它和地球之間有著幾個明顯的不同。比如，火星上非常冷：它的表面溫度大概在 -53℃，而地球的平均地表溫度則為 14℃。不過這一點你肯定可以理性地接受，因為火星與太陽的距離比地球到太陽的距離要遠得多。和地球相似，火星也有大氣層（不過比地球大氣層要薄得多），由我們所熟悉的氧氣、氮氣和二氧化碳組成。儘管火星大氣層的化學成分和地球大氣層相似，但是這兩種大氣層的總體組成卻相去甚遠。地球大氣層有 21％的氧氣、78％的氮氣、0.03％的二氧化碳，其他大部分是氬氣；火星大氣則只含有 0.13％的氧氣、2.7％的氮氣，以及高達 95％的二氧化碳，剩餘部分也基本上是氬氣。

　　還有一點區別：地球上充滿了生命，而火星上只有死寂的石頭。

　　地球和火星大氣的差異引起了一位年輕的英國科學家的興趣，他就是詹姆斯‧洛夫洛克（James E. Lovelock），於 1960 年代為美國的空間專案工作。洛夫洛克的專案就是設計出能夠從地球或者太空船上，探測遙遠的星球上是否存在生命的方法。他很快就認識到，對於任何一個星球，從很遠的距離就能夠觀測到的顯著不同就是其大氣層，因此他提出了這樣一個問題：「行星的大氣層是否存在一些能夠暗示生命存在的特徵？」他獲得了一些資料。地球上有生命，大氣層中富含氧氣和氮氣，但是只有少量的二氧化碳；火星上一片死寂，大氣層中富含二氧化碳，只有少量的氧氣和氮氣。這種關聯是偶然的，還是暗含著什麼線索呢？

詹姆斯‧洛夫洛克

詹姆斯‧洛夫洛克是當今最傑出、最有影響力的科學家、哲學家之一，是一位充滿原創思想的人。他擁有橫跨學科的學術背景。他的第一個學位來自於化學，博士學位來自於醫學，而他的科學博士學位來自於生物物理學——這樣的背景正符合人們所期望的能夠擁有整體、系統、打破界限的觀點的人所具備的特徵。1954 年他離開英國，在哈佛醫學院訪問 4 年，繼而前往耶魯大學，然後於 1961 年成為德州休士頓的貝勒大學醫學院的化學教授。1964 年之後，他成為一位獨立科學家，並在其後的日子裡沐浴在各種獎金和獎勵之中。

他個人發展中一個代表事件就是 1957 年的「電子捕獲探測器」，這種儀器能夠探測出各種微量存在的化學物質。他使用這種儀器證明了可以在各種地方發現殘餘的殺蟲劑，包括南極企鵝的體內、母親的乳汁裡，從而為瑞秋‧卡森（Rachel L. Carson）關於環境的經典《寂靜的春天》提供了有力的證據。1970 年代，洛夫洛克的探測儀在證明大氣中含有氯氟烴的過程中發揮了重大作用，並指出這一用於氣霧劑和冷媒的人造化學物質是破壞大氣中臭氧層的元兇。臭氧層產生了抵擋紫外線照射地球表面的「盾牌」的作用，而紫外線具有致癌作用，對人體有害。從整體上看，我們正合力在臭氧層中鑽一個孔——這在南極已經發生了，你可以從報紙上瞭解到這一點。在我看來，這可不是一個好消息。

洛夫洛克現定居英國康沃爾郡，是牛津大學格林學院的一位高級訪問學者。

洛夫洛克的化學知識使他能夠注意到火星大氣層的一個重要特徵。火星大氣層中的混合氣體正處於化學家們所說的「化學平衡」之中。這個科學術語的意思是說，無論它們混合在一起多長時間，它們相互之間都不會

產生化學反應。他同樣還認識到，地球大氣則遠遠稱不上是化學平衡。實際上，他的計算表明，如果地球大氣達到化學平衡，則空氣中會根本沒有氧氣，含有 1.9％的氮氣、98％的二氧化碳和 0.1％的氬氣，它們大概會處於 240℃。這種大氣組成非常類似於火星，而溫度較高，則是地球距離太陽較近的緣故。

洛夫洛克同樣知道，從地質學和化石來看，地球大氣的組成結構維持在我們現在這種狀況已經長達幾億年了——這比達到「化學平衡」所需要的時間要長得多得多。那麼，為什麼地球的大氣組成被維持在這種遠離「化學平衡」的狀態這麼長時間呢？

回答這個問題的最佳方式是回顧我們已經遇到過的一個奇怪的非平衡狀態的例子。在第 1 章，我們討論了一個由自行車和騎士組成的系統，並瞭解到其自然的平衡狀態就是自行車和騎士都平躺在地上。只有在系統表現為開放系統，並由騎士的腿部運動使得能量持續從中流過時，這個系統才會展示出動態平衡的行為：一種高度有序、自組織的狀態。在這種狀態下，自行車和騎士保持著直立的姿態前進。

洛夫洛克偉大的洞察力體現在他認識到，地球大氣層同樣也遵循著類似規律。地球是一個開放系統，太陽不斷為它提供能量，而且在全球範圍記憶體在著大量的回饋。其結果就是，地球作為一個整體取得了高度有序的自組織動態平衡，從而地球的大氣組成、地表溫度和生命就變成了我們現在所感知到的這樣。

然而，整個地球作為一個系統遠比自行車和騎士這個系統複雜得多。而且，將整個地球作為一個系統就意味著，地球上所有的東西都是這個系統的一分子：岩石、海洋、大氣層、天氣和生命。所有這一切都透過相互關聯的、全球範圍的回饋迴路連接到了一起。

我們對地球的很多動態特性都很熟悉，而且也能感覺到這些全球性的回饋迴路的存在。比如，海洋中的水蒸發後形成了雲，最終會變成雨，

或者直接回到海洋，或者藉由河流回到海洋。氧氣同樣也有自己的迴圈：大氣中的氧氣因為動物的呼吸作用而被消耗，但是又通過植物的光合作用而被釋放。這些個體過程通常會成為地質學家、生物學家、氣象學家或者其他什麼學家的研究物件，他們都只會孤立地看到「自己」的過程，並使用本學科的術語來研究、表述它們。與之相反，洛夫洛克提出，地球就是一個高度有序、自組織的系統，其中的每種事物都和其他事物聯繫在一起。

洛夫洛克用古希臘神話中大地的母親的名字將這種一致性命名為「蓋婭」（Gaia），這個名字是他的朋友和鄰居高汀（William Golding）建議的，高汀是《蒼蠅王》（*Lord of the Flies*）的作者，1983 年諾貝爾文學獎得主。洛夫洛克最初於 1960 年代晚期構思「蓋婭」這一概念，於 1971 年給出了關於這一主題的第一次談話，並於 1973 年發表了第一篇關於「蓋婭」的文章，從此一直研究蓋婭理論（Gaia Theory）。他寫了不計其數的文章，並著書四部，其中我最喜歡的是《蓋婭》（*Gaia: The Practical Science of Planetary Medicine*）。毫無疑問，洛夫洛克的思想在過去那些年代裡曾經引發了大量的爭論，尤其是在那些眼界狹隘的科學家中最為猛烈。然而，世界最優秀的科學家們在 2001 年 7 月提出的《全球變革阿姆斯特丹宣言》（*Amsterdam Declaration on Global Change*）中，蓋婭理論得到了大力推崇。這是從宣言的第一篇文章中摘錄的一段話：「地球系統作為一個自我調節的系統，由物理、化學、生物和人類組成。各種組成部分之間的相互作用和回饋非常複雜。」

如果整個地球是一個系統，那麼，根據系統理論，當你推動「這裡」的時候，「那裡」就會發生一些事情。從全球的角度來看，這就可能會導致顯著的後果。

11.6　全球暖化

地球最重要的特徵之一就是地表溫度，當前是 14℃ 左右。這是一個像我們這樣的生命感到適宜的溫度，幾億年（或者幾十億年）來一直保持著相對穩定，只有一到兩度的變化，即使是在溫度一度下降的所謂「冰河時代」，地球溫度也一直在 11℃ 左右。

決定地表溫度的是什麼？

地表溫度是地球從太陽接受熱量的速率和地球向太空中散發熱量的速率之差，所造成的動態平衡的結果。比如，如果太陽變得更熱了一點，地球接受的熱量就會更多一些，如果其他一切保持不變，則地表溫度就會上升；同樣地，如果其他因素提高了地球向太空中散發熱量的速率，則地表溫度就會變低。

一系列的因素在影響著地球向太空中散發熱量的速率。其中之一，就是地球被冰雪所覆蓋的總面積和海洋與森林所覆蓋的面積之比。由於冰雪是白色的，這會將熱量反射到太空中去，而海洋和森林的深色則會多吸收一些熱量。假如南北兩極的冰融化了，那麼這個行星上冰雪的比例就會下降，減少了地球向太空反射的熱量，使得溫度上升，從而融化更多的冰雪——這就是被稱為反照率效應的增強迴路。

另一個影響因素就是二氧化碳分子。因為太陽的表面溫度非常高，大概 5500℃，因此從太陽散發出來的熱量就以非常短的波長輻射出來。相反地，由於地表溫度僅為 14℃，所以從地球輻射出去的波長非常長。就像藍色的玻璃只能讓短波長的藍光通過，而不能讓長波長的紅光通過一樣（這就是藍玻璃呈現「藍色」的原因），二氧化碳可以讓「太陽熱」（短波）通過，而「地球熱」（長波）通過起來卻比較困難。

這一現象的效果就是大氣中的二氧化碳就像一個單向的毯子，它讓太陽的熱量長驅直入，而減緩了地球將它的熱量散發到太空中去的速率。空氣中二氧化碳的數量愈大，「毯子」就愈厚，地球就愈溫暖；相反地，二氧化碳愈少，「毯子」就愈薄，地球就愈涼。這就是溫室效應，而二氧化碳和其他一些自然產生的氣體如甲烷就被稱為溫室氣體。

幾十億年來，地球溫度始終保持著恆定的溫度，變化不大，但是，與此同時，也發生了另外三件事。實際上太陽正在變得愈來愈熱，這是恆星成長、衰老的表現。與此同時，大氣中的二氧化碳也在穩定降低，大概從十億年前的 0.1％變為現在的 0.03％——儘管火山爆發這種增加大氣中二氧化碳含量的行為經常發生。然而整體上它們之間仍然得到了平衡。雖然太陽逐漸變得愈來愈熱，但我們的二氧化碳「毯子」變得愈來愈薄，因此，地表溫度基本上仍然沒有明顯的變動。在過去非常漫長的時期裡，並沒有證據表明其中哪段時間的地表溫度非常高或者非常低。

那麼，這是什麼原因呢？是不是存在著一種由某種神秘力量所控制的全球空調設備在不停地運作著——就像無論是在夏天還是冬天，只要我們設定了家用空調的目標溫度，就可以保持家中溫度的恆定？

地球有空調設備嗎？

我們已經看到，地表溫度已經在 14℃這一水準上穩定了幾百萬年了。同樣，就更小的範圍來說，你的體溫基本穩定在 36.9℃。地表溫度以及全體人類的體溫為什麼會保持總體上的穩定，而且穩定在這些特定的溫度上呢？

答案就是：「這就是融合的作用。」系統複雜程度愈高，其融合屬性——系統某一層次的一種屬性，無法通過對該層次系統各組成部

分的觀察而推知這一屬性──的表現就愈令人驚訝。就像非常簡單的自行車─騎士系統的「位置」屬性會穩定在「直立」這一數值上一樣，地球這一複雜得多的系統在「溫度」這一屬性上會穩定在 14℃ 這一數值上，而人體系統在「溫度」屬性上則穩定在 36.9℃ 這一數值上。

　　地球和人體是兩個高度複雜系統的例子，它們都由不計其數的、相互關聯的回饋迴路組成──比本書中任何一個例子都複雜得多得多。當這麼多回饋迴路非常和諧地運作著的時候，就會出現各種融合屬性──在地球和人體這兩個例子中，溫度就是融合屬性之一──這在電腦模擬中可以觀察得到。我們對這些複雜系統理解得愈透徹，就愈能理解為什麼溫度會停留在那些特定的數值上，但是，到目前為止，唯一的解釋就是「融合」。

　　即使太陽在不斷變熱，長期以來地表溫度都仍然維持在 14℃ 左右，這是一個非常壯觀的例子，它闡釋了我在第 1 章所介紹的一個概念：自組織系統的自修正能力。就像一位騎士能夠調整自行車的搖晃一樣，複雜自組織系統中大量回饋迴路的交互作用產生了保護系統免受外部衝擊影響的作用──至少可以在一定程度上降低這種影響。如果自行車的搖晃過於嚴重，騎士可能會摔倒，穩定的動態平衡自組織狀態就會突然失去秩序，進入混沌狀態，最終達到靜態平衡的狀態，這時騎士和自行車就會靜靜地躺在地上。很多自組織系統都具備這種融合出來的自修正機制來盡量維持它們的自組織能力，但是，這種能力通常總會存在一定的極限，超過了這一極限，這種機制就會遭到破壞。

　　與自組織和自修正原則相對應的就是，地球總是在盡力維持它的「自然」溫度，一旦出現了擾動，就會激發一定的回饋機制來恢復穩定。這可以用一幅調節迴路的系統循環圖表來描述，如**圖表** 11-8 所示。

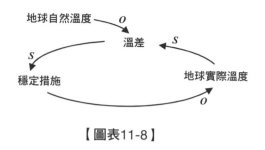

【圖表11-8】

在本圖中，S 型連接和 O 型連接都是以圖中「溫差」的定義為基礎的，也就是：

溫差＝地球實際溫度－地球「自然」溫度

因此，當地球過於溫暖時，這個差值就是正數，這就觸發了某些「穩定措施」來降低「地球實際溫度」，使其回歸到「地球『自然』溫度」。

幾百萬年以來，逐漸增高的太陽溫度傾向於不斷提高「地球實際溫度」，使得「溫差」變為一個正數，從而觸發了某種「穩定措施」，它降低了「地球實際溫度」，使其回歸到「地球『自然』溫度」。這一措施就是降低地球大氣中的二氧化碳含量，從而將地球的「毯子」不斷變薄。

這種機制之一就是光合作用——無論是陸地上的大樹和小草，還是海洋中的海生藻類，只要是陽光下的綠色植物，都會從大氣中吸收二氧化碳以製造糖類。這就是所有生物截獲碳元素的主要途徑，而當前鼓勵栽種新針葉林的政策，正是在利用這一效應來降低大氣中二氧化碳的含量。然而，這種藉由增加生物量來截獲碳元素的做法，實在是一種短期行為。一段時間之後，這些截獲下來的碳元素仍然將透過各種途徑，以二氧化碳的形式返回到大氣中去：或者藉由呼吸作用——主要在動物身上發生，作為食物的植物所包含的糖類和氧氣反應，生成二氧化碳；或者在動物或植物死亡、腐爛的時候發生。只有在死去的動植物沒有完全腐爛的時候，它們才會轉變成各種化石燃料，比如泥炭、煤炭、石油和天然氣。只有在這種情況下，

從空氣中截獲下來的二氧化碳才會穩定的固定下來。

另外一種非常有效的去除大氣中二氧化碳的長期措施，就是透過某種機制將大氣中的二氧化碳用泵抽取出來，然後把它以岩石的形式掩埋起來。這個泵的運作涉及天氣、海洋、地理、物理、化學——最重要的是——和生命本身。洛夫洛克在《蓋婭》（*Gaia: The Practical Science of Planetary Medicine*）一書中非常生動地描述了這個泵的工作方式。以下是我對它的簡單總結：

生物泵

隨著雨點從大氣中落下，二氧化碳溶解到雨水中形成了碳酸。當這種弱酸落到包含矽酸鈣的岩石（大多數岩石都包含碳矽酸鹽）上時，就會發生化學反應，生成重碳酸鈣和矽酸。這是一種自然的化學過程，一般稱之為岩石侵蝕，在缺乏生命干預的情況下，通常進行得非常緩慢。

然而，由於花草樹木以及土壤中的細菌等各種陸生生命的存在，這一進程會加速約 1000 倍。比如，一棵大樹會透過它的葉子從空氣中吸取二氧化碳，其中的一部分二氧化碳就會被傳遞到根部。因此，根部附近的二氧化碳含量就要比沒有植物存在的情況高得多，而由於根部和岩石會有接觸，這時侵蝕的速度就明顯加快了。

侵蝕所產生的重碳酸鈣溶於水中，從而可以被地表水帶入河流，並最終進入海洋。海洋中存在著大量依賴光合作用的微生物，其中一種就是顆石藻，它們會吸收這些溶解的重碳酸鈣，將它們轉變為不溶解的固體碳酸鈣，從而構成它們的殼和骨架。當這些微生物死掉的時候，它們的殼和骨架落到海底，沉澱下來，最終被擠壓進被我們稱為白堊和石灰石的岩石中去。

結果就是，最初來自於大氣的二氧化碳被變成了白堊和石灰石，中間經歷了岩石侵蝕這個泵，而陸生生命和海生生命則成了中間的媒

介。固定在岩石中的二氧化碳會被保留上千萬年，但是其中的一部分會進入火山內部並在驚人的噴發中再次逃逸到大氣中去。至此，輪子轉了一個完整的圈：每樣事物最終都是和其他事物聯繫在一起的。

圖表 11-9 就是展示這個生物泵機制的系統循環圖表，其中考慮了日照強度和火山活動。

這是一個單一的調節迴路，有四個懸擺：一個目標懸擺，「地球『自然』溫度」；兩個輸入懸擺，「日照強度」和「火山活動」；一個輸出懸擺，「岩石中固定的二氧化碳數量」。這個調節迴路產生了保持「地球實際溫度」與「地球『自然』溫度」一致的作用。而這一切正是透過「生物泵的作用」，才能在降低「大氣中二氧化碳含量」的同時，達到提高「岩石中固定的二氧化碳數量」的目的。但是「生物泵的作用」本身又是由當年海生微生物的數量決定的，而這又受到蓋婭的自組織屬性的控制。

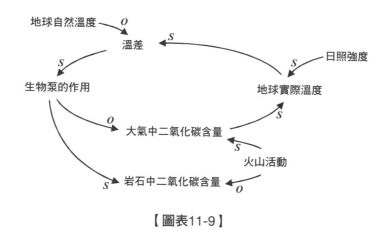

【圖表11-9】

11.7 將迴路連接到一起

在過去的歲月裡，這個機制一直產生了保證地表溫度恆定的作用。與

此同時，過去的幾百年中，人類活動的範圍日益擴大，因此蓋婭的調節迴
路就和人類經濟成長的受到制約增強迴路共同發揮作用。這兩個迴路的大
部分環節都是獨立發揮作用的，因為人類還沒有什麼活動能夠達到擾亂蓋
婭的地步。我們可以用**圖表 11-10** 來表示這兩個互不關聯的迴路，其中為
了簡潔起見，我省略了日照強度和火山活動這兩個因素，並且，由於一個
我們很快就會看到的原因，我還改變了圖形的樣式。

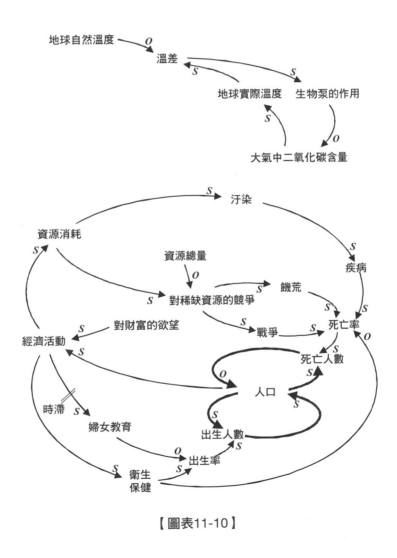

【圖表11-10】

　　每樣事物最終都是和其他事物聯繫在一起的，因此這些迴路也並不是相互獨立的。最重要的聯繫之一，就是在由經濟活動帶來的「汙染」和大氣中二氧化碳含量之間的聯繫。我們已經看到，蓋婭從大氣中截取二氧化碳的方式之一就是透過光合作用將它固定在生物體中；我們同樣看到，當植物或動物死亡並腐爛之後，除非是不完全腐爛，不然無法形成泥炭、煤炭、石油或者天然氣。但是，當泥炭、煤炭、石油或天然氣燃燒的時候，二氧化碳又回到了大氣之中。這一過程可以是自然發生的，比如，由於閃電導致的森林大火。但是它也可以是由於人類的活動而引起的：一旦人類發現了火以後，燃燒樹木，或者泥炭、煤炭、石油及天然氣，就成為了一種「逆向泵」，它不斷地將一度固定下來的二氧化碳返回到大氣中去，不斷地加厚那張「毯子」，如**圖表** 11-11 所示。

　　在人類歷史的大部分時間裡，藉由燃燒木材、泥炭、煤炭、石油及天然氣而釋放到大氣中的二氧化碳，完全處於蓋婭透過生物泵重新吸收的能力範圍之內，因此地表溫度始終維持在一個恆定的數值上。然而，最近二十年來，二氧化碳排放速率增加了。為了拓荒燒掉的森林和為了能量而燒掉的化石燃料，已經超出了這個生物泵將大氣中的二氧化碳以岩石的形式埋到地下的能力，導致「大氣中二氧化碳含量」穩步上升，從而導致「地球實際溫度」也在穩步上升。這就是全球暖化的含義。

　　採用生物泵的蓋婭自然自修正機制已經無能為力。那麼，會發生什麼呢？對於自行車─騎士系統而言，當騎士在一次顛簸中無法自修正的時候，系統就會受到破壞。因此，一個可能的答案就是我們正在見證一場即將到來的大災難，蓋婭將在這場災難中崩潰，而作為其結果，所有的生命也將會遭受滅頂之災。

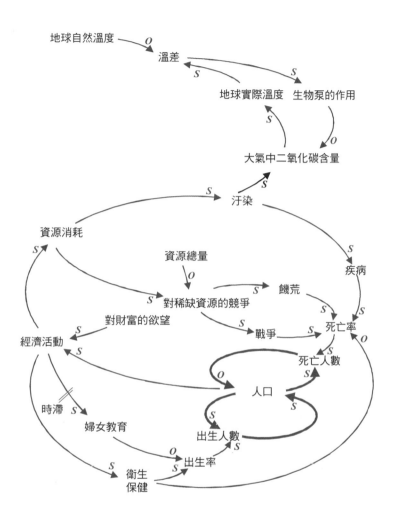

【圖表11-11】

然而，蓋婭畢竟比自行車—騎士系統複雜的多得多，而且也擁有更多的回饋迴路。處理這種情況的一種方式就是既然一個回饋系統無法處理，那麼就再啟動另外一個回饋系統。實際上，這正是在你感覺你的體溫升高的時候所發生的事情。我們知道，人體有五種控制體溫的機制，如果你太熱了，一種機制會讓你流汗，另外一種會增加皮膚的供血。這些機制會共

同運行以將你的體溫帶回到正常範圍。

因此，在蓋婭崩潰之前，必然會激發另外一些機制。那麼，是哪些機制呢？

我認為最可能的事情就是暴風雨。暴風雨會消耗掉大量的能量和熱量，就像每次閃電、每次雷鳴、每次颶風過境一樣。暴風雨是蓋婭另一種降低地球溫度的方法，如**圖表** 11-12 所示。

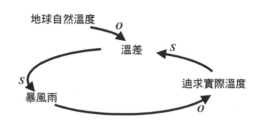

【**圖表**11-12】

這是另一條調節迴路，同樣產生了維持地球「自然」溫度的作用。「溫差」愈大，「暴風雨」愈活躍，「地球實際溫度」就相應下降得愈大。這個調節迴路和那個慢得多的生物泵共同作用，都產生了控制「地球實際溫度」的作用。

圖表 11-13 展示了共同運作的幾個迴路，其中我使用虛線來表示生物泵的作用那個連接，用以暗示它比暴風雨迴路的作用過程慢得多。

11.8　暴風雨的影響

暴風雨直接消耗能量和熱量，從而降低了局部的溫度，但是，這是唯一的影響嗎？從人類促進經濟成長的受約束增強迴路，到蓋婭試圖維持穩定溫度的調節迴路之間，是否還存在著其他的連接？

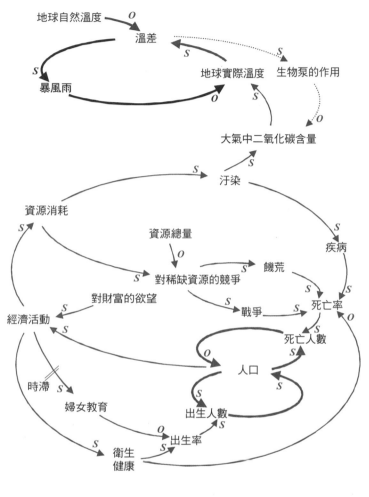

【圖表11-13】

　　實際上確實還在存在著一些連接。第一條就是從「地球實際溫度」出發，經過「洪水」，到「資源能力」和「資源消耗」的連接，它抓住了「地球實際溫度」上升的兩個主要後果：海洋變暖導致巨量海水膨脹，以及冰雪的融化。它們都會抬高海平面的高度，淹沒富饒的沿海耕地，毀壞人類的家園。導致消耗掉各種資源用於阻止洪水氾濫，還耗費各種資源用於收拾殘局。還有兩個連接，就是從「暴風雨」到「洪水」、再到「資源消耗」

的連接，它代表了暴風雨本身就會引起洪水，毀壞莊稼、森林和財產，進一步的結果就是增加了「對稀缺資源的競爭」，結果就是「饑荒」和「戰爭」，如**圖表** 11-14 所示。

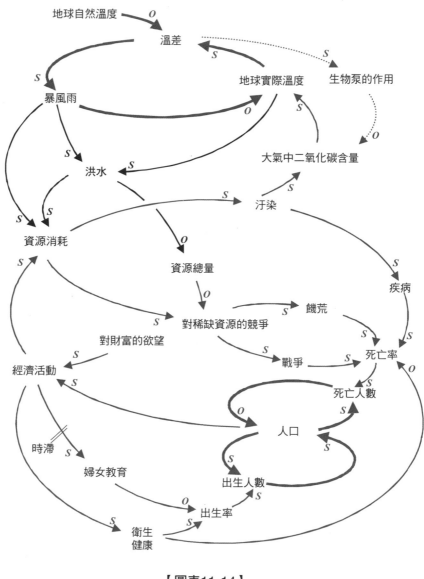

【圖表11-14】

11.9　「天啟四騎士」再次降臨

蓋婭這一維持「地球『自然』溫度」機制的總體效果就是催動「天啟四騎士」掀起一場削減「人口」的運動，直到將人口水準降到「經濟活動」不再擾亂「地球實際溫度」為止。

因此，暴風雨的作用就不僅僅是為了降低局部溫度：向一種暴風雨發生更加頻繁的氣候的轉變，具有更深層次的意義。地球溫度升高的最終原因，就是人類活動對蓋婭全球平衡的破壞。人類是一種刺激因素，他們會引發一種「全球疾病」。在我們使用抗生素、殺蟲劑和飛機噴灑農藥，以幫助我們消除那些我們認為討厭的有害物的同時，可能蓋婭的自修正機制也在做同樣的事情——它正在消除破壞地球溫度平衡的刺激物。而這刺激物卻正是我們人類。

圖表 11-14 中以「地球『自然』溫度」為輸入懸擺的調節迴路展示了這一點。比如，經過如下路線的迴路：「地球實際溫度」、「溫差」、「暴風雨」、「洪水」、「資源容量」、「對稀缺資源的競爭」、「饑荒」、「死亡率」、「死亡人數」、「人口」、「經濟活動」、「資源消耗」、「汙染」、「大氣中二氧化碳含量」，並回到「地球實際溫度」的這條迴路中，它包含三個 O 型連接，因此它是一個調節迴路，這一點正符合我們的期望，它會以「地球『自然』溫度」作為目標進行尋的。還有很多其他的調節迴路，我數了一下，有 10 條直接由「地球實際溫度」或「暴風雨」驅動的調節迴路，而且還有一些更為複雜的調節迴路。

11.10　超越全球暖化

關於全球暖化的這個案例研究，只是蓋婭自修正機制用於維持穩定性的一個例子，而溫度也只是蓋婭眾多系統屬性之一。因此，**圖表 11-14** 只

是在由人類欲望所驅動的增強迴路，開始影響到蓋婭的某條自然調節迴路（儘管確實是最重要的一條迴路）時所發生的事情。從這幅圖中得到的重要推論就是，這幅圖只由人類「對財富的欲望」以及「地球『自然』溫度」兩個懸擺所驅動。這兩個懸擺現在開始短兵相接。在人類歷史上，這還是人類第一次與蓋婭短兵相接──不過，似乎蓋婭的反擊更為強烈一些。

當然，我們可以準確地繪製類似的圖形，來描述人類對蓋婭其他主要屬性的影響，比如關於臭氧層遭破壞（會導致癌症）、森林被砍伐（最終會導致土壤退化，使得一度肥沃的土地變成沙漠），以及對生物多樣性的破壞（誰知道最終會導致什麼結果）。每幅圖都有兩個懸擺：「人類追求成長的欲望」以及「某項蓋婭屬性的『自然』值」，這些相互對立的懸擺呈現短兵相接的狀態。

實際上，根據人類活動是否會提高某項特定蓋婭屬性的數值的不同，還可以畫出兩幅類似的通用圖表：對於提高的情形，可以參見全球暖化的例子；對於降低的例子，可以參見臭氧層遭破壞的例子。在第一種情況下，人類的活動提高了某一特定屬性的數值，其通用系統循環圖表可以透過對全球暖化的系統循環圖表進行歸納而得到，如**圖表** 11-15 所示。

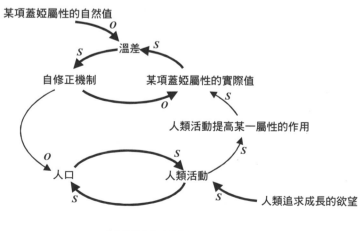

【圖表11-15】

　　然而，如果人類活動降低了某項蓋婭屬性的數值，比如臭氧層遭破壞、森林被砍伐，以及生物多樣性的破壞，則使用**圖表 11-16** 所示的系統循環圖表描述對應的實際情況會更為恰當。

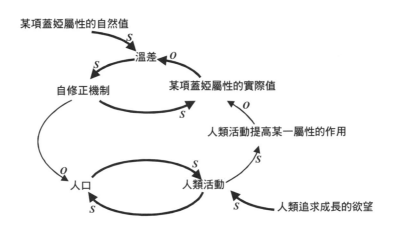

【圖表11-16】

　　兩幅圖之間唯一的不同就是四個 S 型連接和 O 型連接的變化，我會進一步介紹這些變化，從而力圖使第二幅圖的含義更為明白。在第二種情況下，「人類活動」成長所造成的影響通常會造成「某項蓋婭屬性的實際值」的下降，暗示著這個連接是一個 O 型連接。進一步地，由於相對於負「差距」而言，大多數人在處理正「差距」時更為得心應手，因此將「差距」定義為「『自然』屬性」減去「實際屬性」更符合常理。一個逐漸變大的「差距」自然會觸發某種形式的自修正行為，從而逐漸提高了「實際值」，並向「自然值」逼近，以此維持了系統的穩定性──因而最後也是一個 S 型連接。

　　當然，這兩幅圖的行為實際上完全一致。一旦「人類活動」對蓋婭的影響大到足夠的程度，蓋婭的「自修正機制」遲早會發揮作用，從而降低

「人類活動」水準。如果這種行為的結果是降低人口數量,那麼對人類而言就太悲慘了。蓋婭已經將地球上的生命維持了36億年了。最早的原始人類出現於300萬年前後,而現代人的歷史則只有短短的35萬年左右。蓋婭並不是離不開人類——但是人類肯定離不開蓋婭。

11.11　我們能做些什麼

全球暖化已經成為事實。**圖表 11-17** 展示了自 1870 年以來地球平均溫度的變化曲線。

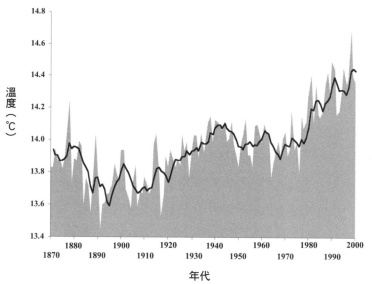

注:陰影區域的邊界表明了年度平均溫度;圖中的曲線表示每5年的平均溫度

【圖表11-17】

隨著人口的成長,人類活動對蓋婭的影響也在增加,**圖表 11-18** 就表明,地球平均溫度在穩步升高,這在最近 20 年表現得尤為突出。變動的幅

度儘管非常小（只有零點零幾度），但這只是測量系統給出的數字，其發展趨勢非常明顯，而且具有深遠的災難性影響。難道世界範圍內不斷增加的災害天氣——從全球氾濫的「厄爾尼諾」現象，到西伯利亞和蒙古的異常寒冷氣候，再到英國、莫三比克以及澳大利亞的洪水氾濫——只是一種統計上的漲落嗎？它們是不是蓋婭的自修正機制在維持地球溫度恆定的過程中必然發生的事情呢？如果由於溫室效應的阻撓，使得蓋婭無法透過向太空中快速散逸熱量的方式來維持地球溫度恆定，可能還會有其他方式來去除這一切的源頭——人類。暴風雨和洪水的最終作用就是降低人口數量。

那麼，我們能做些什麼呢？一種方式就是否認這正在發生著的一切。還記得青蛙的故事嗎？在牠們的家園被睡蓮完全占據的 10 天之前，那些預警信號是多麼渺小啊！

我並不知道我們現在是否已經錯過了時機，是否將無藏身之地。然而，在我們毀滅蓋婭之前，還是能夠找出大量的政策來說明我們避免被這個系統所毀滅的命運。即使最終表明蓋婭實際上並沒有我們所想像的那樣處於危機之中，這些政策仍然具有深刻的意義。其中的兩個政策可以如**圖表11-18** 所示。

「可再生資源」的發展具有非常重大的意義，因為它可以降低總的「資源消耗」，並可以緩和「對稀缺資源的競爭」，「汙染」程度也會降低，與此同時，「資源總量」也可以得到提高。因此，我們也許應該將我們的部分「經濟活動」投入到尋找「可再生資源」上去。類似地，「更多的教育」，尤其是發展中國家的「婦女教育」將會在一定時期之後得到收益。當然，不僅僅女性需要接受教育——我們所有人都應該接受教育。本書的大部分內容都是關於如何管理成長的，從局部地區的觀點來看，這通常都是一件好事。然而，從全球的角度來看，這可能未必是一件好事，我們可能不得不調整總體經濟活動水準，否則，我們就可能重蹈青蛙的覆轍——或者重蹈復活節島的覆轍。

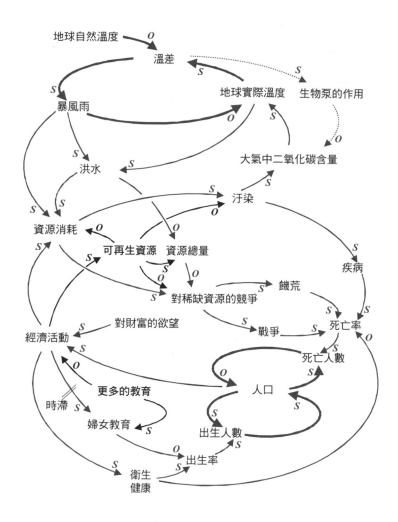

【圖表11-18】

復活節島

1774 年 3 月 14 日早上，在詹姆斯·庫克船長第二次偉大的地理發現航程中，他踏上了太平洋上一座小島的海岸，這座小島就是我們現在所說的復活節島。庫克的船並不是第一艘到達這座小島的歐洲船隻：荷蘭探險家雅可比·羅格文於大概 50 年前來到此地，準確地說，

是 1722 年的復活節；而西班牙的唐·費利佩·左紫樂茲·阿埃多則於 1770 年拜訪此島。下面是庫克自己關於這座島的一段描述：「一片不毛之地，沒有樹木⋯⋯一片乾旱的土壤，地上到處都是石頭。」

確實，石頭是當地地貌的一大特徵：「島東邊靠海的地方有三個石工場所的平臺，或者準確地說，是三個石工場所的廢墟。每個廢墟上都曾經立著四個巨大的雕像，但是它們現在都倒了⋯⋯我們很難想像這些從未接觸過任何機械裝置的島上居民是如何將這些巨大雕像豎起來的。」

這些巨石像的來源以及它們的建造方式多年以來一直是個謎。有很多稀奇古怪的解釋，甚至包括外星生物的幫助。但是，最近的研究提供了一個更易被人接受的故事。

當庫克抵達復活節島的時候，島上居民 2000 人。他們的人數非常少，這裡並不是波利尼西亞人的天堂。然而，大概在 500 年前，也就是 1200 年，情況就完全不同了：島上人數大概兩萬人，島上的地貌也並不是「一片不毛之地，沒有樹木」；相反，島上被森林所覆蓋，而且還有各種蔬菜、魚類和鳥類。棕櫚樹是造獨木舟的原料，島民們使用獨木舟去打魚；托羅米洛樹是島民們取火的材料；蒿蒿樹是繩子的來源。這些資源的組合，以及石鑿的使用，足夠用來解釋這些石像是如何采鑿、搬運和豎立起來的了。

然而，島民們使用這些資源的速度超出了這些資源自然再生的速度。在 1400 至 1500 年間，棕櫚樹首先從這個島上消失了，從此，島民們再也無法製造獨木舟去捕魚了；蒿蒿樹也絕跡了，因此島民們也無法製造和搬運那樣的雕像了。自然環境的破壞使得島上的陸地鳥類也逐漸滅絕，而海鳥也不再到島上來覓食和棲息了。食物逐漸稀缺起來，以至於最後只剩下一種富裕的食物——人。由此而來的戰爭導致了這些雕像的毀壞，因為每個部落都會將對手崇拜的石像破壞掉。

因此，當庫克到達復活節島的時候，島上人口已經從高峰時期的 2 萬人降到了 2000 人左右，而且生活都很窮困。在經歷了歐洲流傳過來的疾病之災以及被誘拐出去變賣為奴之後，到 1877 年，島上的人口只剩下了 111 人。

最後一點想法。再看一看**圖表** 11-14 所示的全球暖化的系統循環圖表，並和**圖表** 10-10 所示的業務策略圖進行一次比較。你有沒有看到某些驚人的相像？

兩幅圖都是在描述調節迴路和一個受到制約的增強迴路之間的交互作用。在業務策略的例子裡，有很多調節迴路，每一個都代表著一個政策控制桿，其目標就是設置目標政策控制桿，從而推動受到制約的增強迴路的成長。

在全球暖化的例子裡，同樣有一個受到制約的增強迴路，即人口成長的增強迴路，它受到饑荒、瘟疫、戰爭和死亡這「天啟四騎士」的約束。這幅圖中有兩個調節迴路，一個代表著生物泵，另一個則代表著暴風雨的影響，兩者都和全球暖化有關，但實際上蓋婭不只需要維持地球的溫度，因此還有關於二氧化碳和很多其他因素的調節迴路。

兩幅圖之間最大的差異就在於連接的方向。在業務策略的系統循環圖表中，總的方向是從調節迴路到受約束的增強迴路，這是經歷透過變動各種政策控制桿來推動業務成長的展現。但是，在全球暖化的系統循環圖表中，失控的受約束增強迴路正在力圖打破「地球『自然』溫度」這一蓋婭自修正機制的「政策控制桿」約束，儘管這一自修正機制正在力圖維持現狀。

誰將取得最終的勝利呢？是蓋婭，還是人類？

第四部分

創建「未來實驗室」

　　在這一部分，我們將注意力從系統思考和系統循環圖表轉移到系統動力學建模和水管圖（Plumbing Diagrams）上來。

　　第 12 章提出了系統動力學建模的關鍵原則，並展示了一個使用水管圖建立的系統動力學模型及從系統思考角度進行的描述，我們也將討論它們與系統循環圖表之間的對應關係。

　　第 13 章使用我們在第 8 章中用過的一幅關於業務成長的系統循環圖表作為系統動力學模型的框架，展示如何在實際中使用系統動力學模型。例子的背景是關於如何提高當地汽車代理權的問題，其中的關鍵決策都是非常真實的，在很多現實業務中也很常見。

第 12 章

加速系統思考

　　到目前為止，本書一直在強調如何使用系統思考來提升我們對複雜系統的理解，幫助我們建立起擁有整體而非局部視角的信心；藉由清晰闡明、共用和欣賞彼此的思維模式來建立團隊；獲取深刻的見地，從而制定睿智的政策，使其能夠經歷住時間的考驗，並避免因不可預期的環境變化而遭受損失。同時，我們也瞭解系統思考是如何在各個層面上有效發揮作用的——從特定業務的細節（例如內勤系統和電視公司的例子），到對業務策略的支持（情境規畫案例），到重大公共政策的制定（全球暖化），等等。

　　我們的主要方法就是繪製系統循環圖表，借助於相互連接的增強迴路和調節迴路所組成的網路，把系統內在的因果關係表示出來。增強迴路的作用是導致指數成長或者指數衰退，而調節迴路的作用是抑制增強迴路的旋轉，有時則扮演了驅使系統朝向特定的任務或者目標靠近的角色，這些任務和目標通常以政策輸入懸擺的形式來表示。

　　就像我們多次看到的那樣，即便是非常簡單的系統循環圖表也可能表現出非常複雜的動態特性。在此之前，我們很難理解這一點，而且也無從預言任何確定性。

　　管理的作用在於借鑒過去，制定當前的決策，並盡可能地影響未來，使之達到我們的目標和目的。控制業務和組織系統的動態特性是我們的主要目標。儘管系統循環圖表對於瞭解內在的因果關係非常有用，但是很少有人能夠想像，在由競爭、政府行為和消費需求構成的高度複雜的環境下，那些關鍵變數（諸如客戶群和市場占有率、員工士氣和流失率、股價和聲望等）的動態特性隨時間變化大致會是什麼樣子。

　　這就是基於電腦的模擬模型的意義所在，電腦模型可以稱為「未來實驗室」，幫助擴展你的思維能力，使你能夠在政策或決策付諸實施前檢驗其結果。

　　有大量的定制套裝軟體可以幫助你完成這些事情，繪製系統循環圖表，

或者對業已存在的模型進行處理，將其轉換成能夠對系統時間特性進行模擬的電腦模型。模擬的結果是一組二維圖形，橫軸是時間，縱軸是關注的變數（客戶、利潤、聲望或者其他任何指標）。這樣就可以瞭解在系統循環圖表所描述的邏輯下，這些變數隨時間的變化趨勢。如果對其中的某些變數做出更改，例如增加廣告投入，在一段時滯後，將會產生新的客戶，從而增加利潤，模型可以模擬出這些變化，並展示出以下結果：在客戶和銷售經歷了一段時期的成長後，會有短暫的回落，這是因為員工招聘和培訓的速度無法滿足客戶群的成長需要，從而導致服務品質的下降，使得客戶滿意率開始變低——這就是廣告投入所帶來的一連串變化。

　　本章的目的在於介紹如何基於系統循環圖表得到電腦模擬模型。作為例子，我們所使用的軟體產品是 ithink，當然這並不是唯一的選擇，同樣著名的還有入所帶來的一系列變化。Powersim 和 Vensim。和所有軟體工具一樣，必須掌握很多的技巧才能有效地使用它們。然而，我的目的並不在於寫一本程式使用手冊（ithink 本身的產品手冊已經相當完美了），而只是讓大家去見識一下這些產品是如何使用的。

12.1　系統動力學

　　用於支援系統思考的電腦模型有其特有的名稱——系統動力學。如同系統思考一樣，系統動力學有一段漫長的歷史，第一代專門的系統動力學程式設計語言，如 Dynamo 產生於 1950 至 1960 年代。在系統動力學的發展過程中，傑·福瑞斯特起了關鍵作用。福瑞斯特原本的專業是電子工程，一個與正負回饋概念有緊密聯繫的學科。基於這樣的背景，他在研究國防系統的複雜性時，形成了有關系統動力學的最初想法。系統動力學的主要概念總結如下。

系統動力學

系統動力學是一項電腦建模技術，能夠對真實系統進行模擬，得出其時間特性。因此，借助於系統動力學，靜態的系統循環圖表可以轉化為動態的「未來實驗室」。

類似於系統思考，系統動力學闡明了許多重要的發現，例如所有的變數在事實上都可以分成兩類：存量和流量。

● 存量（Stocks）是隨時間累積的變數，它的值能夠在任意一個時間點上被測量。

● 流量（Flows）是增加或減少存量的值，其本身的值只能在一段時間內統計得出。

系統動力學可以涵蓋所有財務科目，資產負債科目是存量，而損益科目則是流量。當然，系統動力學所能辦到的遠不止財務分析和財務建模，很多財務模型所不能包括的變數也能夠在系統動力學模型中輕鬆地表達出來。像「知識」、「員工士氣」以及「客戶滿意度」這些變數絕對是經營業務的重要驅動力，但卻很少能夠在正式出版的年鑑或會計報表中得以體現。

同一個系統內，存量和流量之間的內在聯繫可以用「水管圖」（plumbing diagram）或者「存量—流量圖」（stock-and-flow diagram）加以描述。水管圖完全可以在系統循環圖表的基礎上移植得出，但通常需要更多的變數和更為精確的語言。

水管圖是電腦模擬的基礎，展現了系統隨時間的變化情況。

12.2 系統動力學和電子資料工作表

電腦建模技術，特別是使用電子資料工作表軟體（如 Microsoft Excel），如今已經被業務經理廣泛使用。考慮到電子資料工作表格的無

所不在，人們自然會問：「為什麼還要費力氣去理會別的建模技術？難道 Excel 還有什麼辦不到的嗎？」當然，到今天為止，不管是 Excel，還是 ithink，或者其他相關軟體，都是程式語言。我們也確信，它們都具有足夠的靈活性去解決各種難題。但打個比方，儘管我們可以想方設法使用鐵鎚固定螺絲，但如果直接用螺絲起子則會方便得多。所以，不同的工具總是針對不同目的設計的，手工器械如此，軟體也是一樣。接下來就讓我們花點時間瞭解系統動力學模型和電子資料工作表之間的區別。

　　首先是應用範圍的不同。電子資料工作表更多被用來進行資料分析，處理來源於生產、市場和流通環節的大量資料，建立起通用的會計帳目，從而為下一年的預算做好準備。電子資料工作表向「下」能注意到任何成長的細節，向「裡」則透視到組織機構內的每一個角落。與之相反的是，系統動力學模型的角度卻是向「上」和向「外」：向上——嘗試瞭解宏觀的概念，打破邊界的限制，從整體角度看問題；向外——超越組織自身，考察市場以及與業務相關的整個環境。系統動力學模型可以用來計算資產負債和損益帳目，但它所能做的遠不限於此。本書中所提到的任何系統循環圖表，都可以看成是構建一個系統動力學模型的範本，從而實現對相應系統動態特性的深刻理解。而在電子資料工作表裡，我們能得到多少類似的資訊呢？

　　其次是結構上的區別。儘管從電子資料工作表中也可以洞察回饋迴路，但事實上卻很少這樣做，通常也很難。系統動力學則不然，它天生就是用來幹這個的。系統動力學可以方便快捷地抓住業務成長的本質，對基本增強迴路的驅動力以及調節迴路的剎車效應進行模擬。為了對此有個更直觀的感受，先讓我們回想一下大多數電子資料工作表是如何組織和工作的。

　　Excel 及其之前的產品，如 Lotus 1-2-3、Supercalc 以及 Visicalc，是最為常見的電子資料工作表軟體，它們是由欄、列組成的網格構成的會計賬頁的電子化形式。通常欄代表連續的時間分塊（周、月或者其他），列則

用來表示相關變數，如「客戶」、「銷售量」、「單位生產成本」、「淨利潤」、「稅率」等。電子資料工作表中的每個儲存格（欄和列交叉的地方）既可以是輸入的資料，也可以是某一數學計算公式，如「將該欄第七列的銷售量，乘以該欄第八列的單價，其結果即銷售收入，填入這個儲存格」。軟體並不如此囉唆，你所要做的只是在儲存格 D9（對應於 D 欄中的第九列，代表了某個月的「銷售收入」）中填入「＝ D7×D8」。

電子資料工作表具有各種功能，比如將某一欄的規則複製到其他列中。舉個例子來說，「2 月」（欄 D）的規則和「3 月」（欄 E）的規則很可能完全一樣，其他各月也是如此。因此，在為第一欄每個儲存格設定好自己的邏輯之後，就很容易將這種邏輯複製到其他各欄中去。

在大部分情況下，電子資料工作表會首先沿著第一欄計算所有的列，然後計算下一欄，如此繼續下去。這種逐欄計算的方式（從 1 月到 2 月，然後是 3 月、4 月、5 月……）被稱為序時模擬（time slice simulation）。這種模型遵照電子資料工作表中定義的規則，以指定的時間間隔（在這裡是一個月）劃分時序，來對系統行為進行模擬。

在大多數電子資料工作表中，計算規則主要用來操作同一欄裡的不同列（「銷售收入」＝「銷售量」×「單價」，每個月都是如此），對任意時間段裡的所有計算制定統一規範。當然，除此之外，還有些（通常比較少見）規則是與不同的欄相關的，用來定義模型隨時間是如何運行的。這些規則通常有兩種類型：第一種，將某一欄的期末餘額（如債務、債權、資產等）轉換成下一欄的期初餘額；第二種，是一些預先確定的規則，例如「銷售量每月成長 1.5％」，「一般管理費隨著通貨膨脹每月成長」等。在電子資料工作表中，第二種類型的規則主要透過對同一列中相鄰欄之間標注函數關係進行表達。以銷售成長為例，我們可以對欄 E（「3 月」）中的第七列（「銷售量」）指定其與欄 D（「2 月」）的相關函數：

$$E7 = D7 \times (1 + 0.015)$$

　　成長率（這裡是每月 1.5%）通常是需要輸入的變數，具體值可以來源於市場研究、評價或者是實際需求。

　　在結構上，大多數電子資料工作表有兩組邏輯規則：一組沿著欄展開，另一組則是橫向穿越資料表的列展開，如**圖表** 12-1 所示。

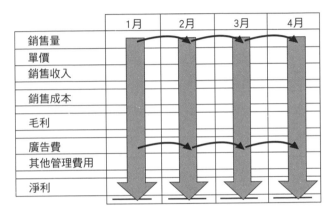

＊一個試算表的局部圖

【圖表12-1】

　　系統動力學模型同樣使用序時模擬，但是它用另一種不同的方式。正如上文提到的，電子資料工作表計算 3 月份的銷售量，是在 2 月份的銷售量基礎上，通過給定的成長率進行計算後得出的。而典型的系統動力學模型的計算方式不是這樣，它綜合考慮各種因素的效果，如 2 月份（或者更早）的廣告費用，然後透過某種模糊變數進行計算，比如「廣告對客戶成長的作用」。系統動力學模型正是藉由這種方式，刻畫實際推動業務發展的回饋迴路，如**圖表** 12-2 所示。

　　由此可見，和電子資料工作表相比，系統動力學模型的結構截然不同。正如我們已經提到的，它所涉及的範圍更廣，包含了電子資料工作表很少關注的概念和變數。所以，為了使本章及後續章節發揮最大功效，你應該把從電子資料工作表中所學到的一切都忘掉。

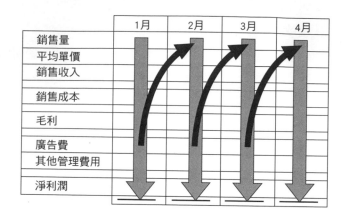

【圖表12-2】

忘掉電子資料工作表

忘掉所有的欄、列以及儲存格。

忘掉所有的公式,例如 D9 = D7×D8。

代替它們的是「存量」和「流量」。

12.3　存量和流量

存量和流量是系統思考中的基本概念。

存量和流量

存量是任何隨時間累積的變數。

流量是任何導致存量增加或減少的變數。

想像一下給一個底部塞子漏水的浴缸加水。你打開水龍頭,水流進浴缸,但因為塞子漏水,水同時也會流出浴缸。如果水龍頭的流量大於漏水

的流量，浴缸的水位會逐漸上升。如果關掉水龍頭，水位就會逐漸下降。某一時刻，當你覺得水位剛剛好的時候，只要調節水龍頭使入水流量和漏水流量相平衡，浴缸的水位就能保持在一個恆定位置。

　　根據系統動力學，在任何時候，「浴缸的水量」（單位是立方公尺）和「浴缸的水位」（單位是公分）都是存量──它們是隨時間累積的變數；而「水龍頭入水的流量」（單位是立方公尺／分鐘）和「塞子漏水的流量」（單位也是立方公尺／分鐘）都是流量──它們導致了上面兩個存量的增加或減少。

　　上述系統可以用通用的符號圖形化表述出來：方框代表存量，帶有龍頭的管道代表流量，如**圖表 12-3** 所示。

　　圖表 12-3 中兩端的「雲」代表輸入流量的源頭或者輸出流量的去向，

浴缸的水位

水龍頭入水的流量　　　　　塞子漏水的流量

【圖表12-3】

屬於被考察的系統邊界外的內容。的確，水龍頭的水肯定來自某個地方，從塞子漏出去的水也必定流向了某處，但僅就研究浴缸這個系統來說，我們不用理會這些細節──畢竟，水龍頭總是能提供足夠的水量，而漏出去的水也永遠不可能把下水道裝滿。

當時間停止時會發生什麼？

　　想像一下，時間突然停止。在這一瞬間測量一下這些變數，你會得到什麼？

- 浴缸的水量？
- 浴缸的水位？
- 水龍頭入水的流量？
- 塞子漏水的流量？

在時間停止的一瞬間，兩個存量可以得到測量值。「浴缸的水量」或許是 0.25 立方公尺，「浴缸的水位」則是 23 公分。但是，在時間停止的時候，兩個流量卻無法測量。本質上，流量是依附於時間的變數，在某個靜止的瞬間，不具有任何值。

區分存量和流量的另一種方法

存量可以在某個時間點被測量。

流量只能在一段時間內被測量。

通常來說，任何存量至少都有一個輸入流量和一個輸出流量，很多實際的存量都有多個輸入流量和輸出流量。有些偶然情況，在某一特殊環境下，你可能會看到只有一個輸入流量或只有一個輸出流量的存量。

存量、流量、浴缸、水龍頭、下水道和人

這段文字引自 2001 年 3 月 5 日的《時代》雜誌：

查德湖曾經是非洲第四大湖，但在過去的 38 年裡，它的容量減少了近 95%。氣候變化和用水需求的不斷成長，使得這個湖泊的面積不斷減小，到現在幾乎只能用「水坑」來形容它。查德湖流域為其周圍的國家，包括查德、尼日、奈及利亞、喀麥隆、蘇丹、中非共和國，總計為至少 2000 萬人口提供了寶貴的淡水資源。但

不幸的是，查德湖流域是一個封閉的水系，只能靠季風帶來的雨
水補充更新。湖底很淺，這意味著水位隨雨水的增減變化很大。
在 1960 年代早期，當地經歷了一次大規模的降雨，險些引發洪水。

12.4　商業中的存量和流量

在商業中有哪些存量和流量呢？

試著想一下，在商業中有哪些存量？對應的流量是什麼？把你所想到
的填入。

【圖表 12-4】

存量	輸入流量	輸出流量

　　商業中最明顯的存量就是庫存，包括「產成品」、「半成品」或者「原
材料」的實物庫存。任何一個工廠經理都知道，即便時間停止，庫存依舊
在那兒，並且是實實在在可以測量的。根據庫存所處的環境不同，它的輸
入流量和輸出流量可以有不同的名字。如果你是一個零售商，你的庫存就
是「待售商品」；輸出流量包括「每月商品銷售數量」、「每月商品過期
數量」和「每月商品失竊數量」；輸入流量則是「每月供應商供貨數量」，
或許還包括「每月客戶退貨數量」。對生產而言，「原材料」庫存的輸入
流量是「每周從供應商收貨數量」和「每周生產車間退料數量」；輸出流
量則包括「每周往生產車間發料數量」、「每周向供應商退貨數量」以及「每
周原材料損耗數量」。在所有這些例子中，存量都不受時間的約束，而流
量都是對於一段時間而言的。

　　圖表 12-5 顯示了「原材料」庫存主要的輸入輸出流量。「每周往生產車間發料數量」的輸入物件是「半成品」，它同時也是「每周生產車間退料數量」的來源。這樣，「原材料」和「半成品」這兩個存量就聯繫起來了。同樣，「每周原材料損耗數量」和「每周半成品損耗數量」都增加了「損耗數量」，需要企業對其做進一步的處理。還有，透過「每周產成品生產數量」，將「半成品」的數量轉成「產成品」數量（見**圖表** 12-6 所示）。

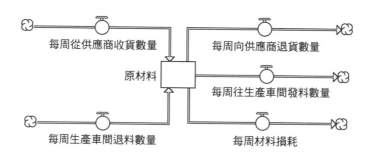

【圖表12-5】

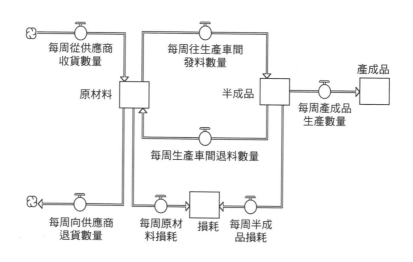

【圖表12-6】

　　這種表述了存量和流量之間內在聯繫的圖形，被稱為「存量—流量圖」（stock-and-flow diagrams），更通俗的叫法是「水管圖」（plumbing diagrams）。我們稍後就會看到，水管圖和系統循環圖表之間有著非常緊密的聯繫。

　　系統動力學建模需要精確的思維和清晰的語言表述。舉例來說，在日常語言中，「損耗」一詞既可以被用來表示一種存量（堆在工廠後面的報廢料庫存），也可以指一個流量（每周材料報廢的數量）。而在繪製水管圖時，需要區分到底是存量還是流量，並且恰當地描述變數。有時候用文字來表述會顯得十分笨拙，但卻保證了圖形的清晰性。

　　要區分一個變數是存量還是流量，可以想想你平時是怎樣去度量這些變數的。當描述一個存量時，通常使用的詞語包括「材料數量」、「噸」等；而對於流量，描述的詞語換成了「每周報廢的材料數量」。這裡，「每周」這個詞突出了流量的特性。在日常業務中，存在很多詞語既可以指存量，也可以指流量。所以，在實際問題中，必須掌握每個詞的確切意義，否則很容易搞混。

存量、流量以及計量單位

　　如同實物庫存那個例子所示，存量和流量所應用的計量單位是不同的。舉例來說，葡萄酒批發商的庫存通常以產品的單位來計量，如 12 箱；而銷售量則用單位時間的產品數量來計量，如每周 3 箱。正因為流量是依附於時間的變數，所以，選擇多長的時間段來統計就非常重要。一旦統計的時間段改變，流量的具體值也會隨之變化——例如，每周 3 箱、每月 12 箱或每年 150 箱。

　　存量的數值則不依時間的變化而改變。庫存數量在一年中任何時候，一周、一個月、一個季度或者是一年之後都維持在 12 箱（當然，這是建立在一個非常精確的庫存控制系統之上的）。這也成為區分存

量和流量的一個標準：如果變數的值隨時間段的變化而改變，那麼它就是流量，否則就是存量。

實物庫存僅僅是企業存量的一個例子。**圖表** 12-7 列出了其他一些存量，對與之相關的流量，我們姑且用最常見的「每月」作為計量的時間段。

【圖表 12-7】

存　　量	常見的每月流入量	常見的每月流出量
庫存	採購／收貨	銷售／發貨
員工	招聘／轉正	離職／開除
固定資產	採購	報廢
固定資產淨值	採購	報廢、折舊
借方	銷售	現金收入
客戶數量	新客戶數	客戶流失數量
知識	培訓和經驗	人員老化
價格	漲價	降價
利率	利率上升	利率下降
稅率	稅率提高	稅率降低
品牌形象	品牌形象提高	品牌形象降低

存量、流量和會計科目

所有的資產負債類科目都是存量。

所有的損益類科目都是流量。

以上陳述是基本的事實，並且已經在會計術語中得到確認：資產負債類科目反映的是特定時間點（某一天）的狀況，而損益類科目則反映一段時期內的盈虧狀況（強調在某個時間段上的統計）。任何形式的會計帳戶都可以用系統動力學模型加以描述，而正如**圖表** 12-1 中所示，系統動力學所能做的遠比會計帳戶要多得多。例如，對於「知識」，在很多業務中都

是非常重要的存量，但先前卻很少有人能認識其價值。

　　雖然「知識」很難量化，但不能因為我們缺乏足夠的能力去衡量它，就去忽視知識是存量這一事實。即便時間停止，「知識」依舊在那裡，能夠以一種目前不為我們所知的方法測量。「知識」的水準可以透過「培訓和經驗」來獲得提高，也會隨著「人員老化」而逐漸退化、流失，為了防止退化導致的思維能力下降，可以增加閱讀專業著作、參加會議的機會或者增強同事間的相互交流。

萊夫・艾文森

　　知識或許難以度量，但也並非完全不可能。迄今為止，在評價智慧資本方面，1990 年代的瑞典產生了很多創新工作，其中特別突出的是斯堪的納保險公司（Skandia）。在 1991 年的一些相關研究基礎之上，斯堪的納公司於 1995 年成為世界上第一個同時出版兩份正式財務報告的機構：一份是傳統的財務報告，包括常見的管理措施和會計報表；另一份是補充報告，叫做智慧資本圖，主要用來評價企業的智慧資本。現在，斯堪的納公司的這兩份報告每 6 個月出版一次。

　　這一開創工作背後的推動力來自萊夫・艾文森（Leif Edvinsson），他是斯堪的那維亞公司的副總裁，同時也是智慧資本方面的主管。作為該領域世界公認的專家，他目前是隆德大學知識經濟專業的教授。他經常在各類相關學術會議上發表演講，並且與麥可・馬隆（Michael Malone）合著了《智慧資本：以測量隱形智慧來創造真正的企業價值》（*Intellectual Capital: The Proven Way to Establish Your Company's Real Value by Measuring its Hidden Brainpower*）一書。

　　如果需要瞭解更多斯堪的納公司的相關資訊，可以參考其網站 www.skandia.com。

如同「公司聲譽」一樣，「員工士氣」同樣是一個存量。從更實際的層面看，「價格」是最為重要的存量之一。即便時間停止，價格依舊存在並且可被度量。但是因為沒有特有的詞描述與「價格」相對應的流量，所以不得不將其表示為「提價」或「降價」。

另一個重要的存量是「利率」，因為「率」字常常在流量的名稱中出現，這容易引起混淆。再加上利率的定義通常也總是和時間聯繫在一起，例如「年利率6％」，所以更增加了混淆的可能性。事實上，「年利率」是存量，因為它所扮演的角色其實就是價格，是錢的價格。這裡，「率」並不指與時間有關的速率，而是指與資金總數相關的比率：「年利率」決定了每100英鎊每年的利息數。

如果還不夠清楚，請試著用我剛剛在「存量、流量以及計量單位」那個文字方塊中介紹的方法。如上所述，隨著統計的時間段不同，流量的值也會發生改變。而在6％的固定年利率下，無論你把錢存6個月還是12個月，「年利率」依舊是6％，不發生任何變化。改變的只是某段時間內所獲得的利息數量。例如，如果你按照6％的年利率存入100美元，那麼，3個月後能得到1.5美元的利息；6個月是3美元；12個月是6美元。這裡，「資金總量」是一個存量，「每年所獲利息」是輸入流量；「年利率」是另一個存量，它將參與決定輸入流量的值，如**圖表12-8**所示。

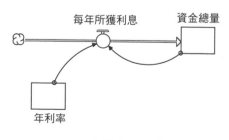

【圖表12-8】

細心的讀者會發現，這張水管圖包含了新的元素，「曲線箭頭」或稱

為「連接器」（connector），用來表示圖中的變數是怎麼聯繫的。從「年利率」和「資金總量」指向「每年所獲利息」的曲線箭頭表明，「每年所獲利息」的大小是由「年利率」以及「存款總量」所決定的。圖中並沒有指明三者之間的具體關係，但可以在 ithink 軟體的「方程視圖」中指定如下：

$$每年所獲利息＝資金總量 \times 年利率 100$$

　　類似地，稅率也是存量，而非流量，在這裡，「率」所指的同樣不是與時間有關的速率，而是指每 100 美元所應交納的稅款。總之，「率」這個詞容易造成誤解：所有的流量都是「率」，而「率」並不都是流量。

12.5　另外兩個概念

> 任何一個變數，不是存量，就是流量。

　　這又是一個系統思考中令人吃驚的觀點，換句話說，在系統動力學中，所有的變數不是存量，就是流量，除此以外沒有別的類型。下面是另外一個觀點：

存量、流量、目標和措施

> 大多數的經營目標（實際上囊括了所有相對重要的部分）可以表示為對存量集合的優化。
>
> 而管理者所能夠採取的措施，便是實現對流量的調整。

　　或許需要思考一下這個觀點正確與否，但它的確是對的。大多數的經營目標都可以歸納為諸如「市場占有率最大化」、「股東利益最大化」、「良好的公司聲譽」或者「保持員工士氣高昂」等，這些全都是存量。對其中某個存量的優化，可能會與其他存量的優化相矛盾，因此，有必要將所有

的存量統籌考慮，並做出權衡。

　　與之對照的是，管理者所能採取的措施，例如招聘、解聘、購買資產、設立公司、花錢做廣告等，都是流量。這就好像在管理一組由水管、水龍頭和下水道組成的複雜網路相連接起來的浴缸。我們的目標是保證每個浴缸裡的水同時保持一定的水位，或者更理想地，能夠同時穩定上升。但是，我們所能做的只是通過調節水龍頭和塞子，從而控制水的流量而已。

　　這個比喻十分類似於我們在第 10 章中關於控制桿和成果的討論，只是前者是從系統動力學的角度，後者則是在系統思考的框架下。業務成果都是存量，而行動控制桿都是流量。

12.6　系統循環圖表和水管圖

　　圖表 12-9 所示的系統循環圖表，我們曾在第 11 章中見過。其中的哪些變數是存量？哪些是流量？

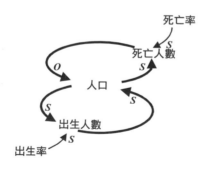

【圖表12-9】

　　這張圖有三個存量和兩個流量。存量是「人口」、「出生率」和「死亡率」；而流量是「（每年）出生人數」和「（每年）死亡人數」，它們分別增加或減少了「人口」這一存量的值。類似於利率，不要去管「出生率」

或「死亡率」這兩個詞裡面出現的「率」字，它們是存量而非流量。在這裡，「率」不是指與時間有關的速率，而是指與總人口數相關的比率──「出生率」是指每千人每年的新增人口數，「死亡率」也類似。可以用數學方程來表示它們之間的關係：

年出生人數＝人口 × 出生率／ 1000
年死亡人數＝人口 × 死亡率／ 1000

圖表 12-10 用水管圖表示了這種關係。

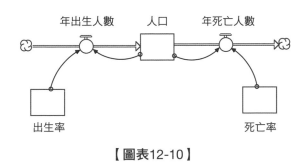

【圖表12-10】

曲線箭頭指明了量化關係，例如，從「出生率」和「人口」指向「年出生人數」的曲線箭頭，表明了「年出生人數」是由「出生率」和「人口」決定的，正如上面的數學公式描述的那樣。

比較系統循環圖表和水管圖

仔細觀察這兩幅圖，直到你確信它們是一致的為止。特別注意兩個回饋環和兩個懸擺。系統循環圖表是如何刻畫 S 型連接，特別是 O 型連接的呢？

在水管圖中，我們用流量和曲線箭頭的組合來表示系統循環圖表中的

兩個回饋迴路：從「年出生人數」指向「人口」的流量，再透過曲線箭頭返回；「年死亡人數」和「人口」也類似這樣。兩個懸擺，「出生率」和「死亡率」，在兩幅圖中都很清楚。在系統循環圖表中，由「年出生人數」指向「人口」的 S 型連接表明「人口」會隨著「年出生人數」的成長而成長，因此，「年出生人數」是「人口」的輸入流量。類似地，由「年死亡人數」指向「人口」的 O 型連接表明，「人口」會隨著「年出生人數」的成長而減少，反映在水管圖中，「年死亡人數」就是「人口」的輸出流量。在系統循環圖表中，由「出生率」指向「年出生人數」、由「死亡率」指向「年死亡人數」的 S 型連接沒有在水管圖中精確描繪出來，但會借助相關的數學方程進行表達。

　　通常來說，所有水管圖中的輸入流量與相應的系統循環圖表中的 S 型連接相對應；所有的輸出流量與 O 型連接相對應。除此以外的 S 型連接和 O 型連接，並不一定在水管圖中精確描繪，這需要根據上下文推斷，或者借助於隱含的數學公式表達。

回顧單向連接

　　在**圖表 4-11** 和**圖表 8-12** 中，我們曾介紹過兩個特別的系統循環圖表。第一個是關於倒咖啡的過程，反映了「向杯中倒入咖啡」與「當前杯中咖啡水位」之間的聯繫；另一個則描述了「出生人數」和「城市人口」之間的聯繫。這些聯繫的特別之處在於，它們只在一個方向上起作用。以人口出生為例，當「出生人數」增加時，「城市人口」隨之成長，表明了這是一個 S 型連接；但當「出生人數」減少時，「城市人口」還是會成長，只不過成長的速度變慢了而已，這就又不是 S 型連接了。

　　在此，我用真實世界內在的單向性來解釋這些反常現象。向杯中倒入咖啡只可能增加杯中咖啡的量，決不會減少它；同樣，出生人口

也只能使人口總量增加，而非減少。既然真實世界表現出了這種單向性，那麼相應的系統循環圖表也必然是單向的。

這些反常現象能夠用存量和流量來做更為簡潔的說明。這兩個例子所涉及的都是存量的輸入流量。「向杯中倒入咖啡」是「當前杯中咖啡水位」這個存量的輸入流量，而每年的「出生人數」也是「城市人口」的輸入流量。更進一步，這些流量只能在一個方向上起作用——它們必定都是單向流量。作為輸入流量，它們的角色是使相對應的存量成長，因此在系統循環圖表中是 S 型連接。但是因為這些流量只能在一個方向上起作用，相應的系統循環圖表也就只是單向連接。

同樣，輸出流量也會出現單向流量的情況，例如每年「死亡人數」。在圖表 12-9 的系統循環圖表中，當每年「死亡人數」增加時，「人口」數量會下降，兩者反方向變化表明了這是一個 O 型連接。而當「死亡人數」減少時，「人口」數量還是會下降，只不過下降的速度更慢了。顯然，這是一個單向的 O 型連接，因為「死亡人數」只能使人口數量下降，而非增加。體現在水管圖中，每年的「死亡人數」就是「城市人口」的輸出流量；而在系統循環圖表中，這是一個從「死亡人數」指向「人口」的 O 型連接。因為年「死亡人數」必定是一個單向流量，系統循環圖表也必然只在一個方向上起作用。

以上陳述表明，早在系統循環圖表中把流量和相應的存量連在一起時，這個流量是否是單向流量、是單向的 S 型連接還是 O 型連接就已經被決定了。如果是輸入流量，就是 S 型連接；反之則是 O 型連接。因為流量是單向的，系統循環圖表也就只能在流量所規定的方向上起作用。順便說一下，並不是所有的流量都是單向的，比如**圖表 13-19**。

在**圖表 12-10** 所示的水管圖中，「出生率」和「死亡率」這兩個存量

並沒有與之相對應的流量。對於這種情況,在水管圖中通常約定用另一種圓圈符號表示,稱之為「轉換器」(converter)或「輔助變數」(auxiliary)。實際上,按照慣例,它表示不必加以區分的變數,既可能是存量,也可能是流量,如**圖表** 12-11 所示。

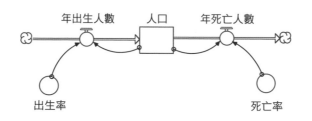

年出生人數　　人口　　年死亡人數

出生率　　　　　　　　　　　　死亡率

【圖表12-11】

儘管所有的變數要麼是存量,要麼是流量,兩者必選其一,但水管圖實際上使用三種符號:方框代表存量,帶有龍頭的管道代表流量,圓圈代表輔助變數。儘管存量或者流量可以被清晰地表達,輔助變數則多少需要主觀判斷,但通常來說,在實際應用中,最好把明確認定為存量的個數降到最低,而把餘下的都用輔助變數表示。根據選定的存量,確定出需要明確認定為流量的變數,其他的也可以表示為輔助變數。

銷售　　　　　　利潤

【圖表12-12】

一方面,水管圖必須與相應的系統循環圖表結構一致,包括具有相同的回饋迴路和所有相同的變數。但另一方面,除了形狀迥異之外,這兩者還有如下兩個重要的不同。

　　首先，在本章的後續我們將看到，水管圖通常比相應的系統循環圖表具有更多的變數。造成這一點的原因在於，系統循環圖表只需關注主要變數之間的因果作用關係（見**圖表 12-12**）；但水管圖則必須清楚地定義每個連接的屬性，所以必然需要增加額外的變數，例如「毛利率」（見**圖表 12-13**）：

【圖表12-13】

　　這樣，「本月利潤」（毛利）就可以根據「本月銷售額」和「毛利率」計算出來。

　　其次，水管圖對變數名的命名要求更為精確。舉例來說，在系統循環圖表中，表明人口成長只需標注「出生人數」，而在水管圖中則要指明「每年出生人數」，以此強調流量的時間屬性。這同樣反映了對建模的精確性要求。

12.7　用ithink建模

　　ithink 是專用的系統動力學建模軟體，它所能做的包括：

- 根據模型繪製水管圖
- 給變數定義輸入值
- 定義變數之間的關係

● 得到圖表形式的輸出結果

一旦完成對水管圖的繪製、指定輸入變數，並定義好變數間的聯繫，我們就可以對模型進行模擬，類比系統的時間特性，並輸出結果。

在用 ithink 建模的過程中，最開始（同時也是最重要）的步驟並不需要軟體的參與，實際上這一步與電腦無關。它的主要任務是問題分析，進而繪製用來獲取系統關鍵因素的系統循環圖表，也就是本書所強調的主要部分。只有在這些工作徹底完成，並且系統循環圖表也已被相關團隊確認之後，電腦建模才真正開始。

可見，系統循環圖表是建立 ithink 模型的基礎。當然，正如我們已經提到的，因為採用水管圖的形式，ithink 模型通常需要更多的變數。

在 ithink 的主視圖中，你可以很輕鬆地繪製水管圖。軟體提供的各種主要符號（方框、帶龍頭的管道、圓圈以及曲線箭頭）能夠被任意拖放。此外還有其他一些工具，其中特別值得一提的是「魔杖」，借助這項功能你能夠「創建」新的符號。

圖形繪製完之後，接下來要做的就是給變數賦值以及定義變數之間的聯繫。需要賦值的變數包括：

● 所有存量的初始值

● 所有輸入懸擺的值

其他的變數則根據水管圖中所定義的變數間的聯繫，以數學關係來表示。ithink 可以自動「識別」這些聯繫，因而能很方便地對其進行定義。

為了進一步表達清楚，下面以簡單的人口成長模型（見**圖表 12-14**）為例進行說明。

「人口」是存量，因此需要給定一個初值：假定在 2000 年初，某地區有 10000 人口。「出生率」是一個輸入懸擺，假定每年每 1000 人中會新出生 15 人；同樣，「死亡率」也是一個輸入懸擺，假定每年每 1000 人中死亡 12 人。「年出生人數」和「年死亡人數」則根據以下方程計算得出：

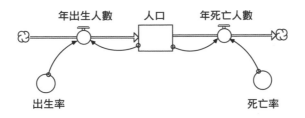

【圖表12-14】

年出生人數＝人口 × 年出生率 / 1000
年死亡人數＝人口 × 年死亡率 / 1000

在 ithink 中，變數賦值以及定義代數式都在「隱藏」在水管圖後的「方程視圖」中進行。在人口這個例子中，方程視圖是這樣的：

☐ 人口（t）＝人口（t-dt）＋（出生－死亡）×dt
　　初始值　人口＝10000
　　　輸入流：
　　　　⊶出生＝人口 × 年出生率／1000
　　　輸出流：
　　　　⊶死亡＝人口 × 年死亡率／1000
　○ 年出生率＝ 15
　○ 年死亡率＝ 12

第一行看起來顯得有些複雜，但實際上卻非常簡單。它定義了「人口」是怎樣計算的：當前（t）的人口數等於之前某個時間（t-dt）的人口數，再加上這段時期 dt 內輸入流量與輸出流量的差（年出生人數－年死亡人數）。例如，2005 年年末的人口數等於 2004 年年底（也就是 2005 年年初）的人口數，加上 2005 年全年出生人數與死亡人數的差。

這些在會計師眼中看起來似曾相識：某科目的期末餘額等於該科目的期初餘額，加上核算期內的變動淨值。而在數學家眼中，這是一個有限微分方程。從更為直觀的角度看，這就像是 5 分鐘以後浴缸裡的水量，等於現在的水量加上 5 分鐘內流入的水，再減去 5 分鐘內流出去的水。

接下來的那行給出了「人口」的初始值（2000 年年初有 10000 人），再往下的兩行定義了「年出生人數」和「年死亡人數」是如何計算的。最下麵的兩行給出了「出生率」（每年每千人中出生 15 人）和「死亡率」（每年每千人中死亡 12 人）的值。

模型根據以上這些演算法計算每年的人口數。在給定了 2000 年年初的「人口」初始值的基礎上，模型首先計算 2000 年一年裡的流量，總共是 150 個新增人口和 120 個死亡人口。因此，這一年裡的人口淨成長（「年出生人數」－「年死亡人數」）就是 30 人。接著，根據第一行定義的方程，就可以計算出 2000 年年末的「人口」，也就是 10000 ＋（150 － 120）×1 ＝ 10030。其他年份依此類推。

這些計算是自動完成的，只要輸入資料並定義相關的方程（這通常很容易），模型就能自動運行，你也不必再去管那些方程了。我們只需要定義一組方程，而不用像在電子資料工作表中那樣去到處複製。程式能隨著時間的延伸自動複製這些方程。

現在讓我們感興趣的是，模型運行的結果會是什麼樣子？**圖表 12-15** 展現了模擬時間為 50 年的結果。指數成長竟然演變成了線性！

假定你是一位研究太平洋中某個島嶼上人口變化的人類學家。在建立了關於這個島嶼的模型之後，你或許會想著把它用到別處、別的島嶼，而這些島嶼的人口初始值、出生率和死亡率都不盡相同。那麼，有沒有什麼更簡便的方法去輸入這些基礎資料呢？

的確有這樣的方法，叫做「控制台」，在這個例子中可能是如**圖表 12-16** 所示的那樣。這幅圖是直接從電腦螢幕複製下來的，上面有一個圓

盤形的旋鈕和兩個滑動桿。旋鈕上標明的是「人口初始值」，用來指定初始人口的數量，當前指向 10000；兩個滑動桿分別是「出生率」和「死亡率」，當前指向每年每千人出生 15 人和每年每千人死亡 12 人。

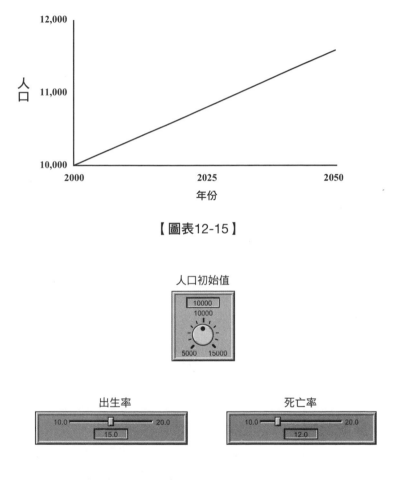

【圖表12-15】

【圖表12-16】

這樣，當你在臨近的島嶼使用這個模型時，只需要調整旋鈕和滑動桿就可以了，**圖表 12-17** 所示。

【圖表12-17】

　　當你調整旋鈕或者滑動桿時，有個小小的 U 形符號會出現在控制台上，用來提示你原先的設置已經被改變。如果這時候按一下這個 U 形符號，會恢復原先的設置。假設臨近的島嶼「初始人口」稍高（10 500），但食物卻相對匱乏，「出生率」和「死亡率」分別是每千人每年 13.5 和 12.5。調整了旋鈕和滑動桿之後，模型會顯示出兩個島嶼不同的運行結果（見**圖表12-18**）。

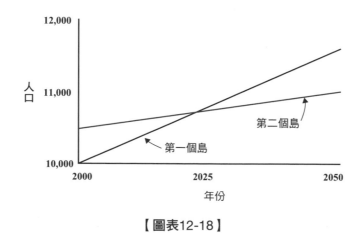

【圖表12-18】

圖表 12-18 顯示，如果這兩個島嶼的「出生率」和「死亡率」都保持

恆定，那麼大約 25 年之後，第一個島嶼的人口數量會超過第二個島嶼。

　　那麼，如果「出生率」和「死亡率」不隨時間保持恆定，會出現怎樣的情況呢？假設第二個島嶼在接受了一個旨在提高居民營養水準的專案援助後，「出生率」開始提高，而「死亡率」則出現下降。

　　這裡，第二個島嶼的「出生率」和「死亡率」不再隨時間保持恆定。我們可以直接用滑鼠在電腦螢幕上畫出這兩個變數的變化曲線，如**圖表12-19** 和**圖表 12-20** 所示。

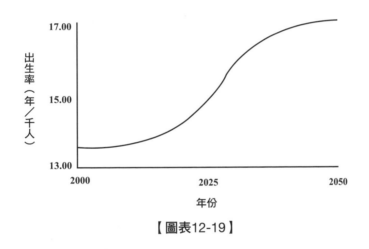

【圖表12-19】

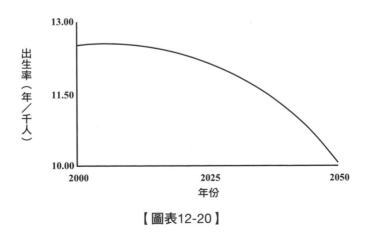

【圖表12-20】

模型運行時，根據這兩條曲線獲取每年的「出生率」和「死亡率」，
然後進行計算。運行結果如**圖表** 12-21 所示。

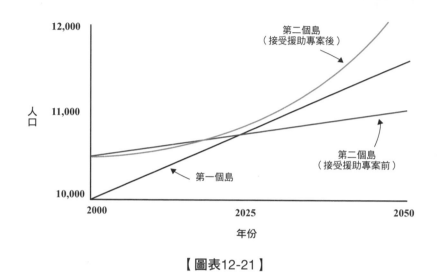

【圖表12-21】

這時候控制台也已經不同了，原先的滑動桿被剛才輸入的曲線所代替，
如**圖表** 12-22 所示。

【圖表12-22】

　　這些輸入的曲線表示了一種特殊的變數隨時間變化的方式。裡面唯一確定的資料是 2000 年的「出生率」和「死亡率」，其餘的部分都出自人的主觀推斷。當然，不同的人會有不同的看法、不同的思維模式。也許有人會認為，隨著營養水準的提高，年輕婦女的健康水準也不斷提高，因此，「出生率」應該成長得更快一些。也有人或許會認為，營養水準提高所帶來的最直接效果應該是「死亡率」的下降。事實上，有誰能夠說清楚 25 年的時間裡會發生什麼呢？更不要說 50 年了。

　　這些觀點並無對錯之分，只是人們各自的取向不同罷了。因為能夠輕鬆地通過改變輸入曲線來具體定義不同的變數，ithink 可以方便地檢驗基於不同的假設、不同的觀點、不同的思維方式所產生的結果。也許這些觀點的不同對模型輸出結果的影響微乎其微；也許又是異常明顯——要想瞭解模型在不同條件下的特性，最好的方法就是把它們都試一遍。正是這樣，系統動力學提供了一個非常強大的實驗室，在政策付諸實施前去檢驗它們的效果。正如同飛行員通過類比飛行器進行訓練、會計師需要大量的靈敏度分析資料去進行投資估價一樣，明智的管理者應該對他們的業務進行全面的系統動力學建模。

　　儘管這個例子非常簡單，與商業的聯繫亦不緊密，但它的確展現了系統動力學建模過程中所有主要的部分。當然，實際的模型要更為龐大，並且複雜得多，但所遵循的基本原則也就是我們提到的這些，再次概括如下。

系統動力學建模

　　所有的變數都可以劃分成存量——隨時間累積的變數，或者流量——增加或減少存量的值。

　　真實系統是由存量和流量相互連接而成的複雜網路，就像用水管圖所描述的那樣。

　　水管圖總是與相應的系統循環圖表保持一致，但通常包括更多細

節，同時也更為精確。

　　ithink 建模軟體在操作上分三個層次。最主要的是圖形視圖，用來顯示所關注系統的水管圖。「隱藏」在圖形視圖之後的是方程視圖，用來定義模型運行所需的所有計算規則。圖形視圖「之上」的是控制台，它提供了諸如旋鈕或滑動桿之類的控制項，以方便定義或更改輸入變數的值。

　　另一個有用的功能是，我們可以用圖形視圖來定義變數，這樣就能夠任意去定義一些特殊的、隨時間改變的輸入變數。實際上，大多數真實系統都包含了大量的隨時間而改變的變數，但變化的規律卻很難用數學方程來描述。但不管怎樣，我們至少對這些規律心中有數──是上升還是下降？變化得快還是慢？趨於穩定還是繼續變化？這些圖形是主觀的，是思維模式的反映，而你對這些圖形所持的觀點將支持你的決策或措施。系統動力學建模能讓你精確描述這些「模糊變數」，展現不同措施的效果。這有助於我們制定出明智的政策，並就如何採取措施取得一致。

第 13 章

業務成長建模

　　第 12 章描述了一些在進行系統動力學建模時應該遵循的原則。本章的目的是展示如何應用這些原則來為你的業務建模。

　　很明顯，你所面臨的業務可能和另外一位讀者所運營的業務相去甚遠，因此我不可能專門為你的業務建一個模型。然而，我能做的事情就是根據第 8 章中的材料，構建一個系統動力學模型，並展示這個例子是如何體現一般系統動力學建模框架的。在那一章中，我們討論了一個業務成長引擎，它被現實生活中的一些因素，如市場容量所制約。儘管具體細節可能未必完全符合你的業務，但我相信，其中包含的一般主題會具有一定的普遍適用性。

13.1　一個業務例子

關於成長的水管圖

　　圖表 13-1 是我們在第 8 章曾經討論過的一幅系統循環圖表。

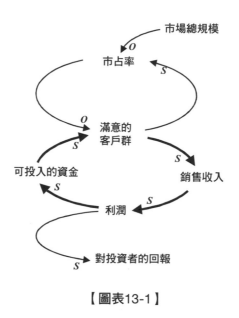

【圖表13-1】

> 　　請稍微花幾分鐘的時間畫一畫它所對應的水管圖。哪些變數是存量？哪些是流量？你認為哪些變數是必須清晰地定義為存量或者流量的，而哪些變數不必清楚地表現出來？
>
> 　　為了完整起見，還需要往存量——流量圖裡面加入哪些變數？這些變數也許並沒有在系統循環圖表中表現出來。

　　這個練習可能會有很多合理的結果，因為我們都擁有不同的思維模式。同樣地，我們在水管圖中所使用的語言以及相對應的附加變數，也會根據具體的業務環境而有所不同，例如服務業的水管圖可能會與製造業或零售業有所不同。因此，如果你的反應和我的反應有所不同，那也沒有關係。思維的清晰性比這些細節性的差異更重要。

　　為了給我們的分析提供一個具體場景，不妨想像這是一家區域性的汽車經銷商，擁有某一型號汽車的代理權，他正在試圖擴大自己的業務規模。業務成長引擎來自於向新客戶以及現有客戶銷售汽車。「滿意的客戶群」產生「銷售收入」和「利潤」，進而提供了「可投入的資金」，這些資金又可以用於一系列的市場活動吸引新客戶，並維持老客戶，進而提高該型號汽車的銷售。

　　我們都知道汽車市場競爭非常激烈，儘管該型號汽車是由一家主要製造商所提供的，但是仍然很難增進當地的「市場占有率」。當前的「滿意的客戶群」，即那些已經在過去 5 年中從這家經銷商這裡購買了汽車的客戶，一共大約 22000 人，而當前業務情況為每月銷售 1540 輛車，每輛車平均價格 10000 英鎊，而當地市場的汽車總銷售量為每月 15000 輛。這家經銷商的雄心壯志就是將「市場占有率」（在這個例子裡，就是該經銷商月銷售量與該地區市場月總銷售量之比）提高 10 至 12％。這個市場占有率基本上還是能夠達到的。

圖表 13-2 就是我所畫出來的水管圖。

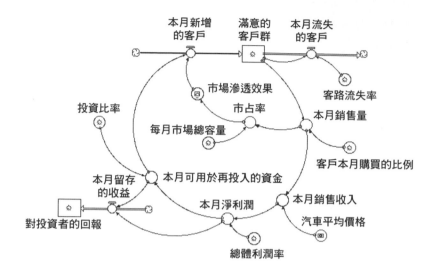

【圖表13-2】

和系統循環圖表相比,這幅圖上標明了我們所需要的全部特徵。兩幅圖的結構相同,都標明了一個經過「本月可用於再投入的資金」的增強迴路,和一個經過「市場占有率」的調節迴路。然而,水管圖還包括一些其他附加的變數,用以確切說明所有聯繫的工作方式,而且語言也更加精確。

另外,水管圖中還引入了一項新特徵。你可以看到一些具有特殊含義的圖示:

a. 旋鈕

b. 滑動桿

c. 圖

它們代表著**圖表** 13-3 所示控制台上的各種不同形式的變數。

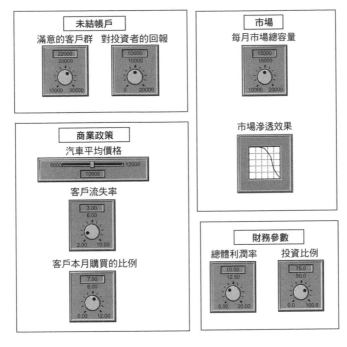

【圖表13-3】

　　和我們所想像的一樣，這些變數對應於我所選擇的兩個存量（「滿意的客戶群」和「對投資者的回報」）的各種期初差額，以及所有輸入懸擺的各種數值，它們是模型能夠工作的必要前提。圖中還有另外一種因素，它既不是存量，也不是懸擺，我把它命名為市場滲透效果。

　　我選擇「滿意的客戶群」作為一個存量，是因為它隨時間的變化對於任何業務成長而言都非常關鍵。有兩個流量和這個存量相關，一個是「本月新增的客戶」，它是一個輸入流量；另一個是「本月流失的客戶」，它是一個輸出流量。我使用「月」作為模擬的單位時間。這當然只是一種近似，因為每個月的長度並不一致，但是這並不會帶來多大的差異：如果我願意，我也可以用四個星期作為時間單位。

　　模型採用「序時模擬」，即將時間分成若干等份，在本例中就是一個月。在每個月初，「滿意的客戶群」都有一個具體的數值，是期初餘額。

第一項計算就是關於「本月銷售量」的，它可以通過將「滿意的客戶群」的期初餘額與「客戶本月購買的比例」的數值相乘而得到。所謂「客戶本月購買的比例」指的是在本月購車的客戶占總客戶群的百分比，這不僅包括新客戶，還包括那些已經通過該經銷商購買過汽車，但在本月再次購買汽車的客戶。對這一百分比的估計需要歷史資料和經驗的積累，而且包羅了新老兩種客戶類型。

「本月銷售量」和「汽車平均價格」相乘，就得到了「本月銷售收入」，如果再和「總體利潤率」相乘，就確定了「本月淨利潤」。對成本的處理在圖中被一筆帶過，因為除了需要在「本月可用於再投入的資金」中支付的行銷成本之外，所有的成本都可以透過「總體利潤率」展現。當然，如果你願意，也可以追蹤各個不同類別的成本結構，但是，對這一方面過於苛求就可能會將一個系統動力學模型變成一份電子資料工作表格。

在確定了「本月淨利潤」之後，就可以通過模型來計算「本月可用於再投入的資金」，直接將「本月淨利潤」與「投資比率」相乘，就可以得到這一數值，它是從「本月淨利潤」中撥出去專門用於再投資的款項。這意味著投資決策是按月滾動計畫的，投資多少完全取決於當月可支配的基金。這種做法非常保守，它所對應的業務模型表明，該企業擁有一部分投資基金，該基金來自每月的現金流，並需要結合每月的評估對其進行管理，根據實際情況對其進行或增或減的調整。

另一項假設是，用於「本月可用於再投入的資金」不會成為「本月留存的收益」，並最終累積起來成為「對投資者的回報」。我把這一假設簡化為一個只有單向輸入流量的存量。當然，我也可以引入一些輸出流量，比如分紅或公積金。

在汽車零售這個例子中，很多重大市場活動都是由製造商組織策劃的。個體經銷商一般只能通過當地廣告、郵寄廣告或者類似行為來刺激購買，因此「本月可用於再投入的資金」一般就花費在類似的活動上。這些花費的目的就是吸引新客戶。我們假設經銷商已經總結出這樣的經驗，即平均

需要花費 1 250 英鎊才能爭取到一名新客戶。這就意味著如下形式的聯繫：

本月新增的客戶＝本月可用於再投入的資金／ 1250

　　然而，儘管這一公式表明，每爭取到一名新客戶就需要平均花費 1250 英鎊，但是卻沒有考慮當前經銷商已經擁有了多少客戶。這當然有失偏頗，因為隨著「市場占有率」的增加，吸引新客戶的難度會愈來愈大。這就是系統循環圖表中調節迴路的意義所在。

　　這一點可以透過我所選用的「市場滲透效果」得到體現。這裡我想表達的意思是，隨著「市場占有率」的增加，「本月新增的客戶」的數量會下降。這是一個模糊變數，儘管我知道它的存在，但是我不知道該如何量測它。我們已經看到，系統思考積極鼓勵對這種現實進行描述，而且系統動力學為對它們進行處理提供了方便的工具。我們所尋找的其實就是一種根據市場占有率變動的函數，當市場占有率相對較低時該函數值較大，當市場占有率相對較高時該函數值較小。

　　圖表 13-4 顯示了「市場滲透效果」是如何隨著「市場占有率」的變化而變化的。當「市場占有率」在 10％左右時，「市場滲透效果」大概取值 1.0 左右，但是當「市場占有率」超過 11％時，「市場滲透效果」迅速下降，在「市場占有率」為 12％時接近於零。

　　如果我們將本月新增客戶的數量定義為：

本月新增的客戶＝本月可用於再投入的資金／ 1250× 市場滲透效果

　　然後，當市場占有率低於 10％的時候，「市場滲透效果」接近於 1，「本月新增客戶」的數量就對應於每 1250 英鎊的「本月可用於再投入的資金」可以爭取一名新客戶。然而，在「市場占有率」從 11％向 12％攀升的過程中，「市場滲透效果」迅速下降到接近於零，因此，無論「本月可用於再投入的資金」有多少，「本月新增客戶」的數量都會變得愈來愈小。

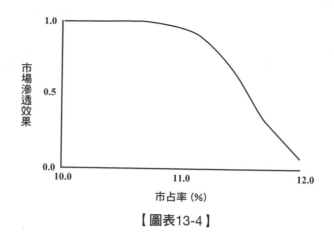

【圖表13-4】

因此，「市場滲透效果」的作用就是在「市場占有率」接近12％的過程中不斷減緩爭取新客戶的速度。這當然就是系統循環圖表中調節迴路的作用。

從「本月可用於再投入的資金」到「本月新增客戶」的計算由於「市場滲透效果」的存在而得到了修正，這就同時展現了增強迴路和調節迴路的功能。這對應於整個模型的一次完整運行週期，即一個「時間段」，在本例中是一個月。因此，在月末滿意的客戶群的數量就可以通過下面的公式計算：

期末滿意的客戶群＝期初滿意的客戶群＋本月新增的客戶－本月流失的客戶

其中的輸出流量，即「本月流失的客戶」，代表了所有業務都會遭受的損失，這個例子中可以通過下面的公式得出：

本月流失的客戶＝客戶流失率×滿意的客戶群／100

當期結束時的「滿意的客戶群」就成為下一期開始時的滿意的客戶群，進入下一迴圈。其結果就是，在「本月可用於再投入的資金」的支援下所開展的行銷活動，吸引了「本月新增客戶」，用其數值減去「本月流失客

戶」的數量，就成為下個月計算銷售規模、銷售收入和利潤的「滿意的客戶群」初始值。本月的市場行銷活動自然會為下個月的銷售收入產生促進作用，業務成長的引擎就這樣開始旋轉起來。

生活不必如此複雜

很多人在碰到模糊變數的概念以及它們在系統動力學模型中的表示方式時，都會感到驚詫不已。像「市場滲透效果」這樣複雜的概念怎麼能用一個從 0 到 1 的數字表達呢？怎麼能用**圖表 13-4** 那樣的一幅圖就把這個概念表示清楚呢？「市場滲透效果」的表現肯定要比這幅圖複雜得多，不是嗎？我對此表示懷疑。當然，「市場滲透效果」存在的原因以及它的具體表現形式確實要比**圖表 13-4** 複雜得多，不僅僅需要考慮市場情況、競爭對手的活動，甚至天氣變化也需要納入考慮的範圍，這一點我也同意。但是，歸根結柢，你最終試圖回答的問題實際上還是：「對於給定的『市場占有率』，我所能吸引到的『本月新增的客戶』最可能是多少？」我認為最直觀、也是最深刻的處理方式恰恰就是我在前面所使用的方式。

在巴里‧里士滿關於 ithink 的使用手冊中，有一個關於經濟學家和系統思考學家就大問題「農業經濟和全球食物供應」進行爭論的故事。他們正在討論如何對全球年度牛奶產量這個特別重要的變數進行建模。「這真是難辦，」經濟學家說，「我們需要瞭解正用於放牧的土地的公頃數，以及這些牧地中有多少用於飼養乳牛。然後我們需要考慮世界上不同地區、不同品種乳牛產奶量的差異，這就需要我們去瞭解不同國家的國內生產總值，以及用於肥料的投資。我們還必須考慮全球氣候模式。這是一個非常困難的問題。我們可能需要建立一套非常複雜的計量經濟學模型。」

系統思考學家揉了揉自己的臉頰，想了一下，然後回答道：「我們用世界奶牛總數乘上每頭乳牛每年平均產奶量怎麼樣？」

　　生活確實非常複雜，但是通常總是存在著既能處理複雜性，又不會遺失相關性的處理方式。

圖表 13-5 展示了對這個模型進行為期兩年的模擬所得到的一些結果。

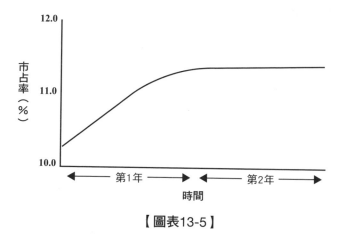

【圖表13-5】

　　市場占有率穩定在 11.4％左右。由於需要大量的資金去「收買」更多的客戶，基本上不太可能超出這個水準。然而，該項業務總體上有利可圖，在模擬進行的兩年中，每年大概會獲得 500 萬英鎊的穩定收入，如**圖表** 13-6 所示。

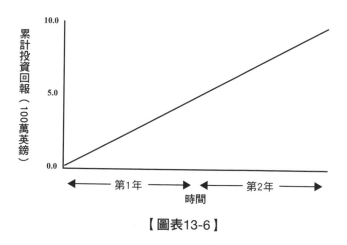

【圖表13-6】

13.2　模糊變數

　　這個模型的重要特徵，是引入了「市場滲透效果」這一模糊變數。這也是能夠區分系統動力學模型，和其他模型如電子資料工作表的特徵。我們已經看到，該變數反映了一個人們聽起來非常熟悉的概念，即隨著「市場占有率」的增加，吸引新客戶的工作會變得愈來愈難。聽起來好像確實如此，但是如何度量它、管理它？我們都相信這種效應存在，但我們現有的執行資訊系統基本上都無法反映這一效應。它確實很難度量，但這個概念又非常重要，而且在我們的實際業務中，還有很多類似的事情都是很難度量的。

　　儘管存在著度量難題，我們每個人在日常工作中，仍然在按照自己對這些模糊變數的估計進行決策。系統動力學的意義就在於明確地指出這些模糊變數的存在，但是卻不需要收集大量的資料，也不需要啟動一項大範圍的經濟研究。你所要做的全部事情就是畫一些圖以反映你眼中這個世界的行為方式。這些圖形存在於你的腦海之中，但是你可能永遠不會把它們畫出來，更不會將它們與你同事腦海中的圖形相對比。儘管如此，這些圖形確實是存在的，否則我們就無法制定任何決策了。我們都擁有自己的思維模式。

　　為了刻畫一個模糊變數，第一步就是定義圖上的兩個坐標軸。在這個例子中，我們的興趣點在於「市場占有率」的增加對新客戶發展難度的影響。因此，我們可以很容易地認定橫軸是「市場占有率」。但是縱軸是一個問題，因為它究竟代表什麼意義實際上並不是很清晰。那麼，我們來造一個詞──把它叫做「市場滲透效果」好了，我們還可以把它定義為一個從 0 到 1 的數。

　　第二步是填寫橫軸上的數字。「市場滲透效果」能夠發揮影響的「市場占有率」大概應該是在什麼範圍？在這個例子裡，我們所感興趣的範圍大概是從 10 至 12％，這可以通過藉由有經驗的人得知。綜合上述判斷，

可以得到如**圖表** 13-7 所示的結構。

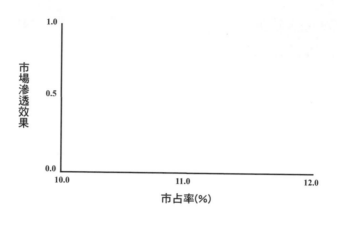

【圖表13-7】

　　第三步是畫出你認為符合現實的曲線：曲線下降的速度有多快？會不會下降到零？如果下降的話，應該在哪個點開始下降？不同的人會有不同的看法，因此，除了**圖表** 13-4 可以作為「市場滲透效果」的曲線之外，**圖表** 13-8 和**圖表** 13-9 都是可能出現的情形。

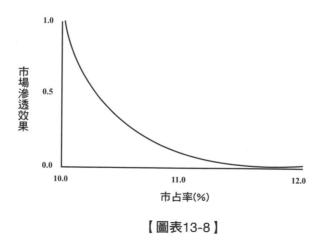

【圖表13-8】

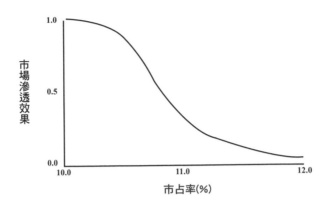

【圖表13-9】

　　這三個圖中，哪一個是「正確」的？這完全取決於你的思維模式。在這個例子裡，不同的思維模式確實會帶來不同的結果：**圖表 13-10** 就展示了與這三種不同的「市場滲透效果」相對應的「本月銷售規模」的動態曲線。

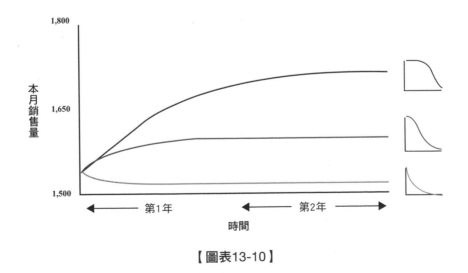

【圖表13-10】

　　透過幫助你在螢幕上畫出自己的圖形，藉以揭示出你自己的思維模式，系統動力學模型可以說明你輕鬆地考察自己的信念所導致的結果，並且可以將這一結果與你同事的觀點及結果加以比較。可能不同觀點之間的差異對系統只有很小的影響；但是也不排除帶來比較重大的影響的可能——無論哪種情況，系統思考模型都會有所助益。如果彼此觀點中的差異很具體，那麼你們就可以一起討論為什麼彼此對同一個世界會有不同的看法。這種做法可能就會幫助你發現世界的真相到底如何。系統思考圖和系統動力學模型可以成為度量重要因素的利器，而不僅僅是度量那些容易度量的因素。

13.3　為答案而建模，為學習而建模

　　這個例子的第二個特點，就是它基本上不需要會計資料的支援。我使用的時間尺度是月，但是月有大小之分，每個月的天數並不一樣多；我把所有的成本都歸結到一個總體利潤率中去體現；我徹底忽略了債務、債權以及相關的時間折現問題，並隱含假設所有的交易都用現金處理；我也沒有考慮稅收、折舊等問題。任何一位會計人士都不會讀到這一段，因為在看到我對銷售規模的計算方式時，他們或者早就厭惡地把這本書扔到垃圾堆裡去了，或者心臟病發作了。

　　這裡牽涉到三個問題。第一個問題是混亂；第二個問題是「見樹又見林」；而第三個問題，則和這個模型的真實用途相關。

　　我們已經知道，資產負債表上的所有科目都是存量，利潤表（以及現金流量表）上的所有科目都是流量。當然，如果你願意，你可以將所有會計資訊都建到系統動力學模型中來，但是這樣肯定會讓模型變得非常雜亂。系統動力學模型會向「上」看、向「外」看。它們鼓勵高層次的視角，而不是低層次的視角；它們鼓勵全面的觀點、鼓勵擴展問題的邊界，而不是一種雖然分析深刻，但是視野卻很狹窄的觀點。電子資料工作表就是這樣

的反例：它們往「下」看、往「內」看，它們鼓勵深入分析、深入挖掘；如果你希望理解你的企業的行為，還是應該採用系統思考以及系統動力學作為工具。

這就很自然地引到了「見樹又見林」的問題。哪些因素是真正重要的？都是什麼內容？你是願意跟蹤每個債權人的收據和債務人的帳單，從而預測每日銀行帳戶中的現金流，還是願意去瞭解應該重設哪個管理控制桿，從而推動你的業務成長？

最重要的還是模糊變數。像「市場滲透效果」這種出現在系統動力學模型中的變數，是基本上不可能在電子資料工作表單中出現的。我認為，對於這個例子而言，「市場滲透效果」這個變數具有關鍵作用。然而，大多數業務中都確實存在著很多模糊變數。既然在處理這些模糊變數上已經引入了不確定性，我們何必還要花費巨大的精力去在別的細節上苛求精確呢？

電子資料工作表最有害的一個方面就是列舉了非常精確的結果。在電子資料工作表中，你可以將任何科目精確計算到小數點後任意位，並且可以進行預測，比如，在每年 3％的成長率，20 年後銷售收入會達到多少。經過計算，電子資料工作表可以為你提供一個精確而且在數學上完全正確的結果。但是，這些數字真的有意義嗎？

系統動力學模型並不保證這種精確性。實際上，我所展示的所有輸出結果都是以圖形的方式表現的：上升或下降、震盪或穩定的曲線。如果你願意，你也可以列印出各種資料表，但是，系統動力學的主要價值就在於通過各種曲線所體現出來的系統行為模式。當你研究一個模型，並且通過改變旋鈕或者控制桿的狀態來改變某些參數時，你很快就可以知道這些變動會不會對最終結果帶來顯著影響。一個良性迴圈會不會變成惡性循環？一個震盪系統會不會穩定？對成長的制約是否會得到緩和？這就是我們期望中的主管所能提出的見識，而不僅僅是根據某些具體數字來預測七年內

的趨勢。

　　這就牽涉到了第三個問題：我們使用模型的目的是什麼？在我看來，模型的用途主要有兩種：尋找答案、理解本質。用於尋找答案的模型的最佳例子就是會計人員用來優化納稅額度的模型。稅額計算是一項非常繁瑣、費時的工作，而且中間有很多可選項。一個例子就是我曾經需要計算某項資本收益稅的再投資優惠，在進行這種大規模計算的時候，一個好的（而且是準確的）電腦模型是非常有價值的，而且，會引導稅務會計取得一個最有利的納稅方案。在這個例子裡，計算的內容非常廣泛，但是各種規則都是預先定義的，各項資料也都是硬性指標。這種模型可以幫助節省大量的時間，並為我們提供我們所需要的數值解。

　　用於學習的模型則迥然相異。一個飛行模擬器就是一種模型：它的目標不是為了發現某種「最佳答案」──比如飛機降落的最快方式，而是以安全的方式為飛行培訓生提供某種模擬的體驗，從而使得他們在駕駛真正的飛機時能夠充滿信心。這種體驗實際上就是去理解如何解釋飛機儀錶所提供的各種資訊，如何根據這些資訊，去操控複雜的飛行器上的各種旋鈕、控制桿和按鈕，並進而決定飛機在空氣中行進的路線。這裡不存在任何答案──這完全是學習。

　　這一點對於系統動力學模型也是一樣的。它們會給你提供一種模擬的經驗，從而使你在管理自己的業務時更加充滿信心。這種經驗就是去理解如何解釋對你的業務成果進行度量所得到的各種指標，以及根據這些指標和解釋，去調整這部複雜的「機器」上的各種旋鈕、控制桿和按鈕，並進而決定你的業務未來的發展趨勢。這裡面同樣也不存在任何答案──這也完全是學習。

　　因此，如果你樂於學習，那麼系統動力學和系統思考就是能夠為你提供巨大幫助的有力工具。如果你需要「答案」，那麼仍然固守著電子資料工作表好了。

13.4　管理行銷組合

現在，我來改進一下這個模型，讓它更加符合實際情況。

汽車經銷商經營管理中最重要的決策之一就是確定「行銷組合」，也就是將「本月可用於再投入的資金」分配到廣告、促銷（比如保險、附加費用或者禮品）、價格折扣和其他類似因素上的比例。在實際業務中，這是一種非常重要的調節槓桿。

我們的模型中已經包括了「本月可用於再投入的資金」這個因素，因此，為了清晰起見，我們來增加兩種行銷組合，即廣告和促銷。

廣告和促銷

廣告和促銷是存量還是流量？如果是存量，相應的流量是什麼？如果是流量，相應的存量是什麼？你應該怎麼畫這幅水管圖，才能刻畫出廣告和促銷對業務的作用？

我認為廣告是一個存量。隨著每個月投入廣告的錢不斷積累，其總體效果就是會影響我去購買一種產品或一項服務。當廣告戰結束的時候，我會記住我所喜歡的廣告——至少一段時間之內不會忘掉。但是，時間長了我就會開始遺忘，廣告對我的影響就會逐步減弱。**圖表** 13-11 就是一幅刻畫這種關係的水管圖。

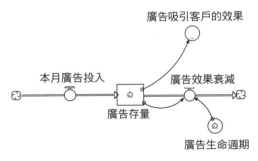

【圖表13-11】

月復一月，「本月廣告投入」就逐漸在「廣告存量」中積累起來。圖中的旋鈕就代表了這一科目的期初餘額，即該存量在每一期模擬開始時的數值，它會在控制台上有所顯示。該存量的耗盡可以通過「廣告效果衰減」這個流量體現，它受到「廣告生命週期」的控制，這個變數在控制台上也有所體現。這裡的思路是：「廣告存量」具有一定的生命週期，超過了這個時間之後，以往廣告的影響就消亡殆盡了。這一時間的長短基本上依賴於廣告戰的創意和影響，一般可以持續幾個月，比如說 6 個月。即在沒有新的「本月廣告投入」輸入流量的情況下，6 個月後「廣告存量」就會耗盡，因此，大概每個月會消耗「廣告存量」總容量的六分之一。這就為對「廣告效果衰減」進行建模，提供了一種簡單而又有效的方式如下：

廣告效果衰減＝廣告存量／廣告生命週期

「廣告存量」的商業影響可以通過「廣告吸引客戶的效果」得到體現，**圖表** 13-12 採用曲線的形式表現了經銷商管理團隊對這一作用的思維模式。

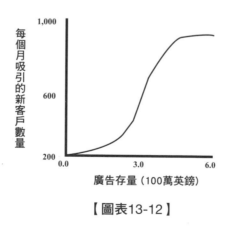

【圖表13-12】

這一曲線指出，如果經銷商在廣告上沒有任何投入，他仍然能夠每月銷售 200 輛汽車，這是由製造商的廣告存量、該系列產品的聲譽以及重複購買客戶的忠誠度等所帶來的客戶。廣告費用通常非常昂貴，該曲線表明，

經銷商管理團隊認為，如果想讓吸引的新客戶數量明顯超出 200，就必須投入大概 300 萬英鎊；如果「廣告存量」從 300 萬英鎊成長到 450 萬英鎊，則會帶來非常明顯的效果，從圖中可以看到，對應的一段曲線快速攀升，但當「廣告存量」成長到 500 萬英鎊時，這個曲線的成長趨勢顯著變緩，開始進入一個高原期。

　　當然，這幅圖只反映了一種思維模式，而不同的人會有不同的思維模式。很多關於廣告的決策都基本上遵循著類似的思維模式，只不過沒有明確地做出這個假設而已。就像我早已經指出的那樣，系統動力學的一個顯著的好處就是鼓勵你按照這種方式處理這種事情。可以很方便地在螢幕上直接畫出這樣的曲線，直接運行模型，通過改變某些模型的參數並再次運行，有助於你獲取對系統更深刻的見地。在第 10 章中我們已經接觸到了類似於「×× 在吸引和保持客戶方面的作用」這樣的概念，它們對於連接描述管理控制桿的調節迴路和描述業務成長引擎的增強迴路非常關鍵。這幅圖就為這樣的變數大概會呈現什麼樣子提供了一個很好的例子。

　　另一個因素是促銷。**圖表 13-13** 是一個水管圖，從結構上看，它和關於廣告的那幅水管圖完全一致。

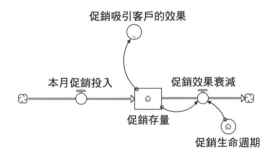

【圖表13-13】

　　依照我的思維模式，我認為「促銷存量」的影響持續時間要比「廣告存量」短得多，因此「促銷生命週期」同樣也要短得多——比如，一個月，

或者兩個月。同樣地，「促銷吸引客戶的效果」也和廣告有所不同——它的曲線可以參看**圖表** 13-14。

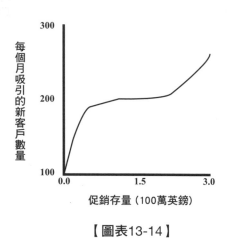

【**圖表**13-14】

　　這說明，在經銷商沒有任何促銷措施，僅靠製造商的促銷影響下，每個月可以銷售 100 輛車，但隨著經銷商促銷投入的增加，這個曲線開始時上升速度非常快，因為在這種情況下，相對較少的禮物就可以吸引一定的客戶。然後就進入了一段較長的平原期，即促銷存量從 80 萬英鎊上升到 250 萬英鎊這段期間，客戶量幾乎沒有什麼成長。然而，超過這個階段之後，由於客戶們被各種大禮包所吸引，曲線再次迅速攀升。

　　需要再次指出的是，這仍然只是一種可能的思維模式。還有很多其他的思維模式。你的思維模式是什麼？

　　這兩個行銷組合變數可以在一幅圖中展現，如**圖表** 13-15 所示。圖中還包括了兩個附加的概念。

　　首先，「本月新客戶的基數」是「廣告吸引客戶的效果」和「促銷吸引客戶的效果」共同作用的總和。隨著模型模擬時鐘的推進，在任何一個時刻，在「本月廣告投入」和「本月促銷投入」兩個輸入流量及「廣告效果衰減」和「促銷效果衰減」兩個輸出流量的作用下，「廣告存量」和「促

銷存量」都會產生一個具體的數值。在任一給定時刻，模型都會根據上面
的兩條曲線，將當前「廣告存量」和「促銷存量」根據對應關係，轉換成
每月吸引的新客戶數量。這樣，每一種行銷組合就可以通過新客戶的數量
表達出來了，這兩種方式吸引的新客戶之和就是「本月新增客戶的基數」。
我之所以使用「基數」這個詞，是因為在這裡還沒有考慮「市場滲透效果」
的影響。最終的「本月新增客戶」數量，應該是「本月新增客戶的基數」
乘以「市場滲透效果」。

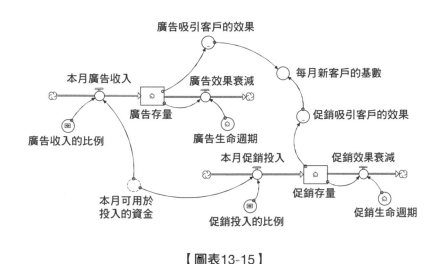

【圖表13-15】

　　圖表 13-15 所引入的第二個新概念就是行銷組合決策本身，即在廣告
和促銷兩種方式之間的資金分配比例如何。

　　對這一問題的一種有效處理方式就是定義兩個輸入參數，「廣告投入
的比例」和「促銷投入的比例」，來表示資金分配政策。這實際上代表了
我們對「本月可用於再投入的資金」的分配規則或比例。「本月廣告投入」
和「本月促銷投入」的具體數字可以將其對應的百分比與「本月可用於再
投入的資金」相乘得到。

　　這兩個百分比會作為輸入參數出現在控制台上。在這個例子裡，對應

的是**圖表** 13-16 中的滑動條。當然,這兩個百分比之和必須等於 100%,而 ithink 提供了非常方便的工具來幫助你將這兩個滑動條關聯起來,從而時刻保證它們合計起來等於 100%。

廣告投入比例
促銷投入比例

【**圖表**13-16】

圖表 13-16 表明,在 100%的投資基金中,廣告和促銷的資金分配比例為 40:60。這兩個控制桿已經被關聯起來了,如果你拉動其中一個控制桿上的滑動條,另一個控制桿上的滑動條也會同時滑動,保持兩者之和不會超過 100%。如果兩者之和沒有達到 100%,則剩下的部分會在「未分配」這一欄中表示出來。

至此,我已經完整地描述了我們是如何對行銷組合進行模擬的。由此產生的附加水管圖當然會作為一個更大的圖的一部分,與我們前面已經研究過的業務成長引擎水管圖連在一起。實際上,這種連接非常簡潔:它引入了一個輸入即「本月可用於再投入的資金」,產生了一個輸出即「本月新增客戶的基數」。現在,修改後業務成長引擎圖就如**圖表** 13-17 所示。

這和**圖表** 13-2 非常相似,但還是有一定的差異。

首先,從「本月可用於再投入的資金」到「本月新增客戶」之間沒有直接的連接。這個連接已經被行銷組合圖所替代。行銷組合由「本月可用於再投入的資金」所驅動,它可以計算出「本月新增客戶的基數」。這個名詞已經在**圖表** 13-17 中出現了,它在經過「市場滲透效果」的修正之後,進一步得到「本月新增客戶」。同樣,你也會發現和「本月新增客戶的基數」相關聯的那個環已經變成了虛線,而不是實線,這表示這個變數的作用是

聯繫兩個不同的水管圖。這種連接方式可以幫助我們將一幅非常複雜的圖，分解成幾幅相對簡單的圖，從而提高模型的可讀性。

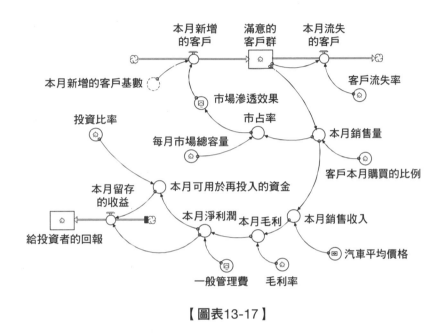

【圖表13-17】

從「本月可用於再投入的資金」出發，經過市場行銷組合圖，再回到「本月可用於再投入的資金」的連接，是對我們在第 10 章中討論的系統動力學業務成長模型中一個重要環節（連接描述管理控制桿的調節迴路和描述業務成長引擎的增強迴路）的深入闡述。

這幅圖還有一個新特徵。**圖表 13-2** 中從「本月銷售收入」到「本月淨利潤」之間存在著一條直接的連接以表示總體利潤率。**圖表 13-17** 則在業務成長引擎中引入了一個新變數「本月毛利」，它可以通過將「本月銷售收入」和「毛利率」相乘得到。從「本月毛利」中減去「一般管理費」（除去用於廣告和促銷之外的全部費用），就可以得出「本月淨利潤」。明確標明「一般管理費」可以幫助明確地核算這一科目。圖表 13-18 展示了它的曲線。

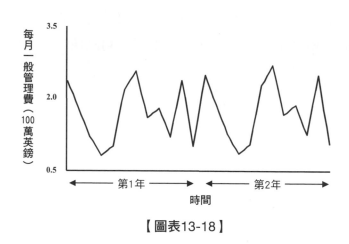

【圖表13-18】

「本月淨利潤」可以這樣計算：

本月淨利潤＝本月毛利－一般管理費

這一計算帶來一個新的可能，即如果「一般管理費」過高，則「本月淨利潤」可能為負數（虧損）。

這種可能性會帶來兩個影響：首先會影響「本月可用於再投入的資金」；其次會影響「本月留存收益」。可以通過將「本月可用於再投入的資金」的下限設為零來避免這一點。使用下列條件選擇規則就可以實現這一目的：

本月可用於再投入的資金＝

if（本月淨利潤＞0）

then（本月淨利潤 × 投資比例 /100）

else（0）.

這一規則完全可以實現我們的目的：如果「本月淨利潤」是一個正數，則「本月可用於再投入的資金」就等於將「投資比例」與「本月淨利潤」相乘所得；如果「本月淨利潤」是一個負數，則「本月可用於再投入的資金」為零。這當然符合常識，但是其結果就是「本月留存收益」會和「本月淨

利潤」（一個負數）相等，這樣，持續的負「本月留存收益」就會逐漸耗盡「對投資者的回報」。在這種情況下，「本月留存收益」就扮演了「對投資者的回報」這個存量的輸出流量，而不是輸入流量的角色。

　　有些流量會根據環境的不同而產生輸入流量或輸出流量的作用。這樣的流量被稱為「雙向流量」（與「單向流量」相對應），它們的圖形化表示方式是一個雙頭的水管和龍頭，如**圖表 13-19** 所示。

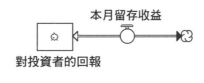

【圖表13-19】

　　雙向流量的運作方式很簡單。在每個時間段內，模型會計算「本期留存收益」，如果它是一個正數，「對投資者的回報」就會增加；如果是一個負數，「對投資者的回報」就會減少。

　　控制台也相應地發生了一定的變化以和這些新變數保持一致，並且還加入了一些工具來直接觀測某些關鍵輸出變數，如**圖表 13-20** 所示。

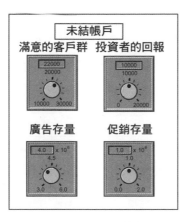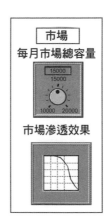

【圖表13-20】

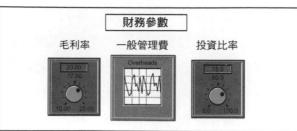

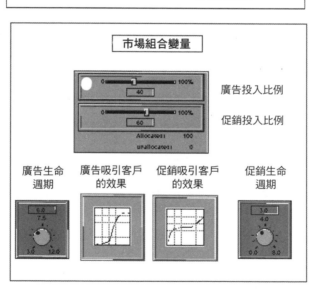

【圖表13-20】（續）

那麼，結果怎麼樣呢？在**圖表** 13-20 所示控制台所對應的情況下，某些輸出變數的變化如**圖表** 13-21 所示。圖中一共有兩組結果，一組是將「本月可用於再投入的資金」按照 20：80 的方式分配給廣告和促銷，而另一組則是按照 40：60 的方式分配。

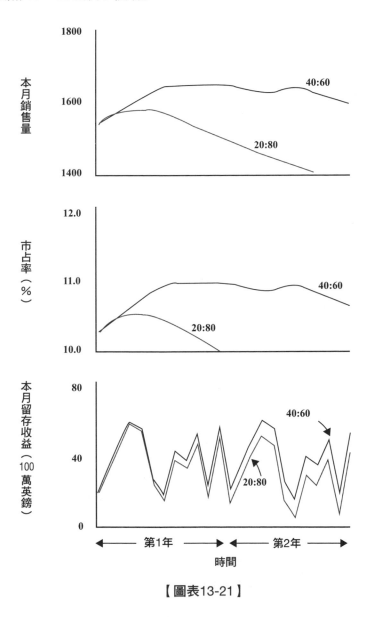

【圖表13-21】

13.5　尋找優化業務的對策

　　對於 20：80 這種側重促銷的分配方式，「本月銷售量」在前四分之一時間裡迅速上漲，然後穩步下落。變動這一分配方式，提高廣告部分的投入比例，使之達到 40：60，它可以將「本月銷售量」穩定在 1650 輛左右。廣告投入比例愈高，「對投資者的回報」的輸入流量「本月留存收益」也就愈高，而前者是對業務健康狀況最重要的判別指標。在這兩種情況下，這兩個數字的波動都很大，這主要是由於每月一般管理費用波動很大所致（見**圖表** 13-18）。

　　這些曲線都暗示著，相對於促銷而言，廣告的威力似乎更大一些，因此你可以做出更加傾向於廣告的選擇。**圖表** 13-22 展示了當這一比例達到80：20 的時候所發生的情況。

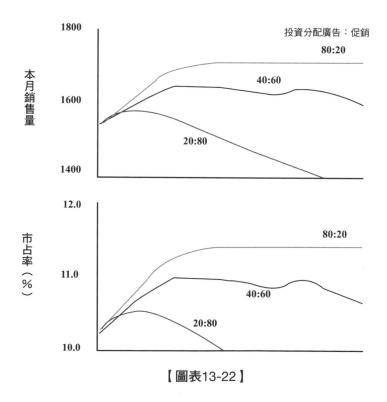

【圖表13-22】

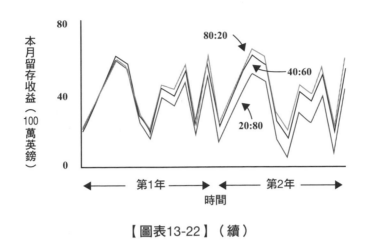

【圖表13-22】（續）

「本月銷售量」穩定上升到 1710 輛左右，而且也徹底擺脫了前面兩曲線在「市場占有率」上的波動或下降。然而「本月留存收益」卻沒有得到顯著改善。這可能是因為額外的廣告非常昂貴，而增加的銷售量所對應的邊際收益只是稍稍超過相應的投入的原因。同樣，這個模型建模時所遵從的原則也非常保守：我們不會花掉那些還沒有拿到手的錢。「本月可用於再投入的資金」來自於「本月淨利潤」，因此，如果利潤有所下降，則「本月可用於再投入的資金」也會相應地下降。

13.6　80：20的分配比例是否最佳

80：20 的分配比例是否最佳選擇？這還沒有定論，也許 85：15 或者 100：0 會更好一些呢。滑動控制台上的滑動條可以幫助我們很方便地驗證我們的想法。經過測試，我們發現，一旦廣告比例超過 70％ 之後，再增加廣告比例所能產生的效果是有限的——「報酬遞減」現象已經出現了。

怎麼看出來的呢？「廣告吸引客戶的效果」曲線（見**圖表 13-12**）就是一個例子：當「廣告存量」的投入超過 450 萬英鎊時，曲線開始變得平滑起來。這和「促銷吸引客戶的效果」曲線（見**圖表 13-14**）形成了對比，

後者在進入一段高原期之後又開始繼續上升。

然而，這裡還有一個制約，即市場占有率限制，它和其他變數之間相互獨立，互不影響。正如**圖表** 13-4 所示，想把「市場占有率」提高到超過 11％會很困難，而且超過 11.5％之後會更困難。實際上，**圖表** 13-22 所示的 80：20 資金分配比例將「市場占有率」提高到了一個比較穩定的狀態，即 11.4％，這已經非常接近極限了。

這樣，已經有兩個獨立變數在驅動著「報酬遞減」現象了：廣告效果，它在「廣告存量」超過 450 萬英鎊之後進入一個高原期；「市場滲透效果」，它使得「市場占有率」很難超過 11.5％。

但是哪一個制約首先發揮作用呢？如果是廣告約束首先起作用，那麼我們就得到這樣的判斷：市場占有率固然會進入一個高原期，但是它的數值會低於 11％。然而，如果市場占有率約束首先起作用，那麼市場占有率會達到 11.5％左右，並且從此之後，無論在廣告和促銷上投入多少，都不會帶來多大改善。

圖表 13-22 表明，市場占有率被限制在 11.4％左右，非常接近市場占有率的極限。這意味著是市場占有率制約首先發揮了作用。

如果是這樣的話，我們就能得到一個更有意義的結論：可能我們在廣告和促銷上的開銷太多了，我們在這個註定無法克服的市場制約上投入了一些錢，它們都打了水漂。

我們可以使用模型來驗證這個結論。這裡的關鍵變數是「投資比例」，即拿出來再投入的資金相對於「本月淨利潤」的百分比，它決定了「本月可用於再投入的資金」的額度，而後者又成為「本月廣告投入」和「本月促銷投入」的來源。如果我們降低「投資比例」，「本月可用於再投入的資金」的額度也會降低，但這並不會帶來多大的影響。唯一的影響就是「本月留存收益」得到了提高，也就是說對「投資者的回報」增加了。

那麼，當「投資比例」下降到 50％，而「本月可用於再投入的資金」

中廣告投入和促銷投入的比例仍然是 80：20 時，結果會怎麼樣呢？

　　結果如**圖表** 13-23 所示，圖中還同時畫出了「投資比例」為 75％時的
結果。

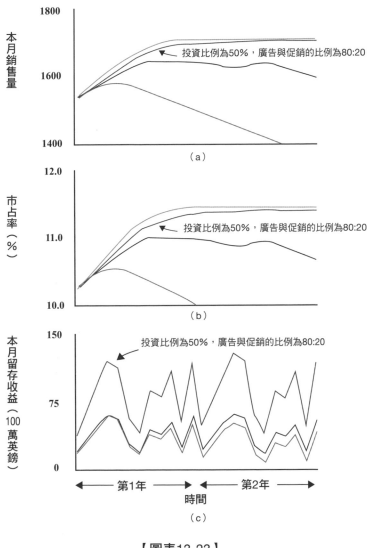

【圖表13-23】

這次模型的運行結果顯示，與「投資比例」為 75％時相比，「本月銷

售量」和「市場占有率」稍有下降，這是我們能夠預料到的，因為畢竟在投入方面下降的幅度很大。然而，結果方面下降有限。當「投資比例」為75%時，大量的投資打了水漂：盲目追加投資以促進業務成長引擎增強迴路的旋轉，但卻因市場滲透效果所在的調節迴路的限制而徒勞無功。顯著減少投資給銷售帶來的影響非常輕，但是，看看「本月留存收益」吧！它每個月都幾乎成長一倍！當「投資比例」為75%時，只有25%的「淨利潤」被計入「本月留存收益」。而當「投資比例」減少為50%時，其他25%的「淨利潤」都被計入「本月留存收益」了。

現在我們可以看到，在這個更為真實的例子裡，關鍵問題並不是如何分配廣告和銷售的投入比例——實際上，決定應該投資多少才是應該首先考慮的問題，而且這種考慮也更為睿智。

我們在第8章中已經看到，用力推動業務成長引擎旋轉，是一種非常具有誘惑力的想法。但當增強迴路被某些因素制約的時候，這種方式只會讓人筋疲力盡，而且徒勞無功！

【結語】
駕馭複雜性

好了，事情就是這樣！我相信如果你認真地讀完了本書，那麼在閱讀過程中肯定有很多收穫，你現在一定相信複雜性不僅是可以駕馭的，而且你本人就可以駕馭它。

證明你能夠駕馭複雜性的最佳方式就是動手去做。你下次開會的時候，如果遇上了非常複雜的問題，就試著看看你能不能找出其中的因果關係，並將它們聯繫起來以構建一個有意義的迴路。你可能真的構建出了一個迴路，也可能需要幾天時間才能獲得一些有深度的想法。沒關係，嘗試一下吧。如果你試著這樣做了，你可能會突然發現，你已經能夠繪製出一幅意義清晰的系統循環圖表了，你已經確實能夠「見樹又見林」了。當這一切發生之後，把這些想法帶到會議上，並說：「我可以簡單談談我是怎麼認識這一問題的嗎？我會非常感謝大家的回饋。你們和我看待這些事情的思路完全一致嗎？」

你會為接下來所發生的事情而感到莫名驚詫。你會激發各種深具建設性的討論和辯論，因為你已經在思維模式層次上審視這些問題了。在一定業務背景下的共用思維模式確實具有現實意義。它是團隊工作的基礎，是決策制定的基礎，也是智慧的基礎。

因此，如果你覺得在讀本書時有收穫或心得，那麼，就在工作、生活或學習中使用這些心得吧。拿起一支筆，走到活動掛圖前，說：「我是這樣看待這個世界的。你們也是這樣的嗎？」然後，觀察隨後發生的事情。

我所描述的案例研究全都基於我在此領域 15 年的真實工作經歷，我

想強調的是，它們全都反映了我的思維模式，而不是別人的思維模式。因此，我對它們負責。如果你覺得它們與你的理解相同，我非常榮幸。如果你認為不是這樣，我也同樣非常尊重你對這個世界的理解，並且非常樂意與你就此問題進行討論，所以，敬請您與我聯繫。我的電子郵件是：dennis@silverbulletmachine.com。

在結束之前，我還想提一個小小的請求：能否讓我也知道你的周圍所發生的事情？本書中的每一頁都體現著我的熱忱和熱切，相信你肯定已經看出來了，我是一個系統思考的傳道士和熱衷者。我喜愛收集利用系統思考和系統動力學解決身邊真實問題的成功案例，因此，請一定聯繫我。

睿智，如果作為一種天生的品性，是非常稀少的。但是，每個人都可以通過學習如何繪製系統循環圖表，如何追蹤和理解因果關係，如何探索各種替代措施和決策所帶來的不同結果，如何制定經得住時間考驗的決策而變得睿智——我們確實可以透過學習而變得更加睿智。

謝辭

　　感謝很多人多年來對我的幫助。請允許我特別提到 Alan Budd、Andrew Barton、Bruce Barnard、David Blood、Doug Smit、Harpal Lalli、Harsha Mistry、John Lawrence、John Morecroft、John Rountree、John Taylor、Judith Hackett、Kerry Turner、Michael Ball é、Nick Hester、Paul Deighton、Tessa Lanstein、Tim Beswick、Tony Vernon 和 Warren Gemberling。Nicholas Brealey 出版社的編輯的鼎力幫助不僅使本書的重點更為突出，而且使我的思想和文字都得到了精練。Chris Soderquist 為我提供了很多非常恰當的建議；Ben Russell 在回饋的歷史方面給予了慷慨的幫助；Sally Lansdell 是最有效率、最專心的編輯。

　　特別感謝所有為我寫下書評的專家。最後，我還想感謝我的家人 Anny、Torben 和 Torsten。

　　同時，我要感謝下列允許我使用他們的材料的機構和人員：

多倫多大學科學技術歷史與哲學研究所的 Dionysius Lardner；

布隆伯格公司（Bloomberg L. P.）；

金融預測中心（The Financial Forecast CentreTM）；

聯合國人口組織經濟與社會事務部；

Goddard 空間研究院。

參考書目

如果想進一步瞭解本書中所提到的系統思考及其相關主題，以下是我推薦的參考書目：

【關於系統思考】

1. *Managing with Systems Thinking*, Michael Ballé, McGraw-Hill, London, 1994.
   《系統思考管理》（暫譯）：介紹系統思考及其在管理中的應用的書。

2. *The Heart of the Enterprise*, Stafford Beer, John Wiley, Chichester, 1979.
   《企業之魂》（暫譯）：斯塔福德‧比爾是管理控制論的傳道者，寫了很多書。這是他提出的「可行系統模型」（Viable Systems Model）的主要出處。

3. *The Viable System Model, Interpretations and Applications of Stafford Beer's VSM*, Raul Espejo and Roger Harnden (eds), John Wiley, Chichester, 1989.
   《可行系統模型》（暫譯）：該書收錄了斯塔福德‧比爾研究「可行系統模型」（VSM）的相關論文。

4. *General System Theory: Foundations, Development, Applications*, Ludwig von Bertalanffy, George Brazilier, New York, revised edn 1976.
   《通用系統理論》（暫譯）：這是路德維格‧馮‧貝塔朗非提出的「一般系統理論」的主要出處。

5. *Systems Thinking, Systems Practice*, Peter Checkland, John Wiley, Chichester, 2nd edn 1999.
   《系統思考與系統實踐》（暫譯）：這是彼得‧柴克蘭德「軟系統方法論」的經典解釋。本書是 1981 年版的增訂版，作者特地撰文回顧 30 年發展史。

6. *Industrial Dynamics*, Jay Forrester, MIT Press, Cambridge, MA, 1961.
   《工業動力學》（暫譯）：這是系統思考和系統動力學的雛形，至今讀來仍令人耳目一新。

7. *Urban Dynamics*, Jay Forrester, Pegasus Communications, Waltham, MA, 1969.

《城市動力學》（暫譯）：在本書中，傑‧福瑞斯特探討了有關城市發展的問題，包括過分擁擠和城區的衰敗。

8. *World Dynamics*, Jay Forrester, Wright-Allen Press, Cambridge, MA, 2nd edn 1973.

《世界動力學》（暫譯）：這是福瑞斯特一個更大的「畫布」，在這裡，他將系統思考應用於更大的範圍，討論了諸如全球人口成長與汙染等問題。

9. *Systems Thinking: Managing Chaos and Complexity*, Jamshid Gharajedaghi, Butterworth Heinemann, Oxford, 1999.

《系統思考》（暫譯）：這是系統思考領域最新且深具啟發的論述。

10. *Complexity: Life at the Edge of Chaos*, Roger Lewin, Phoenix, London, 2nd edn 2001.

《複雜》（暫譯）：這是一本關於複雜理論的非數學闡述，清晰、易懂，其中有一章論述了複雜在商業中的應用。

11. *The Limits to Growth*, Donella Meadows, Dennis Meadows, Jorgen Randers, & William Behrens, Universe Books, New York, 1972.

《成長的極限》（繁體中文版由臉譜出版）：這是如何運用系統思考來處理全球範圍內的複雜問題的最有力的論據之一。

12. *Beyond the Limits*, Donella Meadows, Dennis Meadows, & Jorgen Randers, Earthscan, London, 1992.

《超越極限》（暫譯）：這是對《成長的極限》的更新，回顧了自該項研究開始以來所發生的事情。

13. *The Fifth Discipline*, Peter Senge, Doubleday, New York, 1990.

《第五項修練》（繁體中文版由天下文化出版）：系統思考作為「第五項修練」，與其他四項修練（自我超越、心智模式、共同願景和團隊學習）構成一個整體，本書有力地說明系統思考在管理中的重要角色。

14. *The Fifth Discipline Fieldbook: Strategies and Tools for Building a Learning Organization*, Peter Senge, Charlotte Roberts, Richard Ross, Bryan Smith, & Art Kleiner, Nicholas Brealey, London, 1994.

《第五項修練‧實踐篇》：本書是《第五項修練》的實踐手冊，包含大量的案例、解釋、討論和奇聞軼事，並對主要的系統思考基模有清晰的解釋。

15. *The Dance of Change: The Challenges of Sustaining Momentum in Learning*

Organizations, Peter Senge, Art Kleiner, Charlotte Roberts, Richard Ross, George Roth, & Bryan Smith, Nicholas Brealey, London, 1999.

《變革之舞》：在風格上和《第五項修練‧實踐篇》非常相像，包含很多額外的案例。

16. *Business Dynamics: Systems Thinking and Modeling for a Complex World*, John Sterman, McGraw-Hill, 2000.

《商業動力學》（暫譯）：約翰‧史特曼是麻省理工大學系統動力學小組現任主任，這本書厚達千頁並附 CD，全面闡述了當今最新的研究現狀。

17. *Cybernetics: or Control and Communication in the Animal and the Machine*, Norbert Wiener, MIT Press, Cambridge, MA, 2nd edn 1961.

《模控學》（暫譯）：本書是諾伯特‧維納 1948 年經典之作的新版。

【關於創意和創新】

18. *The Art of Innovation: Lessons in Creativity from IDEO, America's Leading Design Firm*, Tom Kelley with Jonathan Littman, HarperCollinsBusiness, London, 2001.

《IDEA 物語》：IDEO 是美國著名的設計公司，它們的設計從掌上型電腦到心臟除顫器幾乎無所不包，它們的經驗令人歡欣鼓舞。

19. *Story: Substance, Structure, Style and the Principles of Screenwriting*, Robert McKee, Methuen, London, 1999.

《故事的解剖》（繁體中文版由漫遊者文化出版）：這是在撰寫影視劇本時，系統化應用創意的業內人士的必備指南。如果你喜歡《北非諜影》或《唐人街》這些影視作品，羅伯特‧麥基將逐字逐句地為你展示一些場景實際是如何工作的，內容十分精彩。

20. *Smart Things to Know about Innovation and Creativity*, Dennis Sherwood, Capstone, Oxford, 2001.

《創意管理》：本書重點關注創意和創新，包括在情境規畫中應用 InnovAction 的過程。

【關於策略和情境規畫】

21. *The Living Company: Growth, Learning and Longevity in Business*, Arie de Geus, Nicholas Brealey, London, 1997.

   《活水企業》：對於那些相信組織人格精神重要性的人來說，本書將令人振奮。本書的核心理念是：組織是一個活的生命體。

22. *Leading the Revolution*, Gary Hamel, Harvard Business School Press, Cambridge, MA, 2000.

   《啟動革命》：蓋瑞・哈默爾是知名的策略學家，其觀點積極向上，具有挑戰性，充滿智慧。本書以創新為主線貫穿全文。

23. *Scenarios: The Art of Strategic Conversation*, Kees van der Heijden, John Wiley, Chichester, 1997.

   《情境》（暫譯）：本書由殼牌石油公司情境規畫社團的資深成員撰寫，對於情境規畫的分析非常到位。

24. *Synchronicity: The Inner Path of Leadership*, Joseph Jaworski, Berrett-Koehler, San Francisco, CA, 1996.

   《同步》（暫譯）：約瑟夫・賈渥斯基是殼牌石油公司聘請管理集團規畫的一位美國律師。在這本主要是傳記體的著作中，根據作者的經歷講述了一個迷人的故事，對於組織和管理也具有深刻的見解。

25. *Scenario Planning: Managing for the Future*, Gill Ringland, John Wiley, Chichester, 1998.

   《情境規畫》（暫譯）：全面論述了大多數情境規畫方法。

26. *The Art of the Long View: Planning for the Future in an Uncertain World*, Peter Schwartz, John Wiley, Chichester, 1996.

   《遠見的藝術》：彼得・史瓦茲是情境規畫的倡導者之一，一開始在史丹佛研究院工作，接著在殼牌石油，之後任職於全球規畫網路顧問公司（Global Planning Network，GBN）。本書一部分是傳記，一部分是情境規畫的歷史，確實值得一讀。

【關於蓋婭和相關環境問題】

27. *Silent Spring*, Rachel Carson, Houghton Mifflin, Boston, MA, 1962.

《寂靜的春天》：本書一出版就引來了巨大的非議和攻擊。直到現在，我仍把它看作是真正令我們震驚，進而跳出對環境的傳統認識的開創著作之一。相信至今仍會讓一些人感到震撼。

28. "Easter's End", Jared Diamond, *Discovery*, August 1995.

〈復活節島之謎〉（暫譯）：《探索》雜誌上一篇關於復活節島的生動故事。

29. *The Day the World Took off: The Roots of the Industrial Revolution*, Sally Dugan & David Dugan, Channel 4 Books, London, 2000.

《工業革命的源起》（暫譯）：這是我在本書中提到的工業革命和茶的故事的出處。

30. *Gaia: The Practical Science of Planetary Medicine*, James Lovelock, Gaia Books, London, 1991.

《蓋婭》（暫譯）：這是一本製作精美的書，詹姆斯・洛夫洛克用非技術語言和插圖解釋蓋婭假說；關於睡蓮的故事也在這裡。

31. *The Ages of Gaia: A Biography of our Living Earth*, James Lovelock, Oxford University Press, Oxford, 1995.

《蓋婭時代》（暫譯）：洛夫洛克從技術層面闡述蓋婭假說。

32. *Homage to Gaia: The Life of an Independent Scientist*, James Lovelock, Oxford University Press, Oxford, 2000.

《致敬蓋婭》（暫譯）：洛夫洛克自傳，表現了一個非常罕見的天才、獨立科學家、自由撰稿人和思想家、研究者的獨特視角。

33. *A Green History of the World: The Environment and the Collapse of Great Civilizations*, Clive Ponting, Penguin, Harmondsworth, 1993.

《一個環保者的全球史觀》（暫譯）：這是環境保護論者對歷史的看法（不是環境保護主義的歷史），包括對復活節島大災難的描述。

34. *Captain Cook's Voyages 1768-1779*, Glyndwr Williams (ed.), Folio Society, London, 1997.

《庫克船長航海日誌（1768 至 1779 年）》（暫譯）：這是一本講述庫克船長探險歷程的書，根據庫克船長的日記編寫。

【關於智慧資本】

35. *Intellectual Capital: The Proven Way to Establish Your Company's Real Value by Measuring its Hidden Brainpower*, Leif Edvinsson & Michael S Malone, Piatkus, London, 1997.

《智慧資本》（暫譯）：這是該領域先驅者的著述。

【關於制約理論】

36. *The Goal: Beating the Competition*, Eliyahu M Goldratt & Jeff Cox, Gower, Basingstoke, 1993.

《目標》（繁體中文版由天下文化出版）：在這本原創的商業小說中，伊利雅胡·高德拉特為人們展示如何藉由故事來撰寫一部教科書。

37. *Goldratt's Theory of Constraints: A Systems Approach to Continuous Improvement*, H. William Dettmern, ASQ Quality Press, Milwaukee, WI, 1996.

《高德拉特的制約理論》（暫譯）：作者威廉·戴特默客觀闡述高德拉特的制約理論。

【關於哲學】

38. *The Metaphysics*, Aristotle, Hugh Lawson-Tancred (trans.), Penguin, Harmondsworth, 1998.

《形而上學》（暫譯）：我們所熟知的「整體大於部分之和」，就出自該書第六部分第 248 頁。

【譯者後記】
讓學習型組織「落地」

　　2002 年以來，筆者一直在思考如何讓學習型組織從理論走向實務的問題，也就是讓學習型組織在中國這塊廣闊的土地上落地、生根、開花、結果。相信這也是很多研究、推廣與實踐學習型組織的人士共同關心的話題。2003 年 9 月 28 日，由我召集在北京舉辦了一次主題沙龍，得到了各方面人士的熱烈響應，討論非常熱烈；其後，在「學習型組織研修中心」網站論壇（http://www.cko.com.cn）上，這一問題也繼續深入研討。與此同時，我也在其他層面上思考和推進這一問題。

　　作為學習型組織研究與實踐的愛好者，我首先想到的是學習，也就是大量閱讀各種文獻，瞭解國內外優秀企業的實踐經驗；同時，廣拜各方為師，與有共同興趣和志向的學者、官員、企業家、諮詢顧問、學習型組織愛好者、推動者甚至匿名人士進行交流，聽取他們的意見。

　　在這個過程中，我痛感到國際上有關學習型組織的優秀書籍如雨後春筍般湧現，但國內翻譯引進的卻不多；與此同時，我國廣大創建學習型組織的企事業單位又迫切需要瞭解國內外優秀企業的最佳實踐。因此，在機械工業出版社的大力支持下，策畫出版了「學習型組織實戰叢書」，包括《創建學習型組織 5 要素》（*Building the Learning Organization: Mastering 5 Elements for Corporate Learning, 2nd Edition*）、《實踐社團：學習型組織知識管理指南》（*Cultivating Communities of Practice*）、《英國石油公司組織學習最佳實踐》（*Learning to Fly: Practical Lessons from one of the World's Leading Knowledge Companies*）以及《學習型組織研發

團隊管理指南》（*The Smart Organization: Creating Value through Strategic R&D*）四本書。我承擔了部分翻譯和審校工作。這四本書不僅有可操作的整體框架，而且包含大量實踐案例和實務指南，受到了業內人士和企事業單位的一致好評，相信對於推動學習型組織的「落地」將產生積極的作用。當然，這一努力延續到《學習型組織行動綱領》（*Learning in Action: A Guide to Putting the Learning Organization to Work*）和本書的翻譯出版。

　　上述努力只是第一個層面，即為大家介紹了一些好的觀念、理論、方法、工具。但是如果不能應用於實踐，再好的觀念、理論、方法、工具也只是空話。如果想讓學習型組織「落地」，必須深入研究、剖析其中的一些理論精髓，給出工具、方法的詳細使用指南，便於組織領導、管理者和員工掌握必備的技能，並透過演練、輔導等方式，促進其在實際工作中應用，然後，根據使用的效果，對理論、工具、方法加以改善或揚棄，或者總結提煉出適合中國國情和企業特點的方法。這是一個長期持續的艱巨過程，不僅需要我們這些研究、推動者的努力，更離不開企業的實踐。出於這種考慮，我們一方面繼續翻譯一些屬於深入剖析和使用指南性的書籍（本書即是其一，作者丹尼斯·舍伍德深入剖析了彼得·聖吉所提出的「五項修練」之核心——系統思考，並給出了詳細的使用指南），另一方面透過組織公開培訓、內訓等方式推介這些工具和方法，例如，在北京舉辦「系統思考研修班」「團隊學習研習班」「願景與領導訓練營」等。同時，我也希望得到更多有志於真正創建學習型組織的企事業單位的支援，共同推動學習型組織的研究與實踐。

深入「第五項修練」的核心

　　彼得·聖吉在《第五項修練》一書中提出的「五項修練」實際上是改善個人與組織的思維模式，使組織朝向學習型組織邁進的五項技術。作為一個整體，它們是緊密相關、缺一不可的。正如書名所指，「系統思考」

作為「第五項修練」，是彼得‧聖吉理論體系的核心。這五項修練解讀如下：

第一項修練：自我超越

「自我超越」（personal mastery）的修練是學習不斷釐清並加深個人的真正願望，集中精力、培養耐心，並客觀地觀察現實的過程。它是學習型組織的精神基礎。精通「自我超越」的人，能夠不斷實現他們內心深處最想實現的願望，他們對生命的態度就如同藝術家對於藝術一樣，全心投入、鍥而不捨，並不斷追求超越自我。有了這種精神動力，個人的學習就不是一個一蹴可及的專案，而是一個永無盡頭、持續不斷的過程。而組織學習根植於個人對於學習的意願與能力，也會不斷學習。

第二項修練：改善心智模式

「改善心智模式」（improving mental models）的修練是把鏡子轉向自己，發掘自己內心世界深處的秘密，並客觀地審視，藉以改善自身的心智模式，更利於自己深入地學習。殼牌（Shell plc）之所以能成功度過1970 至 1980 年代的第一次、第二次石油危機的巨大衝擊，並成長為全球首強，主要得益於學習如何顯現管理者的心智模式，並加以改善。

第三項修練：建立共同願景

2500 年前，孫子在《孫子兵法‧計篇》中就講到「五事七計」首要的因素就是「道」。「道者，令民與上同意者也，可與之死，可與之生，民弗詭也。」故「上下同欲者勝」。千百年來，組織中的人們一直夢寐以求的最高境界就是「上下同欲」，即建立共同願景（building shared vision）。惟有有了衷心渴望實現的共同目標，大家才會發自內心地努力工作、努力學習、追求卓越，從而使組織欣欣向榮。否則，一個缺乏共同

願景的組織必定人心渙散，相互掣肘，難成大器。

　　共同的願景常以一位偉大的領袖為中心，或激發自一件共同的危機。但是，很多組織缺乏將個人願景整合為共同願景的修練。

第四項修練：團隊學習

　　團隊作為一種新興的管理方法，現在正風靡一時。團隊中的成員互相學習，取長補短，不僅使團隊整體的績效大幅提升，而且使團隊中的成員成長得更快。但是團隊學習存在局限性，以至於在實踐中出現了團隊中每個人的智商都在 120 以上，而集體的智商卻只有 62 的窘境。團隊學習的修練就是要處理這種困境。

　　團隊學習（team learning）的修練從對話開始。所謂對話，指的是團隊中的所有成員敞開心扉，進行心靈的溝通，從而進入真正統一思考的方法或過程。另外，「對話」也可以找出有礙學習的互動模式。

　　團隊學習之所以非常重要，是因為在現代組織中，學習的基本單位是團隊而非個人。除非團隊能學習，否則組織就無法學習。

第五項修練：系統思考

　　企業與人類社會都是一種「系統」，是由一系列微妙的、彼此息息相關的因素所構成的有機整體。這些因素透過各不相同的模式或管道相互影響，「牽一髮而動全身」。但是，這種影響並不是立竿見影、一一對應的，而常常是要經年累月才完全展現出來。身處系統中的一小部分，人們往往不由自主地傾向於關注系統中的某一片段（或局部），而無法真正把握整體。系統思考的修練就在於擴大人們的視野，讓人們「見樹又見林」。

　　上述五項修練中，「系統思考」的修練是非常重要的。它是整合其他各項修練成一體的理論與實務，防止組織在真正實踐時，將各項修練列為互不相干的名目或一時流行的風尚。少了系統思考，就無法探究各項修練

之間是如何互動的。系統思考強化其他每一項修練，並不斷提醒我們：融合整體能得到整體大於部分之和的效果。

當然，「系統思考」也需要其他四項修練來配合，以發揮它的潛力。「建立共同願景」培養成員對團隊的長期承諾；「改善心智模式」使人專注於以開放的方式承認我們認知方面的缺失；「團隊學習」是發揮團體力量，全面提升團隊整體力量的技術；而「自我超越」是不斷反照個人對周邊影響的一面鏡子，缺少了它，人們將陷入簡單的「壓力——反應」式的結構困境。因此，五項修練是一個有機整體，不能孤立或分割開來。

事實上，不管是否接觸過「五項修練」，很多人都不會否定系統思考的重要性，這也是現代主管制定睿智決策、處理複雜事務所需的關鍵技能之一。正如作者所言，系統思考根本就不是那種充滿學究氣、象牙塔中的活動，它極其實用而且務實，可以應用到商業和組織生活中的每個側面。

儘管如此，令人驚訝的是，我們在市面上居然找不到一本實用的系統思考應用指南，尤其是主管能夠讀得懂、學得會的通俗讀物（限於篇幅，彼得‧聖吉在《第五項修練》以及其後的著作中，也未給出系統思考詳盡的指南）。本書填補了這一空白。

本書的價值

看看書後那些熱情洋溢的讚譽，你就會明白這本書的價值：

本書以清晰易讀的方式，使用我們在日常生活中經常會遇到的真實例子，對系統思考進行了完美的概述，它從解釋系統思考最基本的要素入手，從教你畫一條線段、一個箭頭開始，一步步引導你揭開複雜問題下的邏輯，並把它們清晰地用系統循環圖表（或稱因果迴路圖）的形式呈現出來；同時，本書還深入淺出地向你介紹了系統思考的基本概念、原理與精髓，以及熟悉系統思考技能必須具備的基本規則，並包含大量訣竅、實用工具和技術，有助於你制定未來的策略、指導團隊建設、管理業務的成長。

這是一本一般人士和主管能夠讀得懂的系統思考應用指南，簡潔但不失必要的細節。

因此，無論你是打算利用系統思考來剖析自己工作生活中面臨的複雜問題，還是作為團隊修練、組織學習的工具，本書都將對你大有裨益。

當然，就我個人看來，閱讀本書將有三重境界：

首先，如果你能夠靜下心來，融入書中的情境，跟上作者的思維脈絡，並且一路堅持到底，你將對系統思考及其工具、方法有所領悟和掌握。

其次，如果你根據本書中所提供的一些指示和參考，與自己的團隊一起，結合實際工作中的問題，使用這些工具和方法，繪製你自己的系統循環圖表，你將開始掌握並會使用這些方法。

當然，如果你能夠透過這些系統循環圖表和其他工具，發掘自己和他人隱藏的心智模式（這些工具有助於心智模式的浮現），進而認識、接受和改善它們，形成團隊共用的心智模式，你將開始體會真正的深度學習和團隊學習——此時，你已經向學習型組織邁進了一大步。

如果你用心，達到第一重境界似乎不難，但要達到第二、第三重境界，還是需要花費一番工夫，甚至需要悟性和運氣。如果你做到了這一點，別忘了告訴我——我也想和你一起分享這種快樂；如果你做不到這一點，也歡迎你告訴我——我願意和你一起切磋琢磨。

你如何使用這本書

如前所述，這本書是我致力於推動學習型組織從理論走向實務的努力之一，但它能否達到這種效果，則完全取決於你——我親愛的讀者：正是你決定如何閱讀這本書；正是你決定能否將系統思考應用於實際；正是你決定系統思考應用的功效。因此，當你翻開這本書的時候，請相信我正在用熱切的目光期待著你讓它陪伴你開始系統思考修練之旅。

414

其他說明

本書是集體智慧的結晶。我首先要深深地感謝清華大學 CMIS 研究中心博士研究生劉昕。如果沒有他的努力，本書不可能如期高品質地面世。我和劉昕曾經一起共事，他做事認真、勤於鑽研，對新事物保持著高昂的熱情——當然，他也對學習型組織產生了濃厚興趣。之後，我們開始在學習型組織的研究與實踐方面進行合作。在翻譯本書的過程中，我們首先討論了一些理論，統一了部分術語，劉昕還提前閱讀了《第五項修練‧實踐篇》和《變革之舞》等中譯本，之後他陸續提供了初譯稿，由我進行修改、審校以及最後的整合。劉昕還幫助校對了正文。

同樣深深感謝臺灣羽白國際管理顧問公司總經理、知名學習型組織專家劉兆岩先生的大力協助。他不僅在百忙之中幫助審讀了全文，提出了非常寶貴的修改建議，還多次和我討論一些術語的譯法和相關問題，我們在 MSN 上的交流經常持續到深夜。同時，兆岩還為本書揮毫作序，貢獻他十餘年研修並輔導企業創建學習型組織的智慧。

感謝我的導師全國人大常務委員會副委員長成思危教授、南開大學國際商學院院長李維安教授，以及南開大學博士生導師張玉利教授、王迎軍教授、白長虹老師等給予我的教誨和大力支持！很多學習型組織的實踐者和推動者，如中國社會科學院哲學研究所金吾倫教授、中國人民大學工商研修中心任志寬主任、研究員葉延紅老師、吳兆頤老師、《現代企業教育》雜誌社劉大星社長、上海明德學習型組織研究所張聲雄教授、山東魯南水泥有限公司總經理張金棟、副總經理盛春德、滄州電力局高文書記等，都對我的工作給予了很大關注與支持。在此感謝他們，並向他們不遺餘力推動學習型組織的精神以及取得的豐碩成果表示由衷的敬意！尤其是他們的開闊胸襟以及高風亮節，更值得欽佩。我還想感謝所有支持我、幫助過我的朋友們，他們是包蔚然、博惠、曹京麗、程斌宏、董增有、傅宗科、桂學軍、韓東暉、何偉、胡錦建、黃少剛、薑天劍、冷明、秦宇、牛繼舜、

單曉偉、孫作新、王鈞、王俊、王瑞、肖良、易言、雍娜、張鼎昆、張麗霞、張民、張善勇、張志奇、趙佑軍、朱竹林、莊秀麗等。感謝我的夫人崔玲以及女兒邱鵬錦給我的關愛和支持。

　　由於譯者水準有限，加上時間緊張，書中難免還有一些錯誤或紕漏，歡迎讀者批評指正。讓我們共同努力，推動學習型組織在中國的研究與實踐！

　　譯者聯繫方式：qiuzl@cko.com.cn。

　　欲瞭解更多資訊，歡迎訪問學習型組織研修中心網站：www.cko.com.cn。

邱昭良

南開大學國際商學院博士研究生

學習型組織研修中心創始人

國家圖書館出版品預行編目資料

系統思考實作篇：一眼看清規律背後的結構和邏輯，解決現實事件中的複雜問題 / 丹尼斯‧舍伍德（Dennis Sherwood）著；邱昭良、劉昕譯. -- 初版. -- 臺北市：經濟新潮社出版：英屬蓋曼群島商家庭傳媒股份有限公司城邦分公司發行，2024.07

416面；16.8×23公分. --（經營管理；186）

譯自：Seeing the forest for the trees : a manager's guide to applying systems thinking

ISBN 978-626-7195-70-3（平裝）

1. CST：管理科學　2. CST：系統分析

494　　　　　　　　　　　　　　　　113008285